技工院校建筑类专业教材
职业院校建筑类专业教材

JIGONG YUANXIAO JIANZHULEI ZHUANYE JIAOCAI

钢筋工工艺与实习

ZHIYE YUANXIAO JIANZHULEI ZHUANYE JIAOCAI

古娟妮◎主编

中国劳动社会保障出版社

图书在版编目（CIP）数据

钢筋工工艺与实习 / 古娟妮主编 . -- 北京 : 中国劳动社会保障出版社，2025. --（技工院校建筑类专业教材）（职业院校建筑类专业教材）. -- ISBN 978-7-5167-6820-4

Ⅰ. TU755.3

中国国家版本馆 CIP 数据核字第 2025UE3643 号

钢筋工工艺与实习

GANGJINGONG GONGYI YU SHIXI

中国劳动社会保障出版社出版发行

（北京市惠新东街 1 号　邮政编码：100029）

*

三河市华骏印务包装有限公司印刷装订　　新华书店经销

787 毫米 ×1092 毫米　16 开本　13.25 印张　290 千字

2025 年 6 月第 1 版　　2025 年 6 月第 1 次印刷

定价：34.00 元

营销中心电话：400-606-6496

出版社网址：https://www.class.com.cn

https://jg.class.com.cn

近年来，我国建筑行业进入了新的发展阶段。基于对当前建筑行业技能型人才需求及职业院校教学实际的调研分析，我们组织开发了这套全国职业院校建筑类专业教材，分为“建筑施工”“建筑设备安装”“建筑装饰”和“工程造价”四个专业方向。教材的编审人员由教学经验丰富、实践能力强的一线骨干教师和来自企业的设计、施工人员组成。

在本次教材开发工作中，我们主要做了以下几方面工作：

第一，突出教材的实用性。在“适用、实用、够用”的原则下，根据建筑行业相关企业的工作实际和相关院校的教学需要安排教材结构和内容，设计了大量来源于生产、生活实际的案例、例题、练习题和技能训练，引导学生运用所学知识分析和解决实际问题，教材体系合理、完善，贴近岗位实际与教学实际。

第二，突出教材的先进性。根据当前建筑行业对岗位知识与技能的实际需求设计教学内容，贯彻新标准。例如，在相关教材中全面贯彻《混凝土结构施工图平面整体表示方法制图规则和构造详图（现浇混凝土框架、剪力墙、梁、板）》（22G101-1）和《建设用砂》（GB/T 14684—2022）等最新图集和国家标准，《建筑 CAD》以新版的 AutoCAD 软件作为教学软件载体等。此外，新材料、新设备、新技术、新工艺在相关教材中也得到了体现。

第三，突出教材的易用性。充分保证教材的印刷质量，全部主教材均采用双色或四色印刷，图表丰富，营造出更加直观的认知环境；设置了“想一想”和“知识拓展”等栏目，引导学生自主学习；教材配套开发了习题册参考答案和电子课件，可登录技工教育网（https://jg.class.com.cn）在相应的书目下载。

本套教材在编写过程中，得到了智能制造与智能装备类技工教育和职业培训教学指导委员会及一批职业院校的大力支持，教材的编审人员做了大量的工作，在此，我们表示诚挚的谢意！同时，恳切希望用书单位和广大读者对教材提出宝贵意见和建议。

编者

本教材首先介绍了钢筋的基本知识、结构施工图识读与钢筋构造要求、钢筋配料与代换的相关知识，在此基础上介绍了钢筋加工、钢筋连接、钢筋绑扎和安装、预应力钢筋施工、钢筋工程质量验收规定和安全技术要求、钢筋班组管理的内容。教材设置了技能训练和思考练习题，帮助学生巩固所学内容，在掌握知识和技能的基础上提高动手能力。本教材配有电子课件，可登录 https://jg.class.com.cn 在相应的书目下载。

本教材由古娟妮任主编，徐宇龙、杨洪杰任副主编，郑伟、邓明杰、谢佩珉、倪峻坡参加编写。

目录

CONTENTS

上篇

钢筋基础知识

钢筋混凝土结构是土木工程中的常用结构形式，钢筋分项工程是钢筋混凝土结构施工过程中的关键环节，其重要性不言而喻。合格的钢筋工应熟练掌握钢筋材料的要求，能够读懂建筑结构施工图，具备一定的钢筋配料和代换知识。本篇主要介绍钢筋施工工艺的基础知识及注意事项。

第一章

钢筋概述

钢筋是指钢筋混凝土用钢材和预应力钢筋混凝土用钢材，其横截面多为圆形。钢筋是一种弹性材料，是钢筋混凝土工程中的主要材料，抗拉、抗压能力很强，广泛用于各种建筑结构，特别是大型、重型、轻型薄壁和高层建筑结构。钢筋的质量、品种、数量、位置等配置是否恰当，关系着整个工程的成败。因此，钢筋施工就成为钢筋混凝土工程的关键环节之一。

第一节 钢筋的品种与规格

钢筋混凝土用钢材和预应力钢筋混凝土用钢材主要有钢筋、钢丝和钢绞线三类。

一、钢筋

钢筋可按不同的分类方法进行分类：按在构件中的作用不同，分为受力钢筋和构造钢筋；按化学成分不同，分为碳素钢钢筋和普通低合金钢钢筋；按生产工艺不同，分为热轧钢筋、冷轧钢筋和余热处理钢筋。

1. 按在构件中的作用分类

（1）受力钢筋

受力钢筋是指钢筋混凝土结构中承受拉力或压力的钢筋。纵筋是混凝土构件中最主要的受力钢筋。混凝土构件内沿长度方向布置的钢筋多为受力钢筋，主要在构件中承受拉力或压力，如柱子的竖向钢筋、梁的沿梁长度方向的钢筋、板的短方向钢筋、桩的竖向钢筋等。

（2）构造钢筋

构造钢筋是指钢筋混凝土结构中按照构造需要设置的钢筋。相对于受力钢筋而言，构造钢筋不承受主要作用力，只起维护、拉结、分布等作用。

构造钢筋的类型有分布筋、构造腰筋、架立钢筋、与主梁垂直的钢筋、与承重墙垂直的钢筋、板角的附加钢筋等。

2. 按化学成分分类

（1）碳素钢钢筋

碳素钢也叫碳钢，是指含碳量小于 2.11% 的铁碳合金。除铁、碳和限量以内的锰、硅、磷、硫等杂质外，碳素钢不含其他合金元素，其性能主要取决于含碳量。含碳量增加，碳素钢的强度（材料抵抗断裂和过度变形的能力）、硬度（材料局部抵抗硬物压入其表面的能力）升高，塑性、韧性（表示材料在塑性变形和断裂过程中吸收能量的能力）和焊接性降低。与其他类别的钢筋相比，碳素钢钢筋使用最早，成本较低，适应范围较宽，用量最大。

碳素钢按照含碳量不同可划分为低碳钢（含碳量 <0.25%）、中碳钢（含碳量为 0.25%~0.6%）、高碳钢（含碳量 >0.6%）。

（2）普通低合金钢钢筋

在碳素钢中加入少量合金元素（如锰、钒、钛，多数情况下其总量不超过 3%）即制成普通低合金钢。这种钢的强度较高，综合性能较好，并具有一定的耐腐蚀、耐磨、耐低温能力，以及较好的切削性能、焊接性等。

根据所加入元素不同，普通低合金钢可分为锰系（20MnSi、25MnSi）、硅钛系（45Si2MnTi）、硅钒系（40Si2MnV、45SiMnV）。钢号中，前面的数字代表平均含碳量（以 1/10 000 计），元素符号后的数字表示该元素含量的百分比。具体表示方法为：平均含量小于 1.50% 时，牌号中仅标明元素，一般不标明含量；平均含量为 1.50%~2.49%、2.50%~3.49%、3.50%~4.49%、4.50%~5.49% 时，在合金元素后相应写成 2、3、4、5。

3. 按生产工艺分类

（1）热轧钢筋

热轧钢筋是经热轧成型并自然冷却的成品钢筋，由低碳钢和普通低合金钢在高温状态下轧制而成，主要用于钢筋混凝土和预应力混凝土结构的配筋，是土木工程中用量最大的钢材品种之一。直径为 6.5~9 mm 的热轧钢筋大多数卷成盘条，直径为 10~40 mm 的热轧钢筋一般是 6~12 m 长的直条。热轧钢筋应具备一定的屈服强度和抗拉强度，断裂时会产生颈缩现象，伸长率较大。热轧钢筋分为热轧光圆钢筋和热轧带肋钢筋两种。

1）热轧光圆钢筋。钢筋混凝土用热轧光圆钢筋是经热轧成型并自然冷却的、横截面通常为圆形且表面光滑的钢筋混凝土配筋用钢材。

根据国家标准《钢筋混凝土用钢　第 1 部分：热轧光圆钢筋》(GB 1499.1—2024)，热轧光圆钢筋按屈服强度特征值表示为 HPB300（工程符号ϕ），其中 H 表示热轧、P 表示光圆、B 表示钢筋、300 表示屈服强度为 300 MPa，HPB300 的含义是热轧一级圆钢，一般为盘条状，如图 1-1 所示。热轧光圆钢筋为低碳钢，外形为圆形、光面，又称光面钢筋，公称直径范围为 6~25 mm。

2）热轧带肋钢筋。根据国家标准《钢筋混凝土用钢　第 2 部分：热轧带肋钢筋》(GB 1499.2—2024)，热轧带肋钢筋的类别有普通热轧钢筋和细晶粒热轧钢筋。普通热轧钢筋的牌号由 HRB 和屈服强度特征值构成，其中 H 表示热轧、R 表示带肋、B 表示钢筋。普通热轧钢筋有 HRB400、HRB500、HRB600、HRB400E、HRB500E（E 为“地震”的英文 Earthquake 的首字母）五个牌号，公称直径范围为 6~50 mm。细晶粒热轧钢筋的牌号由 HRBF 和屈服强度特征值构成（F 为“细”的英文单词 Fine 的首字母），细晶粒热轧钢筋有 HRBF400、HRBF500、HRBF400E、

HRBF500E 四个牌号。

热轧带肋钢筋的外形有螺旋形、人字形和月牙形，一般 HRB400 钢筋轧制成人字形，HRB500、HRB600 钢筋轧制成螺旋形及月牙形，如图 1–2 所示。

图 1–1　热轧光圆钢筋

图 1–2　热轧带肋钢筋

（2）冷轧钢筋

冷轧钢筋是用热轧盘条经多道冷轧减径、一道压肋并经消除内应力后形成的一种带有两面或三面月牙形的钢筋。预应力混凝土构件中，冷轧钢筋是冷拔低碳钢丝的更新换代产品。现浇混凝土结构中，冷轧钢筋可代换 HPB300 钢筋，以节约钢材，是同类冷加工钢材中较好的一种。

（3）余热处理钢筋

余热处理钢筋是经热轧后直接穿水，进行外部冷却，利用芯部余热进行回火处理的成品钢筋。其外观与热轧带肋钢筋相同，化学成分与 20MnSi 钢筋相同，如图 1–3 所示。

二、钢丝

钢丝是用热轧盘条经冷拉制成的再加工产品，如图 1–4 所示。钢丝按断面形状分类，主要有圆形、方形、矩形、三角形、椭圆形、扁形、梯形、Z 字形等；按尺寸分类，有特细（直径小于 0.1 mm）、较细（直径为 0.1 ~ 0.5 mm）、细（直径为 0.5 ~ 1.5 mm）、

图 1–3　余热处理钢筋

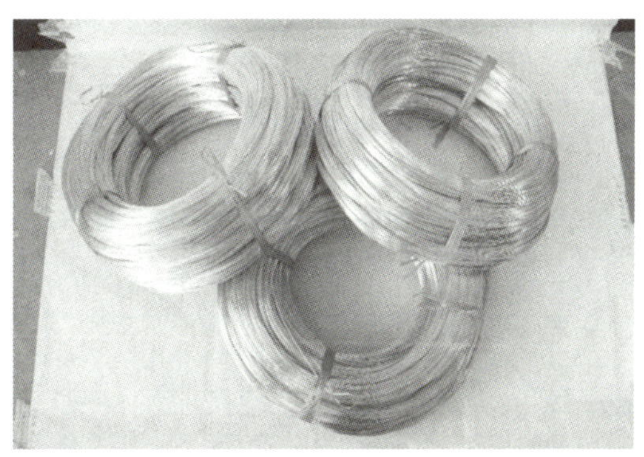
图 1–4　钢丝

中等（直径为 1.5 ~ 3.0 mm）、较粗（直径为 3.0 ~ 6.0 mm）、粗（直径为 6.0 ~ 8.0 mm）、特粗（直径大于 8.0 mm）；按强度分类，有低强度（屈服强度小于 390 MPa）、较低强度（屈服强度为 390 ~ 785 MPa）、普通强度（屈服强度为 785 ~ 1 225 MPa）、较高强度（屈服强度为 1 225 ~ 1 960 MPa）、高强度（屈服强度为 1 960 ~ 3 135 MPa）、特高强度（屈服强度大于 3 135 MPa）。

三、钢绞线

钢绞线是由多根高强度钢丝绞合在一起经过低温回火处理消除内应力后制成的，如图 1–5 所示。碳素钢表面可以根据需要增加镀锌层、锌铝合金层、包铝层、镀铜层，或涂环氧树脂。钢绞线按绞合钢丝股数不同，可分为三股钢绞线和七股钢绞线，其直径指外接圆直径。

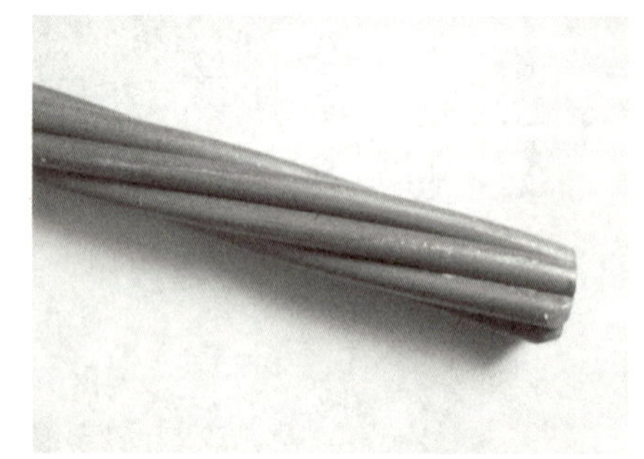

图 1–5　钢绞线

第二节　钢筋的性能

一、钢筋的力学性能

钢筋的力学性能是指钢筋在外力作用下所表现出的各种性能。它是评价钢筋是否满足工程需要和对钢筋进行检验的重要依据。

钢筋的基本力学性能主要包括拉伸性能、塑性和冷弯性能。钢筋有关的基本力学性能指标有四项：屈服点、抗拉强度、伸长率和弯曲。

1. 屈服点

屈服点又称为屈服强度，是衡量钢筋力学性能优劣的主要指标。屈服点的概念可以用钢筋拉伸试验来说明。以低碳钢为例，钢筋自受力直至拉断的过程可分为弹性阶段（*OA*）、屈服阶段（*AB*）、强化阶段（*BC*）和缩颈阶段（*CD*），如图 1–6 所示。

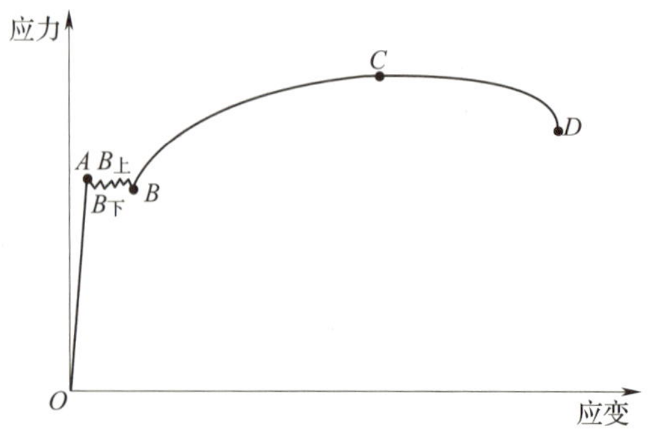

图 1–6　钢筋拉伸变形曲线

在 OA 范围内，拉力增加，变形也增加；卸去拉力，试件能恢复原状，OA 为一直线。弹性阶段的最高点（图中的 A 点）所对应的应力称为弹性极限，也称为比例极限。

当应力超过比例极限后，应力与应变不再成比例增加，钢筋不再具有完全的弹性，到达 $B_{上}$后应力开始下降，变形继续增加，钢筋在载荷的作用下呈现屈服。在屈服阶段，如将外力卸去，试件的变形不能完全恢复。不能恢复的变形称为残余变形或塑性变形。

当钢筋的应力超过 B 点以后，拉力不增加而变形却显著增加，以此时的拉力值除以钢筋的截面积得到钢筋单位面积所承受的拉力值，就是屈服强度。在屈服阶段，锯齿形的最高点对应的应力值称为上屈服点（$B_{上}$），最低点对应的应力值称为下屈服点（$B_{下}$）。因上屈服点不稳定，所以国家标准规定以下屈服点的应力值作为钢材的屈服强度。

2. 抗拉强度

屈服阶段后，钢筋内部的晶体结构得到调整，部分恢复了承载能力，应力 – 应变曲线又呈现为上升趋势，该阶段称为强化阶段或硬化阶段。与强化阶段最高点 C 相对应的应力值就是钢筋的抗拉强度。

应力达到 C 点后，试件薄弱截面的面积开始显著缩小，产生颈缩现象，应力下降，到达 D 点时，钢筋被拉断。

抗拉强度是应力 – 应变曲线中应力的最大值，虽然在强度计算中没有意义，但它是钢筋力学性能中必不可少的保证项目。原因如下：

（1）抗拉强度体现了钢筋承受静载荷的极限能力，可以表示钢筋在达到屈服点以后还有多少强度储备，是抵抗塑性破坏的重要指标。

（2）钢筋在熔炼、轧制过程中的缺陷，以及钢筋中各种化学成分含量的变化，常反映到抗拉强度上。当钢筋含碳量过高、轧制终止时温度过低时，抗拉强度就可能较高；当钢筋含碳量过低、钢中非金属夹杂物过多时，抗拉强度就可能较低。

（3）抗拉强度的高低对钢筋混凝土结构抵抗反复载荷的能力有直接影响。

3. 伸长率

伸长率是衡量钢筋塑性的一个指标，与抗拉强度一样，也是钢筋力学性能中必不可少的保证项目。

伸长率是钢筋在拉力作用下断裂时，被拉长的那部分长度占原长的百分比。伸长率值越大，表明钢材的塑性越好。伸长率大小与其测量标距有关。对热轧钢筋，取试件直径的 10 倍长度作为测量的标距；对于钢丝，取长度 100 mm 作为测量的标距；对于钢绞线，取长度 200 mm 作为测量的标距。

4. 弯曲

大多数钢筋在使用前都要进行一定的弯曲加工，从而形成各种形状的箍筋和弯起钢筋等。弯曲也是钢筋力学性能的一种塑性指标，实现弯曲的方式有冷弯、反复弯曲和平面反向弯曲三种。

（1）冷弯

冷弯试验是钢筋试件按规定弯心直径经冷加工（即常温下加工）弯曲至规定的弯

曲角度，然后检查其有无裂纹、起皮、断裂等现象，评定钢筋冷弯性能的试验。

弯曲压头直径是以钢筋直径的倍数表示的。原材料试验规定的弯曲压头直径有4*d*、5*d*、6*d*、7*d*、8*d*（*d* 为钢筋直径）等，根据不同钢筋直径进行选择。冷弯试验是一种较严格的检验，能反映钢筋内部组织不均匀等缺陷。

（2）反复弯曲

反复弯曲是一种对钢丝进行冷弯试验的方法。在规定室温下，利用曲折试验机钳口将钢丝一端夹紧，然后绕着规定半径的圆柱形表面将其弯曲 90°，再按相反方向反复弯曲，一直连续进行到该钢丝技术要求规定的弯曲次数或试件折断时为止（记录弯曲次数时，试件折断时的最后一次弯曲忽略不计）。

（3）平面反向弯曲

平面反向弯曲是一种对较高质量的热轧钢筋进行冷弯试验的方法。在规定室温下，钢筋平面经规定角度弯曲后，在弯曲部位上再承受规定角度的反向弯曲。试件经正向和反向弯曲后，检查试件弯曲变形区的内外两侧，表面完好（无裂纹）者为合格品。

二、钢筋的其他性能

1. 冲击韧性

钢材的冲击韧性是指钢材抵抗冲击荷载的能力。冲击韧性指标是通过标准试件的冲击韧性试验确定的。以摆锤打击试件，于刻槽处将其打断，试件单位截面积上所消耗的功即为钢材的冲击韧性指标，用冲击韧度表示。

钢材的化学成分、组织状态、内在缺陷及环境温度都会影响钢材的冲击韧度。试验表明，冲击韧度随温度的降低而下降，其规律是开始下降缓和，当达到一定温度范围时，突然下降很多且呈脆性，这种脆性称为钢材的冷脆性。

2. 硬度

钢材的硬度是指其表面局部体积内抵抗外物压入产生塑性变形的能力。常用的测定硬度的方法有布氏硬度法和洛氏硬度法。

布氏硬度法的测定原理是利用直径为 D（mm）的淬火钢球，以一定的载荷将其压入试件表面，经规定的持续时间后卸除载荷，即得到直径为 d（mm）的压痕，以载荷（N）除以压痕表面积 F（mm^2），所得的应力值即为试件的布氏硬度值 HB，以数字表示，不带单位。

洛氏硬度法的测定原理与布氏硬度法相似，用压头压入试件的深度表示硬度值。洛氏硬度法压痕很小，常用于判定工件的淬火热处理效果。

3. 疲劳性能

钢材在反复载荷作用下，往往在应力远小于抗拉强度时发生断裂，这种现象称为钢材的疲劳破坏。疲劳破坏的指标用疲劳强度表示，它是指疲劳试验中，试件在交变应力作用下，于规定的周期基数内不发生断裂所能承受的最大应力。

一般认为，钢材的疲劳破坏是由拉应力引起的，因此，钢材的疲劳强度与其抗拉强度有关，一般抗拉强度高，其疲劳强度也较高。由于疲劳裂纹是在应力集

中处形成和发展的，故钢材的疲劳强度不仅与其内部组织有关，也与表面质量有关。

4. 焊接性

钢材的焊接性是指焊接后焊缝处的性质与母材性质的一致程度。影响钢材焊接性的主要因素是化学成分，如硫元素的存在会使焊缝处产生硬脆及热裂纹，含碳量超过0.3%会使焊接性显著下降等。

第三节　钢筋进场验收与保管

钢筋进场时，应按国家标准《钢筋混凝土用钢　第1部分：热轧光圆钢筋》（GB 1499.1—2024）和《钢筋混凝土用钢　第2部分：热轧带肋钢筋》（GB 1499.2—2024）的规定抽取试件做力学性能检验，其质量必须符合有关标准的规定。

一、钢筋运输

1. 概述

钢筋运输是建筑工程中的重要环节，其主要目的是将制造好的钢筋从工厂运输到施工现场。正确、安全、高效的钢筋运输不仅能够保证钢筋质量，同时也能节省成本，提高工作效率。

2. 基本要求

（1）在运输钢筋时，应根据钢筋的长度、数量、质量等选择合适的运输工具，如运输车辆、吊车等。运输工具应具备足够的载重能力和稳定性，避免因选用不当而导致意外事故和材料损坏。

（2）装载钢筋时应整齐码放，避免错位和交叉。不同规格的钢筋应分类装载，避免混合在一起。钢筋装载过程中，还应做好固定措施，确保钢筋在运输过程中不会发生滑动和掉落。

（3）选择钢筋运输路线时，应考虑路况、地形等因素，尽量选择平坦、宽敞、通畅的道路，避免遇到过窄、过陡的路段，同时还应避开人流密集区域和交通繁忙时间段，确保运输安全。

（4）运输过程中，应定时检查钢筋的状况，确保钢筋没有出现锈蚀损坏等情况。如果钢筋出现破损，应及时更换或修复，避免在运输过程中发生事故。

（5）安排钢筋的运输距离和速度时，应遵循合理性原则，尽量减少长距离运输，同时，运输时应控制车速。

（6）运输过程中，应确保运输工具完好，防止因运输工具损坏造成钢筋损坏。

（7）确保运输路线信息准确，防止迷路或者延误。

（8）钢筋在装卸和运输过程中，应避免剧烈振动和磕碰，防止变形或损伤。

（9）运输过程中如遇恶劣天气，应采取降低速度、暂停运输等措施，保证钢筋质量和运输人员安全。

二、钢筋的进场验收

1. 钢筋进场

（1）钢筋进场时必须具有产品合格证、产品备案证、产品试验报告单等质量证明材料。

（2）钢筋原材料表面应印有产品标识，包括钢筋直径、生产厂家缩写、钢筋级别等相关信息，并与标牌以及产品合格证相符合。

（3）钢筋进场时，应检查其外观，看是否平直，有无损伤。钢筋表面不能有裂纹、油污、颗粒状或片状老锈等。

（4）现场使用游标卡尺检测进场钢筋直径，如图 1–7 所示，确认是否在允许范围以内，并做好实测相关记录以及台账。

图 1–7 现场使用游标卡尺检测进场钢筋直径

（5）钢筋进场时，应按现行国家标准规定抽取试件作力学性能检验，其质量必须符合规定。

（6）当钢筋在加工使用过程中发现脆断、焊接性能不良或力学性能显著不正常等现象时，应对该批钢筋进行化学成分检验或其他专项检验。

2. 钢筋取样

施工方先核对入场各类钢筋的数量清单、规格型号是否准确，质量证明文件是否齐全，外观质量是否合格，并对进场的钢筋做出质量自检评定，然后将有关资料报送监理、建设单位，再邀请监理人员到现场检查验收，在监理人员的见证下现场取样，并送法定检测机构检测。取得检测报告后，施工方就可向监理方申请使用该批钢筋。

（1）取样要求

光圆钢筋原材料取样时应取中部钢筋，截取长度为 350 ~ 400 mm 和 500 ~ 600 mm，每种长度 3 根，共 6 根为一组。带肋钢筋原材料取样时，宜除去原材料端部 1 m 往后取，截取长度同光圆钢筋。

试件分为抗拉试件和冷弯试件各 2 根。实验室进行检验时，每一检验批至少应检验 1 根抗拉试件，1 根冷弯试件。冷拉试件长度一般为 500 ~ 600 mm，冷弯试件长度一般为 350 ~ 400 mm。

（2）取样数量

按照同一批次、同一规格、同一炉号、同一出厂日期、同一交货状态的钢筋，每批质量不大于 60 t 为一个检验批，进行现场见证取样；不足 60 t 时也为一个检验批，进行现场见证取样。

3. 检验项目

（1）主控项目

1）钢筋进场时，应按现行国家标准《混凝土结构工程施工质量验收规范》

（GB 50204—2015）等的规定抽取试件检验屈服强度、抗拉强度、伸长率、弯曲性能和质量偏差，其数值必须符合有关标准的规定。

检查数量：按进场的批次和产品的抽样检验方案确定。

检验方法：检查产品合格证、出厂检验报告和进场复验报告。

2）成型钢筋进场时，应抽取试件作屈服强度、抗拉强度、伸长率和质量偏差检验，其数值必须符合有关标准的规定。对由热轧钢筋制作而成的成型钢筋，当有施工单位或监理单位的代表驻厂监督生产过程，并提供钢筋原材料力学性能第三方检验报告时，可仅进行质量偏差检验。

检查数量：同一厂家、同一类型、同一钢筋来源的成型钢筋，不超过 30 t 为一批，每批中每种钢筋牌号、规格均应抽取至少 1 个试件，总数不应少于 3 个。

检验方法：检查质量证明文件和抽样检验报告。

3）对有抗震设防要求的框架和斜撑构件（含梯段）中的纵向受力钢筋，其强度和最大力下总伸长率的实测值应符合下列规定：

①钢筋的抗拉强度实测值与屈服强度实测值的比值不应小于 1.25。

②钢筋的屈服强度实测值与屈服强度标准值的比值不应大于 1.30。

③钢筋的最大力下总伸长率不应小于 9%。

检查数量：按进场的批次和产品的抽样检验方案确定。

检验方法：检查抽样检验报告。

（2）一般项目

1）钢筋应平直、无损伤，表面不得有裂纹、油污、颗粒状或片状老锈。

检查数量：进场时和使用前全数检查。

检查方法：观察。

2）成型钢筋的外观质量和尺寸偏差应符合国家现行相关标准的规定。

检查数量：同一厂家、同一类型的成型钢筋，以不超过 30 t 为一批，每批随机 3 个试件。

检验方法：观察、尺量。

3）钢筋机械连接套筒、钢筋锚固板以及预埋件等的外观质量应符合国家现行有关标准的规定，还应检查产品合格证等质量证明文件。

检查数量：按有关标准规定。

检验方法：观察、尺量。

4. 检验方法

热轧钢筋进场时，应按批进行检查和验收。每批由同一牌号、同一炉罐号、同一规格的钢筋组成，质量不大于 60 t。允许同一牌号、同一冶炼方法、同一浇铸方法、不同炉罐号的钢筋组成混合批，但各炉罐号含碳量之差不得大于 0.02%，含锰量之差不得大于 0.15%。

（1）外观检查

从每批钢筋中抽取 5% 进行外观检查。钢筋表面不得有裂纹、结疤和折叠。钢筋表面允许有凸块，但不得超过横肋的高度，钢筋表面上其他缺陷的深度和高度不得大于所在部位尺寸的允许偏差。

钢筋可按实际质量或公称质量交货。当钢筋按实际质量交货时，应随机抽取 10 根（6 m 长）钢筋称重，如果质量偏差大于允许偏差，则应与生产厂交涉，以免用户利益受损。

（2）力学性能试验

从每批钢筋中任选 2 根钢筋，每根取 2 个试件分别进行拉伸试验（包括屈服强度、抗拉强度和伸长率）和冷弯试验。

拉伸、冷弯、反弯试验试件不允许进行车削加工。计算钢筋强度时，采用公称横截面积。反弯试验时，经正向弯曲后的试件应在 100℃温度下保温不少于 30 min，经自然冷却后再进行反向弯曲。当供货方能保证钢筋的反弯性能时，正弯后的试件也可在室温下直接进行反向弯曲试验。

如果有一项试验结果不符合要求，则从同一批中另取双倍数量的试件重做各项试验。如果仍有一个试件不合格，则该批钢筋为不合格品。

对热轧钢筋的质量有疑问或类别不明时，在使用前应做拉伸和冷弯试验。根据试验结果确定钢筋的类别后，才允许使用。抽样数量应根据实际情况确定。这种钢筋不宜用于主要承重结构的重要部位。

余热处理钢筋的检验同热轧钢筋。

三、钢筋的保管

1. 选择适宜的场地和库房

（1）保管钢筋的场地或库房应位于清洁、排水通畅的地方，远离产生有害气体或粉尘的场所，并清除杂草及一切杂物，保持钢筋干净。

（2）钢筋不得与酸、碱、盐、水泥等对钢筋有侵蚀性的材料堆放在一起。不同品种的钢筋应分别堆放，防止混淆，防止接触腐蚀。

（3）大型型钢、钢轨、厚钢板、大口径钢管、锻件等可以露天堆放。

（4）中小型型钢、盘条、中口径钢管、钢丝及钢丝绳等可在通风良好的料棚内存放，但必须上苫下垫。

（5）一些小型钢材、薄钢板、钢带、硅钢片、小口径或薄壁钢管、各种冷轧和冷拔钢材，以及价格高、易腐蚀的金属制品，可存放入库。

（6）库房应根据地理条件选定，一般采用普通封闭式库房，即有房顶、围墙，且门窗严密，设有通风装置的库房。

（7）库房要求晴天注意通风，雨天注意防潮，经常保持适宜的储存环境。

2. 合理堆码、先进先发

（1）堆码的原则要求是在码垛稳固、确保安全的条件下，做到按品种、规格码垛，不同品种的材料要分别码垛，防止混淆和相互腐蚀。钢筋堆码与标识如图 1–8 所示。

（2）禁止在垛位附近存放对钢材有腐蚀作用的物品。

（3）垛底应垫高、坚固、平整，防止材料受潮或变形。

（4）同种材料按入库先后分别堆码，便于执行“先进先发”的原则。

图 1-8 钢筋堆码与标识

（5）露天堆放的钢筋下面必须有木垫或条石，垛面略有倾斜，以利排水，并注意安放平直，防止弯曲变形。

（6）人工作业时堆垛高度不超过 1.2 m，机械作业时堆垛高度不超过 1.5 m，垛宽不超过 2.5 m。

（7）垛与垛之间应留有一定的通道，检查通道一般为 0.5 m 宽，出入通道视材料大小和运输机械宽度而定，一般为 1.5 ~ 2.0 m 宽。

（8）垛底垫高，库房若为朝阳的水泥地面，垫高 0.1 m 即可；若为泥地，须垫高 0.2 ~ 0.5 m；若为露天场地，水泥地面垫高 0.3 ~ 0.5 m，沙泥地面垫高 0.5 ~ 0.7 m。

3. 保护材料的包装和保护层

钢材出厂前涂的防腐剂或其他镀层及包装是防止材料锈蚀的重要措施，在运输、装卸过程中须注意保护，不能损坏，以延长材料的保管期限。

4. 保持库房清洁、加强材料养护

（1）材料在入库前要注意防止雨淋或混入杂质，对已经淋雨或弄污的材料要按其性质采用不同的工具擦净，硬度高的可用钢丝刷，硬度低的用布、棉等物。

（2）材料入库后要经常检查，如有锈蚀，应清除锈蚀层。

（3）一般钢筋表面清除干净后，不必涂油，但对优质钢、合金薄钢板、薄壁管、合金钢管等，除锈后其内外表面均需涂防锈油后再存放。

（4）锈蚀较严重的钢筋除锈后不宜长期保管，应尽快使用。

5. 控制钢筋的废料

控制废料的产生，首先要分析工程中哪些部位或工序易产生废料，然后针对这些部位或工序采取应对措施。

（1）墙、柱竖向钢筋的废料控制主要是通过施工料单。墙、柱竖向钢筋在下施工料单时应保证规范，下料长度尽量为整料钢筋长度的几分之一，或者几层墙柱竖向钢筋的长度加起来为一根整料钢筋。一份好的施工料单应控制工程墙、柱竖向钢筋的断料长度，基本没有废料。

（2）直径不大于 10 mm 的钢筋主要用于楼面板、梁、柱箍筋等。钢筋进场提计划时全部进盘圆钢筋，并通过调直机下料，应基本没有废料。

（3）梁主筋下料时，施工料单上不需要考虑钢筋的断料长度，但要督促钢筋工下料时将 1.5 m 以上的短钢筋和长料闪光对焊下料，最大限度地降低废料率。

（4）箍筋一般会提前下料，地下室或主体工程结束时一般会有用剩的箍筋，要对箍筋加工量进行管理，以减少用剩的箍筋数量，并对用剩的箍筋进行再利用。

箍筋虽然要提前加工，但不宜加工太多，以免造成堆放和绑扎的混乱。提前加工的箍筋量可以控制在一个施工段的箍筋用量内，在保证施工绑扎要求的同时，也容易控制箍筋的剩余量。

交给钢筋工的梁、柱料单后面应附一份箍筋型号及数量统计表，统计时应适当减少每种规格箍筋的数量，按料单数量的 95% 加工。

每层钢筋绑扎完可能会多一些箍筋，应按规格进行整理，查看上层料单，只要上层能用的都用到上层，上层不能用的可切断再利用。直径 10 mm、12 mm 的箍筋可以切断后做构造柱、圈梁植筋或插筋，直径 8 mm 的箍筋可以切断后做梁、柱拉钩。

（5）钢筋的废料不要随意以大代小使用。例如，楼层上面墙、梁的拉钩为直径 8 mm 的钢筋，现场钢筋工可能会用直径 10 mm、12 mm、14 mm 的钢筋废料代替，这样就算能减少废料量，但从经济角度来讲也是不合理的。

四、钢筋锈蚀与防护

水泥水化的高碱度（pH>12.5）会使钢筋表面形成钝化膜，这是混凝土能保护钢筋的主要依据与基本条件。任何影响钝化膜形成的因素都将促使钢筋锈蚀，影响混凝土的耐久性。

在钢筋混凝土中，碱度低的水泥应限制使用，或使用时同时采取防腐技术措施。海砂含有不等量的氯离子，会使混凝土中的钢筋失去钝化状态，从而使钢筋锈蚀，锈蚀产物的体积可膨胀 2.5 倍以上，致使混凝土开裂、剥落，最后导致结构破坏。因此，我国有关规范不推荐或严格限制使用海砂。开发海砂要限制氯离子的含量，同时必须采取相应的防护措施（如加入钢筋阻锈剂等）。

混凝土的密实度与厚度对保护钢筋起着关键作用。工程实践表明，钢筋过早出现腐蚀破坏大多与混凝土质量欠佳有关。

混凝土的碳化是指大气中的二氧化碳与混凝土中的氢氧化钙起化学反应，生成中性的碳酸钙。混凝土中钢筋保持钝化状态的最低 pH 值是 11.5，而碳化结果可使 pH 值低于 9，所以钢筋锈蚀不可避免。

工业过程排放的二氧化硫与氢氧化钙结合生成亚硫酸钙，类似于碳化作用；二氧化硫、三氧化硫溶于水（或形成酸雨），直接促进钢筋的电化学腐蚀过程，所生成的硫酸盐也对混凝土进一步发生膨胀侵蚀作用。实质上，二氧化硫与酸雨对钢筋锈蚀的危害在一定条件下远大于碳化作用。

提高混凝土自身对钢筋的保护能力是防止钢筋锈蚀最重要、最根本的原则之一。高性能混凝土的开发有利于对钢筋的保护，但由于混凝土材料的多孔性和施工易产生

裂纹等问题很难彻底解决，在较严酷的腐蚀环境中，附加的防护措施仍然是不可缺少的，主要有钢筋阻锈剂、环氧树脂涂层钢筋、水泥基聚合物防腐砂浆层等。

技能训练 1　入场教育与实训指导

一、训练目的

1. 熟悉技能训练中的纪律要求。
2. 了解钢筋工的基本知识和基本技能，以及常用的工具、设备。

二、训练准备

钢卷尺、钢丝刷、手摇扳手、卡盘、铅丝钩、小撬棒、绑扎架、钢筋扳手、钢筋调直机、钢筋切断机、钢筋弯曲机、钢筋冷拉机。

三、训练内容

1. 入场教育

实训人员首先要学习技能训练守则与安全要求。

（1）技能训练守则

1）进行技能训练前，必须认真做好预习，明确技能训练的目的、方法、步骤和安全注意事项。

2）做到“三不一服从”，即不迟到早退、不旷课、不做与技能训练内容无关的事，服从教师安排。

3）进入训练场地必须穿工作服（或校服），佩戴胸卡，禁止在训练场地穿奇装异服，禁止穿高跟鞋、拖鞋，禁止赤脚或酒后进入训练场地。

4）进入训练场地的实训人员不得玩笑打闹，严禁抽烟，应坚守岗位，不得随意串岗。不得在训练场地内吃东西。

5）进入训练场地的实训人员必须严格遵守各项规章制度，尊敬师长，认真学习各项操作技能，定期接受考核。

6）不得擅自将非实训人员带进训练场地，以防发生意外事件。

7）严禁将材料带出训练场地，一经发现，应按实训人员管理规定处理。

8）认真保管好个人所用的工具，爱护工具和设备，未经教师允许，不得随意乱动设备。如果违反规定，轻者批评教育，重者给予纪律处分，造成经济损失者还应照价赔偿，对故意损坏工具者按实训人员管理规定处理。

9）注意清洁卫生，及时清扫各工位卫生，做到活完场地清，经教师检查合格后方可离开。

10）因旷课、迟到缺做的实训项目，一律不予补做，成绩为零。技能训练结束后，应及时把训练报告（记录表）交指导教师审阅，不符合要求的训练报告退回重做。

（2）安全要求

1）进入训练场地要浏览安全标识，认真了解并遵守安全操作规程。使用设备前，认真检查各类配件是否完好，开关、线路有无破损。未得到教师允许，不得私自乱动场地内的各种设备。

2）离开训练场地时要认真检查电源开关是否断开，并关好门窗，防止意外事件发生。遇到意外事件要立即采取安全措施，并及时向指导教师报告。

3）在钢筋使用、加工过程中要注意周围其他人的安全，特别要防止钢筋刺伤他人，做到“不伤害别人，不伤害自己，不被人伤害”。

4）训练场地内禁止烟火，不得互相打闹、嬉戏或攀爬脚手架等。如果发现训练场地存在危险隐患，应及时报告教师。

2. 训练指导

了解技能训练的目的和内容，熟悉训练场地和常用的工具、设备，了解考核项目与评分标准。

3. 其他要求

（1）进行技能训练前，教师对实训人员进行分组，每组选1名组长，负责组织本小组进行技能训练，以组为单位按指定工位开展技能训练教学活动。

（2）以组为单位借用工、量具并填写使用单，认真保管好所借用的工、量具。实训结束时由组长组织组员清点后交还给教师。

（3）按教师要求和安排，组长负责组织组员定期打扫训练场地及实训工位卫生。

1. 钢筋的分类方法有哪几种？每种方法是如何分类的？
2. 钢丝与钢绞线的区别是什么？
3. 钢筋的拉伸试验分为几个阶段？每个阶段的特点是什么？
4. 钢筋的伸长率是如何检测的？
5. 钢筋质量验收的要求是什么？
6. 钢筋保管需要注意哪些问题？

第二章 结构施工图与钢筋构造要求

结构设计时，要根据建筑要求选择结构类型、进行合理布置，再通过力学计算确定构件的断面形状、大小、材料及构造等，并将设计结果绘成图样，以指导施工，该图样称为结构施工图。结构施工图与建筑施工图都是施工的依据，主要用于放灰线、挖基槽、基础施工、支撑模板、配钢筋、浇灌混凝土等施工过程，也是计算工程量、编制预算和施工进度计划的依据。

第一节 结构施工图基础知识

结构施工图是根据房屋建筑中的承重构件进行结构设计后画出的图样。结构施工图必须与建筑施工图密切配合，它们之间不能产生矛盾。

一、结构施工图的主要内容

1. 结构设计说明书

结构设计说明书应说明主要设计依据，如地基承载力、当地的自然条件、材料标号、预制构件统计表及施工要求等方面的内容。

2. 结构平面布置图

结构平面布置图应标明结构中各种承重构件的总体布置，包括基础平面布置图、楼层结构平面布置图和屋面结构平面布置图。

3. 构件详图

构件详图应标明各个承重构件的材料、形状、大小及内部构造，主要包括梁、板、柱及基础结构详图，以及楼梯结构详图、屋架结构详图和其他详图等。

二、结构施工图的一般规定

1. 钢筋混凝土构件代号

在结构施工图中，各类构件均采用国家标准规定的代号表示，同类构件用阿拉伯数字编号，常用构件代号见表 2–1。对于预应力钢筋混凝土构件，应在构件代号前加注“Y–”。构件内钢筋的标注见表 2–2。

表 2-1　　常用构件代号

序号	名称	代号	序号	名称	代号	序号	名称	代号
1	板	B	19	挡雨板	YB	37	承台	CT
2	屋面板	WB	20	吊车安全道板	DB	38	设备基础	SJ
3	空心板	KB	21	墙板	QB	39	桩	ZH
4	槽形板	CB	22	天沟板	TGB	40	挡土墙	DQ
5	折板	ZB	23	梁	L	41	地沟	DG
6	密肋板	MB	24	屋面梁	WL	42	柱间支撑	ZC
7	楼梯板	TB	25	吊车梁	DL	43	垂直支撑	CC
8	盖板	GB	26	单轨吊车梁	DDL	44	水平支撑	SC
9	框支梁	KZL	27	轨道连接	DGL	45	梯	T
10	屋面框架梁	WKL	28	车挡	CD	46	雨篷	YP
11	檩条	LT	29	圈梁	QL	47	阳台	YT
12	屋架	WJ	30	过梁	GL	48	梁垫	LD
13	托架	TJ	31	连系梁	LL	49	预埋件	M
14	天窗架	CJ	32	基础梁	JL	50	天窗端壁	TD
15	框架	KJ	33	楼梯梁	TL	51	钢筋网	W
16	刚架	GJ	34	框架梁	KL	52	钢筋骨架	G
17	支架	ZJ	35	框架柱	KZ	53	基础	J
18	柱	Z	36	构造柱	GZ	54	暗柱	AZ

表 2-2　　构件内钢筋的标注

序号	名称	图例	说明
1	钢筋横断面	●	—
2	无弯钩的钢筋端部		长、短钢筋投影重叠时，短钢筋的端部用 45° 短斜线表示
3	带半圆形弯钩的钢筋端部		—
4	带直钩的钢筋端部		—
5	带螺纹的钢筋端部		—

续表

序号	名称	图例	说明
6	无弯钩的钢筋搭接		—
7	带半圆弯钩的钢筋搭接		—
8	带直钩的钢筋搭接		—
9	花篮螺纹钢筋接头		—
10	机械连接的钢筋接头		用文字说明机械连接的方式
11	钢筋焊接连接		
12	端部带锚固板的钢筋		

2. 构件详图的图示方法

钢筋混凝土构件详图包括模板图、配筋图、钢筋表和文字说明。

模板图用于标明构件的外形，预埋件、预留插筋、预留孔洞的位置及各部尺寸，有关标高及构件与定位轴线的位置关系等。模板图通常由构件的立面图和剖视图组成，是模板制作和安装的主要依据。

配筋图着重表达构件内部钢筋的配置情况，应标记钢筋的规格、级别、数量、形状大小，是钢筋下料及绑扎钢筋骨架的依据，是构件详图的主要图样。配筋图通常由构件立面图、断面图和钢筋详图组成。

钢筋表应标明构件编号，以及钢筋的编号、形状尺寸、规格尺寸、设计长度、根数、质量等。

文字说明包括钢号、混凝土强度等级、板内分布筋的规格和间距、梁板主筋的保护层厚度等。

在构件详图中，为了突出构件中的钢筋配置情况，规定构件的外形轮廓用细实线绘制，构件中配置的钢筋用单根粗实线绘制，钢筋的断面用黑圆点表示，且构件的断面图中不绘制钢筋混凝土材料图例。钢筋的级别、数量和尺寸应按规定标注。

三、钢筋混凝土构件图

1. 基础图

基础是房屋的地下承重部分，承受建筑物的全部载荷，并传递至地基。基础图表达建筑物室内地面以下基础部分的平面布置及详细构造，通常包括基础平面图和基础详图。

（1）基础平面图

假想在建筑物底层地面以下设置水平剖切平面，剖切后将剖切平面下部的所有基础构件作水平投影，所得的水平剖视图称为基础平面图。

1）基础平面图的内容

①定位轴线和编号（应与建筑平面图一致），以及轴线和房屋总长、总宽尺寸。

②基础平面布置、基础墙厚度及与轴线的位置关系、基础地面宽度及与轴线的位置关系。

③基础墙上留洞的位置及洞的尺寸和洞底标高，以及基础梁位置、代号和编号。

④基础编号、基础断面图的剖切位置线及其编号。

⑤施工说明，即所用材料的强度等级、防潮层做法、设计依据及施工注意事项等。

2）基础平面图的特点

①基础平面图的绘制比例应与建筑平面图一致。

②基础平面图中仅绘制基础墙身线和基础底面轮廓线，条形基础大放脚细部的可见轮廓线省略不画，通过基础详图来表达。

③基础平面图中用中粗实线绘制剖切到的基础墙身线，用细实线绘制基础底面轮廓线，用单根粗实线绘制可见的基础梁，用单根粗虚线绘制不可见的基础梁，用涂黑的矩形断面表示剖切到的柱断面。

（2）基础详图

基础详图采用垂直墙身轴线的断面图表达基础各组成部分的具体形状、大小、材料及基础埋深等。

凡基础槽宽、基础墙厚度、基础底标高、大放脚等做法不相同时，均应作出基础详图，且基础详图的编号应与基础平面图上标注的剖切线编号一致。

1）基础详图的内容

①图名、比例。

②轴线及编号。

③基础断面形状、大小、材料及配筋。

④基础断面的详细尺寸和室内外地面标高及基础底面的标高。

⑤防潮层的位置和做法。

⑥施工说明等。

2）基础详图的特点

①基础详图采用 1：10、1：20 等比例绘制。

②梁的轮廓线用细实线绘制，基础砖墙的轮廓线用中粗实线绘制，梁内钢筋用粗实线绘制，钢筋断面用小黑圆点表示。

③在基础墙断面上绘制砖的材料图例，而在钢筋混凝土基础、梁的断面上不绘制材料图例，以突出钢筋配置情况。基础垫层材料可用文字说明，不绘制相应的材料图例。

2. 结构平面图

结构平面图是假想沿着楼板面将房屋水平剖开后所作的楼层的水平投影，主要表达各种承重构件如墙、梁、板、柱等的布置情况，是表示建筑各构件的平面布置的图样，也是施工中布置各种承重构件的主要依据。

（1）楼层结构平面图

楼层结构平面图是假想用一个平面水平剖切楼层上表面后作的水平剖视图。若多层结构布置相同，楼层结构平面图可用标准层的处理方法表示。楼层结构平面图的图

示包括以下内容：

1）墙体的定位轴线及厚度。

2）各种柱的位置及配筋图。

3）各种梁的布置位置及梁标高。

4）现浇楼板的配筋及其与梁、墙体的关系。

5）标注尺寸和必要的文字说明。

（2）屋顶结构平面图

屋顶结构平面图是表示屋面承重构件平面布置的图样，其图示内容和表达方法与楼层结构平面图基本相同。

3. 结构详图

结构平面图只是表明房屋各楼层承重构件的布置，而各构件的真实形状、内部结构构件等并没有表示清楚，因此还需要绘制它们的结构详图。

钢筋混凝土构件结构详图也称为配筋图，是由立面图与截面图组成的，主要表示构件内部各种钢筋的位置、直径、形状和数量等。

钢筋混凝土构件结构详图应包括以下内容：

（1）构件名称或代号、比例。

（2）构件的定位轴线及编号。

（3）构件的形状、尺寸和预埋件代号及布置。

（4）构件内部钢筋的布置。

（5）构件的外形尺寸、钢筋规格、构造尺寸及底面标高。

（6）施工说明。

第二节　平法施工图制图规则

建筑结构施工图平面整体设计方法（简称平法）的要点是把构件的尺寸和配筋等按照平面整体表示方法的制图规则直接表达在各类构件的结构平面布置图上，再与标准构造详图相配合，以简化设计。

一、柱平法制图规则

柱的结构平面布置图一般采用截面注写方式或列表注写方式。柱的配筋示例如图 2–1 所示。

1. 截面注写方式

在柱平面布置图上，分别在不同编号的柱中各选一截面，在其原位上以一定比例放大绘制柱截面配筋图。

（1）注写柱编号，柱列表见表 2–3。

（2）注写各段柱的起止标高，自基础顶面标高往上以变截面位置或截面未变但配筋改变处为界分段注写。

图 2–1　柱的配筋示例

表 2–3　柱列表

柱类型	代号	序号
框架柱	KZ	××
转换柱	ZHZ	××
芯柱	XZ	××

（3）柱截面尺寸及截面与轴线的关系如图 2–2 所示。对于矩形柱用 $b \times h$ 及 b_1、b_2 和 h_1、h_2 表示，其中 $b=b_1+b_2$，$h=h_1+h_2$；对于圆柱用直径 d 表示，且 $d=b_1+b_2=h_1+h_2$。

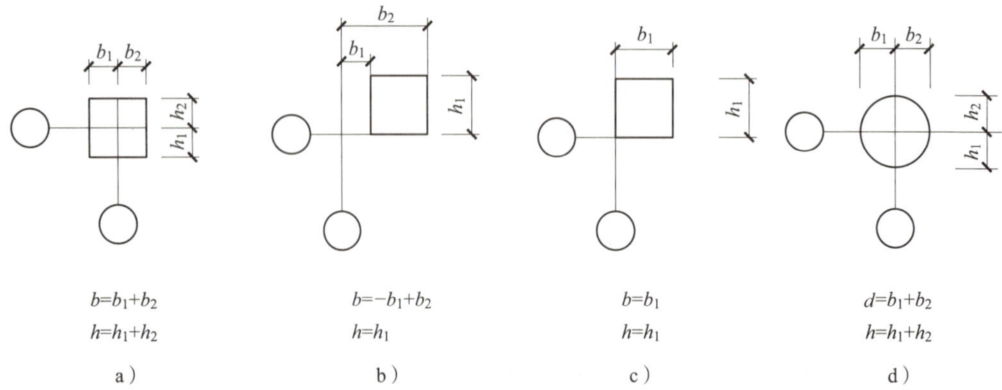

图 2–2　柱截面尺寸及截面与轴线的关系

（4）柱纵筋。当柱纵筋直径相同、各边根数也相同时，将柱纵筋注写为“全部纵筋”；除此之外，柱纵筋分为角筋、截面 b 边中部筋和 h 边中部筋三部分注写（对于采用对称配筋的矩形截面柱，可仅注写一侧中部筋，对称边省略不注）。

（5）箍筋的钢筋级别、直径及加密区与非加密区的间距。以 Φ8@100/200 为例，它表示箍筋为 HPB300 钢筋，直径为 8 mm，加密区间距为 100 mm，非加密区间距为 200 mm。柱平法截面注写如图 2–3 所示。

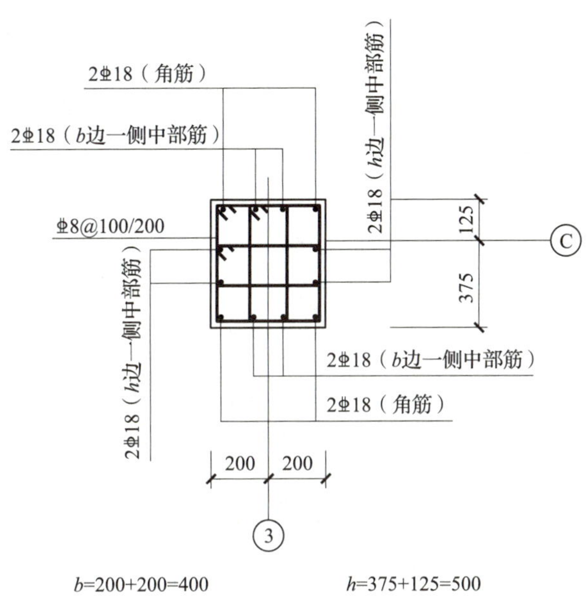

图 2–3　柱平法截面注写

2. 列表注写方式

（1）分别在同一编号的柱中选择一个截面标注几何参数代号。

（2）绘制箍筋类型图。

（3）在列表中注写柱号、柱段起止标高、几何尺寸 $b \times h$ 或直径 D。

（4）在列表中注写柱的轴线定位尺寸 b_1、b_2、h_1、h_2。

（5）柱纵筋直径和各边根数相同时注写全部纵筋，否则注写角筋、b 边和 h 边一侧的中部筋。

（6）注写箍筋类型号及肢数（$m \times n$）、箍筋直径、间距；当箍筋为螺旋箍时前面加 L。

柱平法施工图列表注写如图 2–4 所示。

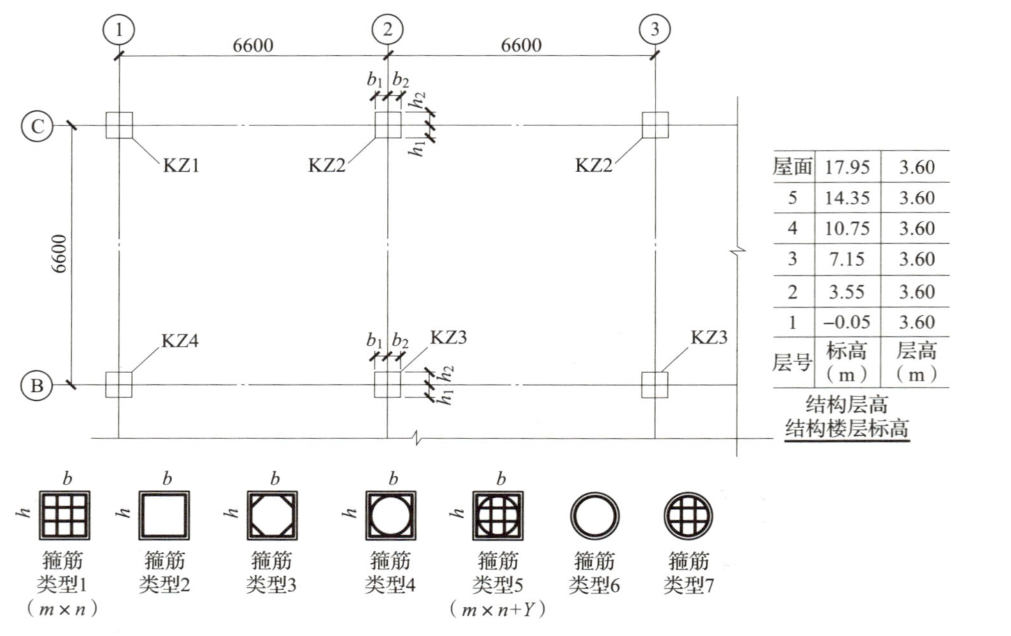

柱　表

柱号	标高	$b \times h$（四柱直径 D）	b_1	b_2	h_1	h_2	全部纵筋	角筋	b 边一侧中部筋	h 边一侧中部筋	箍筋类型	箍筋	备注
KZ1	-0.05 ~ 17.95	600 × 600	300	300	300	300	12⌀25	—	—	—	1（4 × 4）	⌀10@100/200	
KZ2	-0.05 ~ 17.95	500 × 500	250	250	250	250	—	4⌀22	2⌀25	2⌀22	1（4 × 4）	⌀10@100/200	
KZ3	-0.05 ~ 17.95	400 × 400	200	200	200	200	—	4⌀22	3⌀22	2⌀20	1（5 × 4）	⌀10@100/200	
KZ4	-0.05 ~ 17.95	400 × 500	200	200	250	250	—	4⌀20	2⌀20	2⌀18	1（4 × 4）	⌀10@100/200	

图 2-4　柱平法施工图列表注写

二、剪力墙平法制图规则

1. 剪力墙基本概念

剪力墙又称抗风墙或抗震墙、结构墙，是建筑物或构筑物中主要承受风荷载或地震作用引起的水平荷载的墙体，如图 2–5 所示。

图 2–5　剪力墙

剪力墙结构包含“一墙、二柱、三梁”，即一种墙身、两种墙柱、三种墙梁。

（1）墙身

剪力墙的墙身就是一道混凝土墙，常见厚度在 200 mm 以上，一般配置两排钢筋网，如图 2–6 所示。

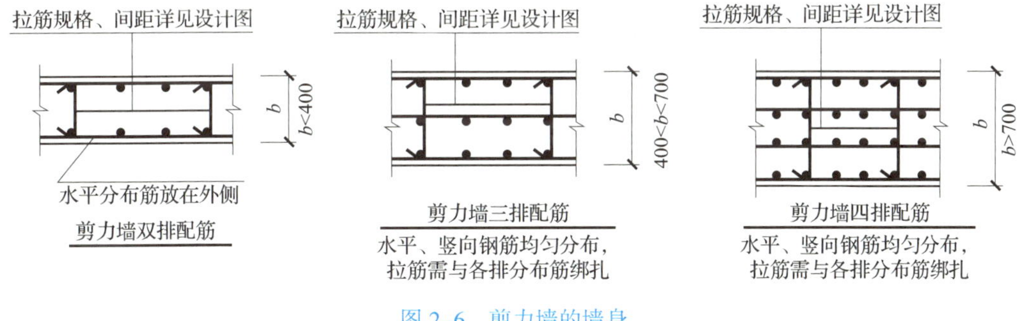

图 2–6　剪力墙的墙身

（2）墙柱

剪力墙柱分为暗柱和端柱两大类。暗柱的宽度等于墙的厚度，所以暗柱隐藏在墙内。端柱的宽度大于墙的厚度。

图集中把暗柱和端柱统称为边缘构件，这是因为这些构件被设置在墙肢的边缘部位。边缘构件分为构造边缘构件和约束边缘构件两大类，如图 2–7 和图 2–8 所示，图中 A_c 为构造边缘构件的截面积。

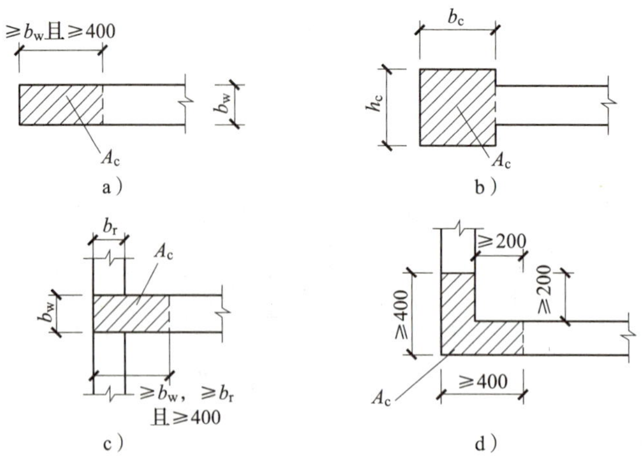

图 2-7 构造边缘构件

a）构造边缘暗柱 b）构造边缘端柱 c）构造边缘翼墙 d）构造边缘转角墙

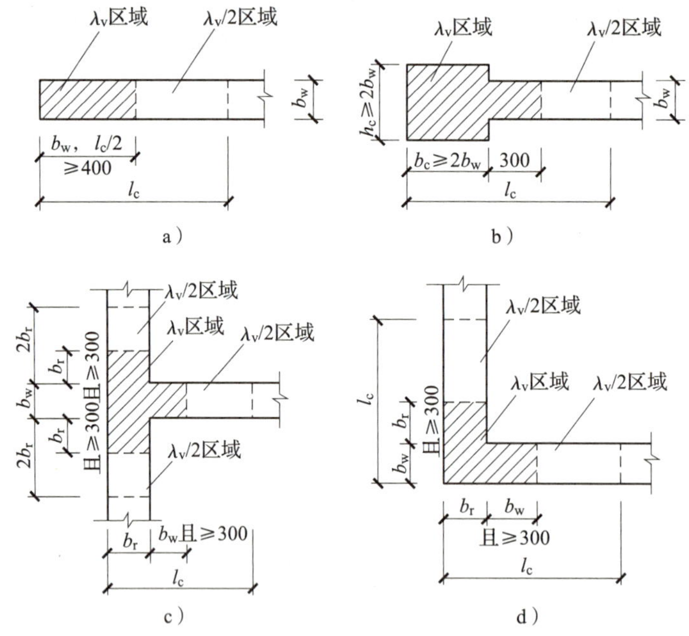

图 2-8 约束边缘构件

a）约束边缘暗柱 b）约束边缘端柱 c）约束边缘翼墙 d）约束边缘转角墙

（3）墙梁

墙梁包括连梁（LL）、暗梁（AL）和边框梁（BKL）。

1）连梁。连梁是一种特殊的墙身，是指上、下楼层窗（门）洞口之间的那部分水平的窗间墙。

2）暗梁。暗梁与暗柱有些相似，它们都是隐藏在墙身内部看不见的构件，都是墙

身的组成部分。事实上，剪力墙的暗梁和砖混结构的圈梁有共同之处，它们都是墙身的水平加强带，一般设置在楼板之下。

3）边框梁。边框梁与暗梁有很多共同之处，一般也设置在楼板以下部位，但截面宽度比暗梁宽。也就是说，边框梁的截面宽度大于墙身厚度，因而形成了凸出剪力墙面的一个边框。

2. 剪力墙平法施工图

绘制剪力墙平法施工图时，一般在剪力墙布置图上采用列表注写方式或截面注写方式。

剪力墙平法施工图可采用适当比例单独绘制，也可与柱或梁平面布置图合并绘制。当剪力墙较复杂或采用截面注写方式时，应按标准层分别绘制剪力墙平面布置图。对于轴线未居中的剪力墙（包括端柱），应标注其偏心定位尺寸。

（1）列表注写方式

列表注写方式指分别在剪力墙柱表、剪力墙身表和剪力墙梁表中，对应于剪力墙平面布置图上的编号，用绘制截面配筋图并注写几何尺寸与配筋具体数值的方式编制剪力墙平法施工图。

1）剪力墙柱表注写内容如下：

①注写墙柱编号及绘制截面配筋图。墙柱编号由墙柱类型、代号和序号组成，见表 2-4。

表 2-4 墙柱编号

墙柱类型	代号	序号
约束边缘构件	YBZ	××
构造边缘构件	GBZ	××
非边缘暗柱	AZ	××
扶壁柱	FBZ	××

注：约束边缘构件包括约束边缘暗柱、约束边缘端柱、约束边缘翼墙、约束边缘转角墙 4 种，如图 2-8 所示。构造边缘构件包括构造边缘暗柱、构造边缘端柱、构造边缘翼墙、构造边缘转角墙 4 种，如图 2-7 所示。

②注写各段墙柱的起止标高。自墙柱根部往上以变截面位置或截面未变但配筋改变处为界分段注写。墙柱根部标高是指基础顶面标高（如果是框支剪力墙结构，则为框支梁顶面标高）。

③注写各段墙柱的纵向钢筋和箍筋，注写值应与表中绘制的截面配筋图对应一致。纵向钢筋注写总配筋值，箍筋注写方式与柱箍筋相同。

剪力墙柱表注写示意见表 2-5。

表 2-5 剪力墙柱表注写示意

截面	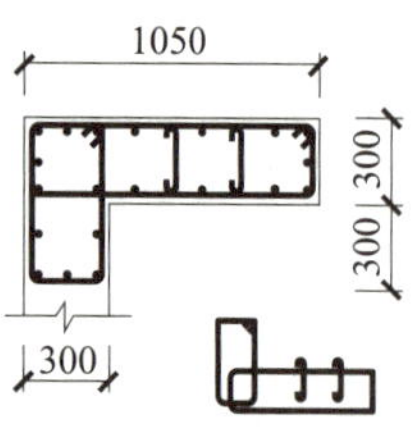	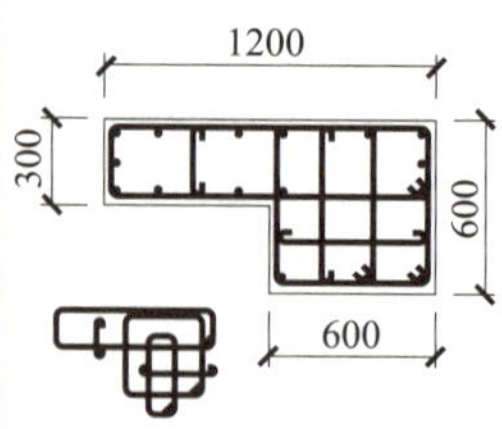	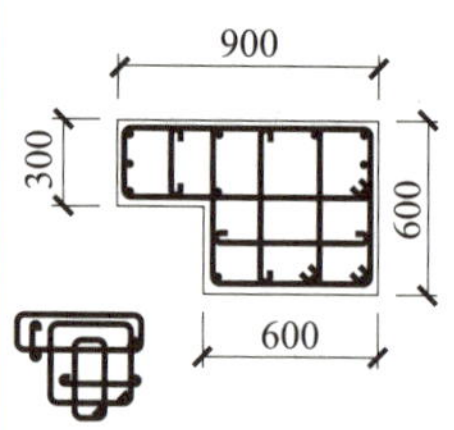	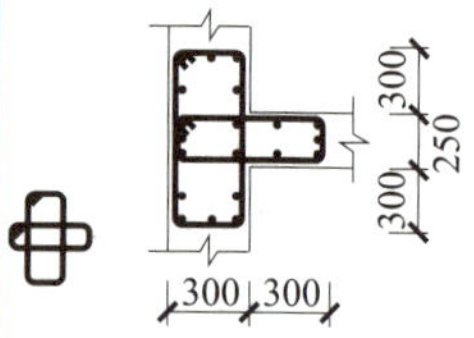
编号	YBZ1	YBZ2	YBZ3	YBZ4
标高（m）	-0.030 ~ 12.270	-0.030 ~ 12.270	-0.030 ~ 12.270	-0.030 ~ 12.270
纵筋	24Φ20	22Φ20	18Φ22	20Φ20
箍筋	Φ10@100	Φ10@100	Φ10@100	Φ10@100

截面	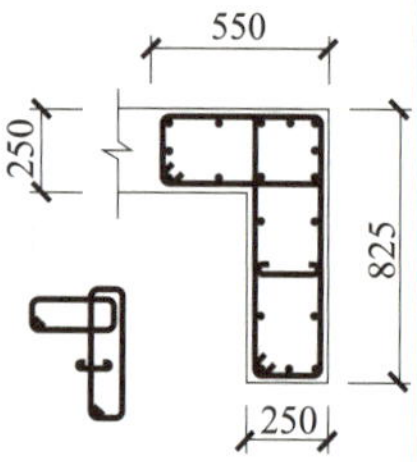	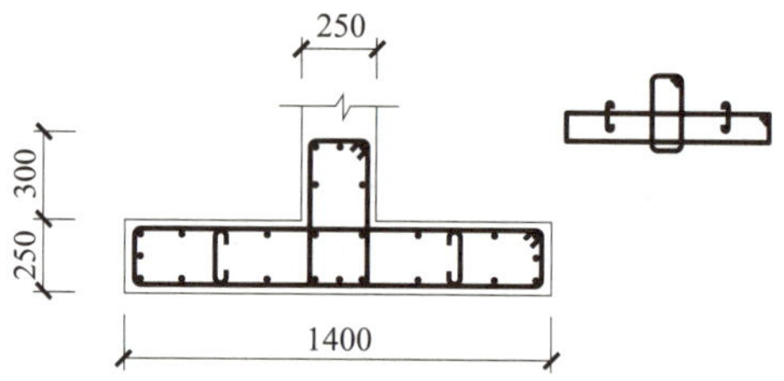	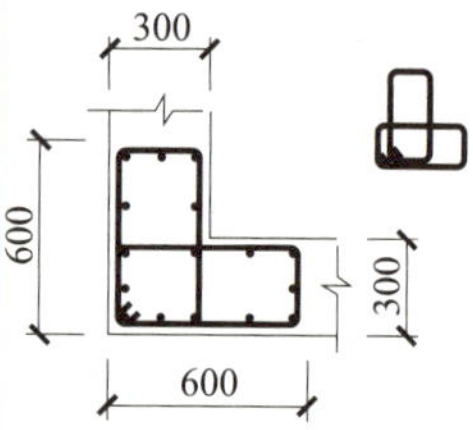
编号	YBZ5	YBZ6	YBZ7
标高（m）	-0.030 ~ 12.270	-0.030 ~ 12.270	-0.030 ~ 12.270
纵筋	20Φ20	23Φ20	16Φ20
箍筋	Φ10@100	Φ10@100	Φ10@100

2）剪力墙身表注写内容如下：

①注写墙身编号。含水平与竖向分布钢筋的排数，由墙身代号、序号及墙身所配置的水平与竖向分布钢筋的排数组成，排数注写在括号内。

表达形式：Q××（×排）。

②注写各段墙身起止标高。自墙身根部往上以变截面位置或截面未变但配筋改变处为界分段注写。墙身根部标高指基础顶面标高（如果是框支剪力墙结构，则为框支梁的顶面标高）。

③注写水平分布钢筋、竖向分布钢筋和拉筋的具体数值。注写数值为一排水平分布钢筋和竖向分布钢筋的规格与间距。

剪力墙身表注写示意见表 2-6。

表 2-6 剪力墙身表注写示意

编号	标高（m）	墙厚（mm）	水平分布筋	垂直分布筋	拉筋
Q1（2 排）	0.030 ~ 30.270	300	⏀12@200	⏀10@200	ϕ6@600@600
	30.270 ~ 59.070	250	⏀10@200	⏀10@200	ϕ6@600@600
Q2（2 排）	-0.030 ~ 30.270	250	⏀10@200	⏀10@200	ϕ6@600@600
	30.270 ~ 59.070	200	⏀10@200	⏀10@200	ϕ6@600@600

3）剪力墙梁表注写内容如下：

①注写墙梁编号，见表 2-7。

表 2-7 墙梁编号

墙梁类型	代号	序号
连梁	LL	××
连梁（对角暗撑配置）	LL（JC）	××
连梁（交叉斜筋配筋）	LL（JX）	××
连梁（集中对角斜筋配筋）	LL（DX）	××
暗梁	AL	××
边框梁	BKL	××

注：在具体工程中，当某些墙身需设置暗梁或边框梁时，宜在剪力墙平法施工图中绘制暗梁或边框梁的平面布置图并编号，以明确其具体位置。

②注写墙梁所在楼层号。

③注写墙梁顶面标高高差，即相对于墙梁所在结构层楼面标高的高差值，墙梁标高大于楼面标高为正值，反之为负值，无高差时不注。

④注写墙梁截面尺寸（$b \times h$），以及上部纵筋、下部纵筋和箍筋的具体数值。

剪力墙梁表注写示意见表 2-8。

表 2-8 剪力墙梁表注写示意

编号	所在楼层号	梁顶相对标高高差（m）	梁截面 $b \times h$（mm）	上部纵筋	下部纵筋	箍筋
LL1	2 ~ 9	0.800	300 × 2 000	4⏀22	4⏀22	ϕ10@100（2）
	10 ~ 16	0.800	250 × 2 000	4⏀20	4⏀20	ϕ10@100（2）
	屋面 1	—	205 × 1 200	4⏀20	4⏀20	ϕ10@100（2）

续表

编号	所在楼层号	梁顶相对标高高差（m）	梁截面 $b \times h$（mm）	上部纵筋	下部纵筋	箍筋
LL2	3	-1.200	300 × 2 520	4⌀22	4⌀22	ф10@150（2）
	4	-0.900	300 × 2 070	4⌀22	4⌀22	ф10@150（2）
	5 ~ 9	-0.900	300 × 1 770	4⌀22	4⌀22	ф10@150（2）
	10 ~ 屋面 1	-0.900	250 × 1 770	3⌀22	3⌀22	ф10@150（2）
LL3	2	—	300 × 2 070	4⌀22	4⌀22	ф10@100（2）
	3	—	300 × 1 770	4⌀22	4⌀22	ф10@100（2）
	4 ~ 9	—	300 × 1 170	4⌀22	4⌀22	ф10@100（2）
	10 ~ 屋面 1	—	250 × 1 170	3⌀22	3⌀22	ф10@100（2）
LL4	2	—	250 × 2 070	3⌀20	3⌀20	ф10@120（2）
	3	—	250 × 1 770	3⌀20	3⌀20	ф10@120（2）
	4 ~ 屋面 1	—	250 × 1 170	3⌀20	3⌀20	ф10@120（2）
AL1	2 ~ 9	—	300 × 600	3⌀20	3⌀20	ф8@150（2）
	10 ~ 16	—	250 × 500	3⌀18	3⌀18	ф8@150（2）
BKL1	屋面 1	—	500 × 750	4⌀22	4⌀22	ф10@150（2）

（2）截面注写方式

截面注写方式指在分标准层绘制的剪力墙平面布置图上，以直接在墙柱、墙身、墙梁上注写截面尺寸和配筋具体数值的方式表达剪力墙平法施工图。

1）选用适当比例原位放大绘制剪力墙平面布置图，对墙柱绘制配筋截面图，对所有墙柱、墙身、墙梁分别按规定进行编号，并分别在相同编号的墙柱、墙身、墙梁中选择 1 根墙柱、1 道墙身、1 根墙梁进行注写。

2）从相同编号的墙柱中选择一个截面，标注全部纵筋及箍筋的具体数值；从相同编号的墙身中选择一道墙身，按顺序引注，内容为墙身编号（应包括注写在括号内墙身所配置的水平与竖向分布钢筋的排数）、墙厚尺寸，以及水平分布钢筋、竖向分布钢筋和拉筋的具体数值。

3）从相同编号的墙梁中选择 1 根墙梁，按顺序引注的内容为墙梁编号、墙梁截面尺寸、墙梁箍筋、上部纵筋、下部纵筋和墙梁顶面标高高差的具体数值。

剪力墙截面注写方式示例如图 2–9 所示。

（3）剪力墙洞口表示方法

无论采用列表注写方式还是截面注写方式，剪力墙上的洞口均可在剪力墙平面布置图上原位表达。

洞口的具体表示方法如下：

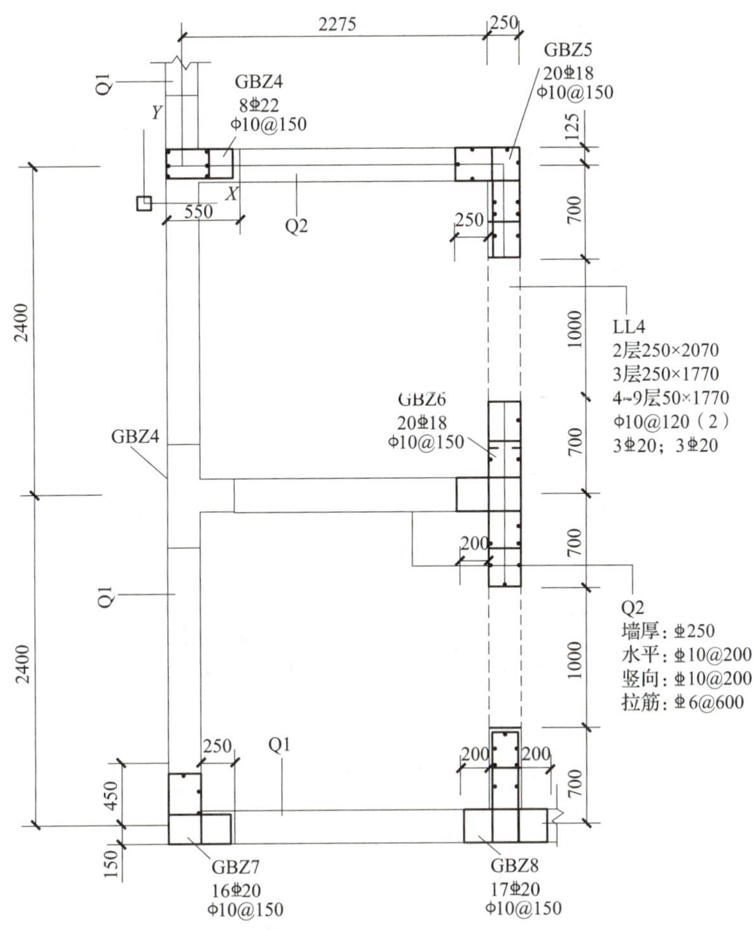

图 2-9　剪力墙截面注写方式示例

1）在剪力墙平面布置图上绘制洞口示意，并标注洞口中心的平面定位尺寸。

2）在洞口中心位置引注

①洞口编号。矩形洞口编号为 JD× ×(× × 为序号)，圆形洞口编号为 YD× ×(× × 为序号)。

②洞口几何尺寸。矩形洞口几何尺寸为洞宽 × 洞高（$b \times h$），圆形洞口几何尺寸为洞口直径（D）。

③洞口中心相对标高。洞口中心相对标高即相对于结构层楼（地）面标高的洞口中心高度，当其高于结构层楼面时为正值，低于结构层楼面时为负值。

④洞口每边补强钢筋。当矩形洞口的洞宽、洞高均大于 800 mm 时，如果设置构造补强纵筋，即洞口每边加钢筋且不小于同向被切断钢筋总面积的 50%，本项免注。

例如，JD3 400 × 300+3.100 表示 3 号矩形洞口，洞宽 400 mm，洞高 300 mm，洞口中心距本结构层楼面 3 100 mm，洞口每边补强钢筋按构造配置。

当矩形洞口的洞宽、洞高均不大于 800 mm 时，如果设置补强纵筋大于构造配筋，此项注写为洞口每边补强钢筋的数值。

例如，JD2 400 × 300+3.100 3Φ14 表示 2 号矩形洞口，洞宽 400 mm，洞高 300 mm，

洞口中心距本结构层楼面 3 100 mm，洞口每边补强钢筋为 3⌀14。

当矩形洞口的洞宽大于 800 mm 时，洞口上、下应设置补强暗梁，此项注写为洞口上、下每边暗梁的纵筋与箍筋的具体数值（在标准构造详图中，补强暗梁梁高一律定为 400 mm，施工时按标准构造详图取值，设计不注。当设计者采用与该结构详图不同的做法时，应另行注明）。当洞口上、下边为剪力墙连梁时，此项免注；洞口竖向两侧按边缘构件配筋，也不在此项表达。

例如，JD1 800×2 100+1.800 6⌀20 表示 1 号矩形洞口，洞宽 800 mm，洞高 2 100 mm，洞口中心距本结构层楼面 1 800 mm，洞口上下设补强暗梁，每边暗梁纵筋为 6⌀20。

三、梁平法制图规则

运用梁平法制图规则时，应分别在梁平面布置图上不同编号的梁中各选 1 根梁，在其上注写截面尺寸和配筋具体数值。梁平法注写方式分为平面注写方式和截面注写方式，以平面注写方式为主，梁平面注写方式又包括集中标注和原位标注。梁的钢筋如图 2–10 所示。

图 2–10 梁的钢筋

1. 集中标注

（1）梁编号

梁编号见表 2–9。例如，KL7（5A）表示第 7 号框架梁，5 跨，一端有悬挑；L9（7B）表示第 9 号非框架梁，7 跨，两端有悬挑。

表 2–9 梁编号

梁类型	代号	序号	跨数及是否带有悬挑
楼层框架梁	KL	××	（××）、（××A）或（××B）
楼层框架扁梁	KBL	××	（××）、（××A）或（××B）
屋面框架梁	WKL	××	（××）、（××A）或（××B）
框支梁	KZL	××	（××）、（××A）或（××B）
托柱转换梁	TZL	××	（××）、（××A）或（××B）
非框架梁	L	××	（××）、（××A）或（××B）

续表

梁类型	代号	序号	跨数及是否带有悬挑
悬挑梁	XL	××	—
井字梁	JZL	××	（××）、（××A）或（××B）

注：（××A）为一端有悬挑，（××B）为两端有悬挑，悬挑不计入跨数。

（2）梁截面尺寸

等截面梁截面尺寸用 $b \times h$ 表示；当梁为加腋梁时，截面尺寸用 $b \times h$　$YC_1 \times C_2$ 表示，C_1 为腋长，C_2 为腋高；当有悬挑梁且根部和端部的高度不同时，用斜线分隔根部和端部的高度值，即截面尺寸为 $b \times h_1/h_2$。

（3）梁箍筋

梁箍筋标注包括钢筋级别、直径、加密区与非加密区间距及肢数。例如，Φ10@100/200（2）表示 HPB300 钢筋，直径 10 mm，加密区间距 100 mm，非加密区间距 200 mm，均为双肢箍；Φ8@100（4）/150（2）表示 HPB300 钢筋，直径 8 mm，加密区间距 100 mm、为四肢箍，非加密区间距 150 mm、为双肢箍。

（4）梁上部通长筋或架立筋配置

1）当同排纵筋中既有通长筋又有架立筋时，应用加号“+”将通长筋和架立筋相连。例如，2Φ22+（4Φ12）用于六肢箍，其中 2Φ22 为通长筋，4Φ12 为架立筋。

2）当梁的上部纵筋和下部纵筋均为全跨相同，且多数跨配筋相同时，可加注下部纵筋的配筋值，用分号“；”将上部与下部纵筋的配筋值分隔。例如，“2Φ14；3Φ18”表示梁的上部配置 2Φ14 的通长筋，下部配置 3Φ18 的通长筋。

（5）梁侧面纵向构造钢筋或受扭钢筋配置

当梁腹板高度 $h_w \geqslant 450$ mm 时，须配置纵向构造钢筋，所注规格与根数应符合规范规定。此项注写值以大写字母 G 打头，接续注写设置在梁两个侧面的总配筋值，且对称配置。例如，G4Φ12 表示梁的两个侧面共配置 4Φ12 的纵向构造钢筋，两侧各配置 2Φ12。

当梁侧面需配置受扭纵向钢筋时，此项注写值以大写字母 N 打头，接续注写配置在梁两个侧面的总配筋值，且对称配置。受扭纵向钢筋应满足梁侧面纵向构造钢筋的间距要求，且不再重复配置纵向构造钢筋。例如，N6Φ18 表示梁的两个侧面共配置 6Φ18 的受扭纵向钢筋，两侧各配置 3Φ18。

需要注意的是，当为梁侧面构造钢筋时，其搭接与锚固长度可取 $15d$；当为梁侧面受扭纵向钢筋时，其搭接长度为 L_l 或 L_a（抗震），锚固长度为 L_a 或 L_{aE}。

（6）梁顶面标高高差（此项为选注值）

梁顶面标高高差指相对于结构层楼面标高的高差；对于位于结构夹层的梁，则指相对于结构夹层楼面标高的高差。有高差时，须将其写入括号内，无高差时不注。

需要注意的是，当某梁的顶面高于所在结构层的楼面标高时，其标高高差为正值，反之为负值。例如，某结构层的楼面标高为 44.950 m，当某梁的梁顶面标高高差注写为（−0.050）时，即表明该梁顶的标高为相对于 44.950 m 低 0.05 m。

2. 原位标注

原位标注的内容包括梁支座上部纵筋、梁下部纵筋、附加箍筋或吊筋。梁平法原位标注示意如图 2–11 所示。

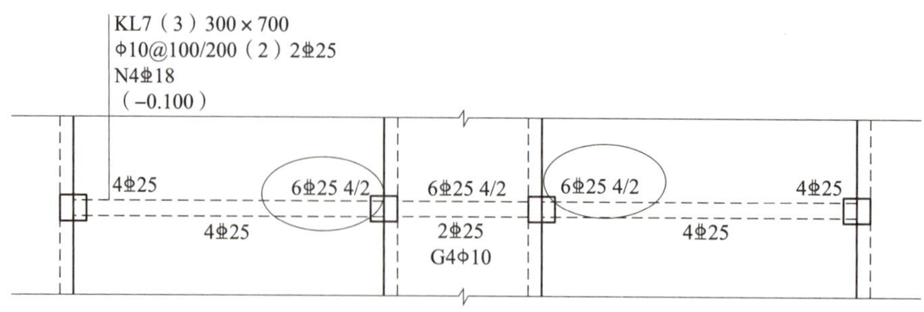

图 2-11　梁平法原位标注示意

（1）梁支座上部纵筋

1）当上部纵筋多于一排时，用斜线“/”将各排纵筋自上而下分开。例如，梁支座上部纵筋注写为 6Φ25 4/2，则表示上一排纵筋为 4Φ25，下一排纵筋为 2Φ25。

2）当同排纵筋有两种直径时，用加号“+”将两种直径的纵筋相连，注写时将角部纵筋写在前面。例如，梁支座上部有 4 根纵筋，2Φ25 放在角部，2Φ22 放在中部，在梁支座上部应注写为 2Φ25+2Φ22。

3）当梁中间支座两边的上部纵筋不同时，须在支座两边分别标注；当梁中间支座两边的上部纵筋相同时，可仅在支座的一边标注配筋值，另一边省去不注。

（2）梁下部纵筋

1）当下部纵筋多于一排时，用斜线“/”将各排纵筋自上而下分开。例如，6Φ25 2/4 表示下部纵筋共 2 排，上排 2Φ25，下排 4Φ25。

2）同排纵筋有两种不同直径时，用加号“+”将两种直径的纵筋相连，且角部纵筋写在前面。

3）当梁下部纵筋不全部伸入支座时，将梁支座下部纵筋减少的数量写在括号内。例如，梁下部纵筋注写为 6Φ25 2（-2）/4，则表示上排纵筋为 2Φ25，且不伸入支座，下排纵筋为 4Φ25，全部伸入支座。

梁下部纵筋注写为 2Φ25+3Φ22（-3）/5Φ25，则表示上排纵筋为 2Φ25 和 3Φ22，其中 3Φ22 不伸入支座，下排纵筋为 5Φ25，全部伸入支座。

4）当梁的集中标注中已经分别注写了梁上部和下部均为通长的纵筋值时，则无须在梁下部重复做原位标注。

（3）附加箍筋或吊筋

附加箍筋或吊筋直接画在平面图中的主梁上，用线引注总配筋值，附加箍筋的肢数注在括号内，如图 2-12 所示。

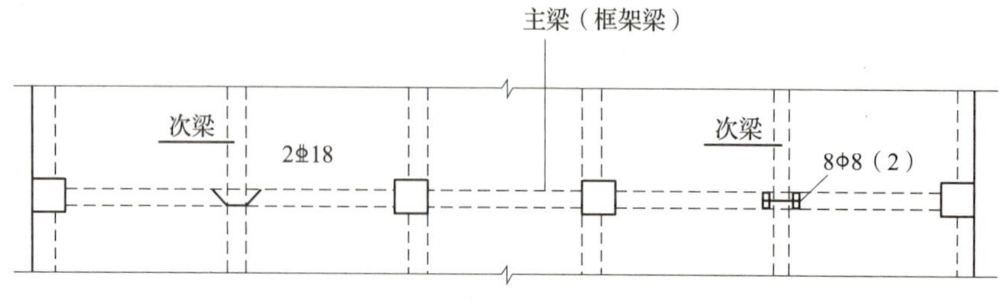

图 2-12　附加箍筋和吊筋示意

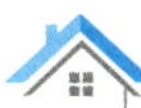

（4）当在梁上集中标注的内容（某一项或某几项）不适用于某跨或某悬挑部分时，则将其不同数值原位标注在该跨或该悬挑部位。

梁平面注写方式示意如图 2–13 所示。

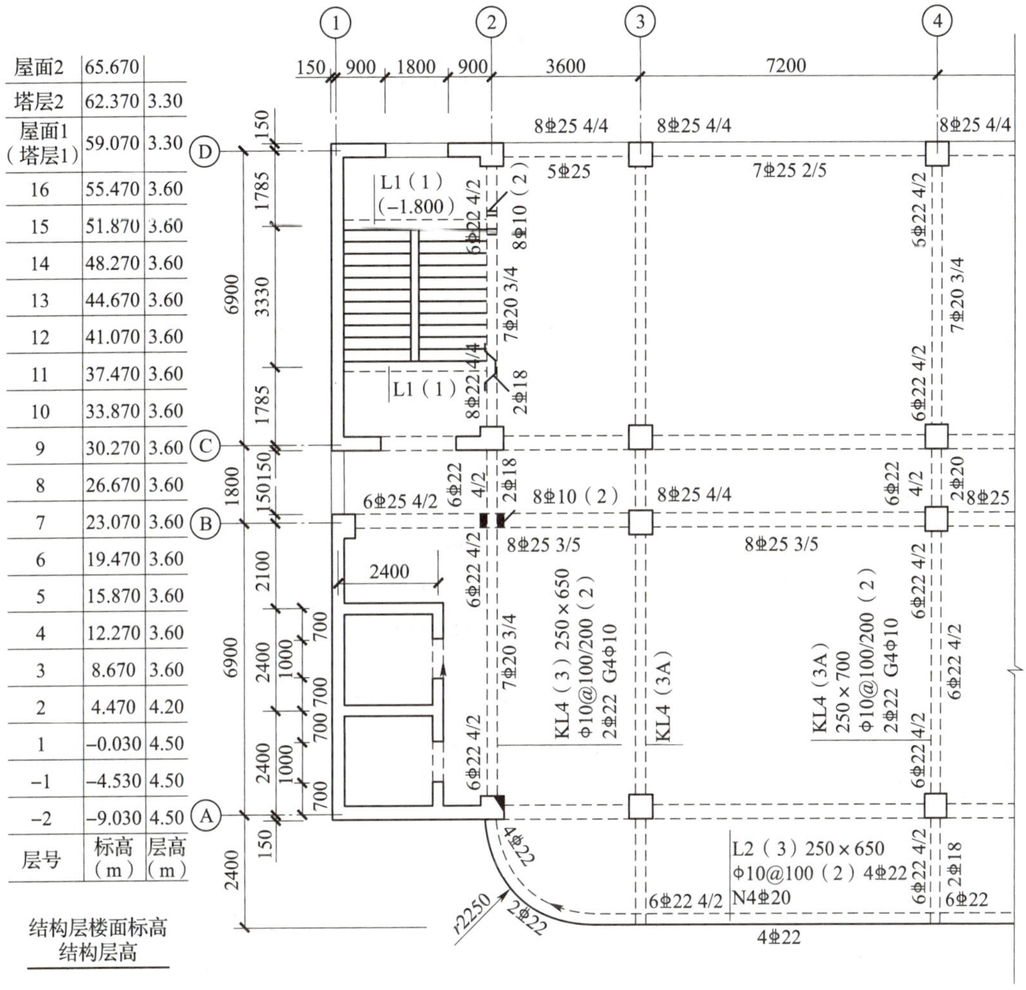
屋面2 65.670
塔层2 62.370 3.30
屋面1（塔层1） 59.070 3.30
16 55.470 3.60
15 51.870 3.60
14 48.270 3.60
13 44.670 3.60
12 41.070 3.60
11 37.470 3.60
10 33.870 3.60
9 30.270 3.60
8 26.670 3.60
7 23.070 3.60
6 19.470 3.60
5 15.870 3.60
4 12.270 3.60
3 8.670 3.60
2 4.470 4.20
1 -0.030 4.50
-1 -4.530 4.50
-2 -9.030 4.50
层号 标高（m） 层高（m）
结构层楼面标高
结构层高
L1（1）
(-1.800)
KL4（3）250×650
Φ10@100/200（2）
2Φ22 G4Φ10
KL4（3A）
KL4（3A）
250×700
Φ10@100/200（2）
2Φ22 G4Φ10
L2（3）250×650
Φ10@100（2）4Φ22
N4Φ20

图 2–13　梁平面注写方式示意

四、有梁楼盖板平法制图规则

有梁楼盖板指以梁为支座的楼面与屋面板。有梁楼盖板的平法制图规则同样适用于梁板式转换层、剪力墙结构、砌体结构，以及有梁地下室的楼面与屋面板平法施工图设计。

1. 有梁楼盖板平法施工图表达方式

（1）绘制有梁楼盖板平法施工图时，一般在楼面板和屋面板布置图上采用平面注写方式进行表达，有梁楼盖板平法标注示意如图 2–14 所示。

（2）板平面注写主要包括板块集中标注和板支座原位标注。

（3）为方便设计表达和施工识图，规定结构平面的坐标方向如下：

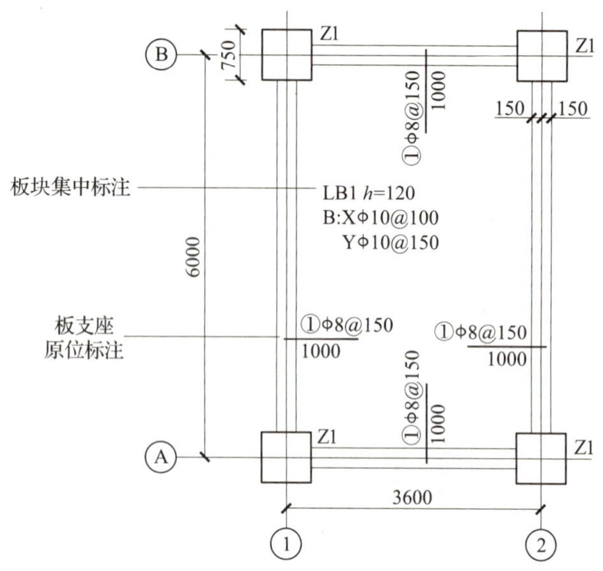

图 2–14　有梁楼盖板平法标注示意

1）当两向轴网正交布置时，图面从左至右为 *X* 向，从下至上为 *Y* 向。

2）当轴网转折时，局部坐标方向顺轴网转折角做相应转折。

3）当轴网向心布置时，切向为 *X* 向，径向为 *Y* 向。

此外，对于平面布置比较复杂的区域，如轴网转折交界区域、向心布置的核心区域等，其平面坐标方向应由设计者另行规定并在图上明确表示。

2. 板块集中标注

（1）板块集中标注的内容为板块编号、板厚、贯通纵筋，以及当板面标高不同时的板面标高高差。

对于普通楼面，两向均以一跨为一板块；对于密肋楼盖，两向主梁（框架梁）均以一跨为一板块（非主梁密肋不计）。所有板块应逐一编号，相同编号的板块可择其一做集中标注，其他仅注写置于圆圈内的板编号，以及当板面标高不同时的板面标高高差。

1）板块编号。板块编号见表 2–10。

表 2–10　板块编号

板类型	代号	序号
楼面板	LB	× ×
屋面板	WB	× ×
悬挑板	XB	× ×

注：延伸悬挑板的上部受力钢筋应与相邻跨内板的上部纵筋连通配置。

2）板厚。板厚注写为 *h*=× ×（× × 为垂直于板面的厚度）；当悬挑板的端部改变截面厚度时，用斜线分隔根部与端部的高度值，注写为 *h*=× ×/× ×；当设计时已在图注中统一注明板厚时，此项可不注。

例如：在集中标注处标明板厚，如 h=120 mm；在图名处标注板厚，如 12.000～21.00 板平面布置图 h=120。

3）贯通纵筋。贯通纵筋按板块的下部和上部分别注写（当板块上部不设贯通纵筋时则不注），并以 B 代表下部，以 T 代表上部，B&T 代表下部与上部；X 向贯通纵筋以 X 打头，Y 向贯通纵筋以 Y 打头，两向贯通纵筋配置相同时则以 X&Y 打头。当为单向板时，另一向贯通的分布筋可不必注写，而在图中统一注明。当在某些板内（例如在延伸悬挑板 YXB 或纯悬挑板 XB 的下部）配置有构造钢筋时，则 X 向以 Xc 打头注写，Y 向以 Yc 打头注写。当 Y 向采用放射配筋时（切向为 X 向，径向为 Y 向），设计者应注明配筋间距的度量位置。当板的悬挑部分与跨内板有高差且低于跨内板时，宜将悬挑部分设计为纯悬挑板 XB。

例如，B：X⌀××@×××；Y⌀××@×××；T：X⌀××@×××；Y⌀××@×××。

4）板面标高高差。板面标高高差是指相对于结构层楼面标高的高差，应注写在括号内，且有高差则注，无高差不注。

设有一楼面板块注写为：

LB5　h=110

B：X⌀12@120；Y⌀10@110

表示 5 号楼面板，板厚 110 mm，板下部配置的贯通纵筋 X 向为 ⌀12@120；Y 向为 ⌀10@110；板上部未配置贯通纵筋。

设有一延伸悬挑板注写为：

YXB2　h=150/100

B：Xc&Yc⌀8@200

表示 2 号延伸悬挑板，板根部厚 150 mm，端部厚 100 mm，板下部配置构造钢筋双向均为 ⌀8@200（上部受力钢筋见板支座原位标注）。

（2）同一编号板块的类型、板厚和贯通纵筋均应相同，但板面标高、跨度、平面形状及板支座上部非贯通纵筋可以不同，如同一编号板块的平面形状可为矩形、多边形及其他形状等。施工预算时，应根据其实际平面形状，分别计算各板块的混凝土与钢材用量。

设计与施工时应注意：单向或双向连续板的中间支座上部同向贯通纵筋不应在支座位置连接或分别锚固。当相邻两跨的板上部贯通纵筋配置相同，且跨中部位有足够空间连接时，可在两跨任意一跨的跨中连接部位连接；当相邻两跨的上部贯通纵筋配置不同时，应将配置较大者越过其标注的跨数终点或起点伸至相邻跨的跨中连接区域连接。

设计时应注意板中间支座两侧上部贯通纵筋的协调配置，施工及预算应按具体设计和相应标准构造要求实施。

3. 板支座原位标注

（1）板支座原位标注的内容为板支座上部非贯通纵筋和纯悬挑板上部受力钢筋。

板支座原位标注的钢筋应在配置相同跨的第一跨表达（当在梁悬挑部位单独配

置时则在原位标注）。在配置相同跨的第一跨（或梁悬挑部位），垂直于板支座（梁或墙）绘制一段适宜长度的中粗实线（当该筋通长设置在悬挑板或短跨板上部时，实线段应画至对边或贯通短跨），以该线段代表支座上部非贯通纵筋，并在线段上方注写钢筋编号、配筋值、横向连接布置的跨数（注写在括号内，当为一跨时可不注），以及是否横向布置到梁的悬挑端。例如，（××）为横向布置的跨数，（××A）为横向布置的跨数及一端的悬挑部位，（××B）为横向布置的跨数及两端的悬挑部位。

板支座上部非贯通筋自支座中线向跨内的延伸长度注写在线段的下方。

当中间支座上部非贯通纵筋向支座两侧对称延伸时，可仅在支座一侧线段下方标注延伸长度，另一侧不注。当中间支座上部非贯通纵筋向支座两侧非对称延伸时，应分别在支座两侧线段下方注写延伸长度。

对线段画至对边贯通全跨或贯通全悬挑长度的上部通长纵筋，贯通全跨或延伸至全悬挑一侧的长度值不注，只注明非贯通筋另一侧的延伸长度值。

当板支座为弧形，支座上部非贯通纵筋呈放射状分布时，设计者应注明配筋间距的度量位置并加注“放射分布”四字，必要时应补绘平面配筋图。

在板平面布置图中，不同部位的板支座上部非贯通纵筋及纯悬挑板上部受力钢筋可仅在一个部位注写，对其他相同者，在代表钢筋的线段上注写编号及横向连续布置的跨数（当为一跨时可不注）即可。

例如：在板平面布置图某部位，横跨支撑梁绘制的对称线段上注有⑦ ⏀12@100（5A）和 1 500，表示支座上部⑦号非贯通纵筋为 ⏀12@100，从该跨起沿支撑梁连续布置 5 跨加梁一端的悬挑端，该筋自支座中线向两侧跨内的延伸长度均为 1 500 mm。在同一板平面布置图的另一部位横跨梁支座绘制的对称线段上注有⑦（2）者，是表示该筋同⑦号纵筋，沿支撑梁连续布置 2 跨，且无梁悬挑端布置。

此外，与板支座上部非贯通纵筋垂直且绑扎在一起的构造钢筋或分布钢筋，应由设计者在图中注明。

（2）当板的上部已配置有贯通纵筋，但需增配板支座上部非贯通纵筋时，应结合已配置的同向贯通纵筋的直径与间距，采取“隔一布一”方式配置。

采取“隔一布一”方式时，非贯通纵筋的标注间距与贯通纵筋相同，两者组合后的实际间距为各自标注间距的 1/2。

例如，板上部已配置贯通纵筋 ⏀12@250，该跨同向配置的上部支座非贯通纵筋为⑤ ⏀12@250，表示在该支座上部设置的纵筋实际为 ⏀12@125，其中 1/2 为贯通纵筋，1/2 为⑤号非贯通纵筋（延伸长度值略）。

例如，板上部已配置贯通纵筋 ϕ10@250，该跨配置的上部同向支座非贯通纵筋为③ ⏀12@250，表示该跨实际设置的上部纵筋为（1ϕ10+1⏀12）/250，实际间距为 125 mm，由于贯通纵筋直径小于非贯通纵筋，贯通纵筋整体截面积占比小于 50%。

施工时应注意，当支座一侧设置上部贯通纵筋（在板集中标注中以 T 打头），而在支座另一侧仅设置上部非贯通纵筋时，如果支座两侧设置的纵筋直径、间距相同，应将二者连通，避免各自在支座上部分别锚固。

4. 其他

（1）本章关于有梁楼盖的板平法制图规则同样适用于梁板式转换层、剪力墙结构、砌体结构，以及有梁地下室的楼板平法施工图设计。设计时应遵守规范对不同结构的相应规定，施工时应注意采用相应结构的标准构造。

（2）采用平面注写方式表达的楼面板平法施工图如图 2-15 所示。

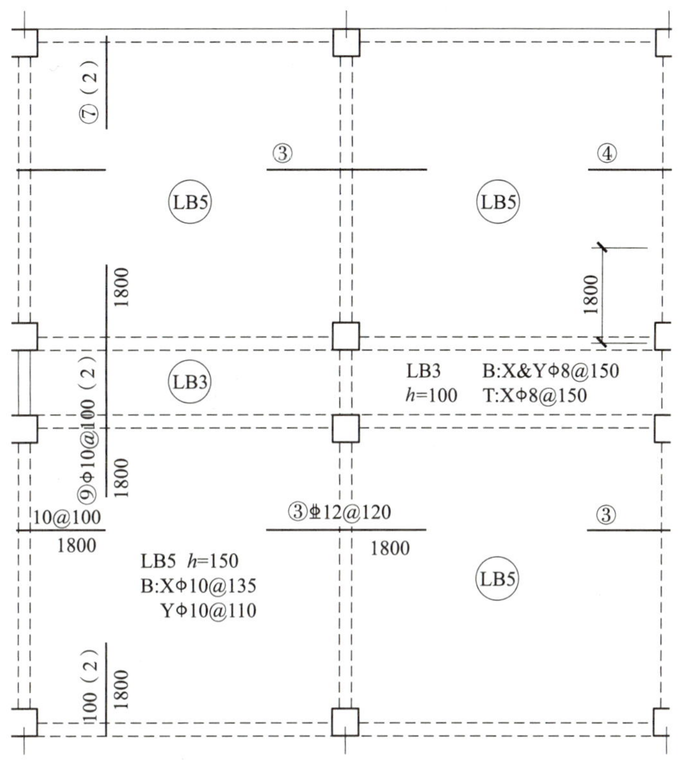

图 2-15　采用平面注写方式表达的楼面板平法施工图

第三节　钢筋构造要求

一、钢筋的锚固

钢筋与混凝土之间能够可靠地结合，从而实现共同工作，主要是由于它们之间存在黏结力。很显然，钢筋深入混凝土的长度越长，黏结效果越好。钢筋的锚固长度是指钢筋深入支座内的长度，其目的是防止钢筋被拔出，如图 2-16 所示。

L_{ab} 为受拉钢筋基本锚固长度，受钢筋种类及混凝土强度和外形影响，其取值见表 2-11。下角标 a 为 anchorage（锚固）的首字母，b 为 basic（基本）的首字母。其计算公式如下：

$$L_{ab}=a\ (f_1/f_2)\ d$$

式中 f_1——钢筋的抗拉设计强度；

f_2——混凝土的抗拉设计强度；

a——钢筋外形系数，光面钢筋取 0.16，带肋钢筋取 0.14；

d——钢筋的公称直径。

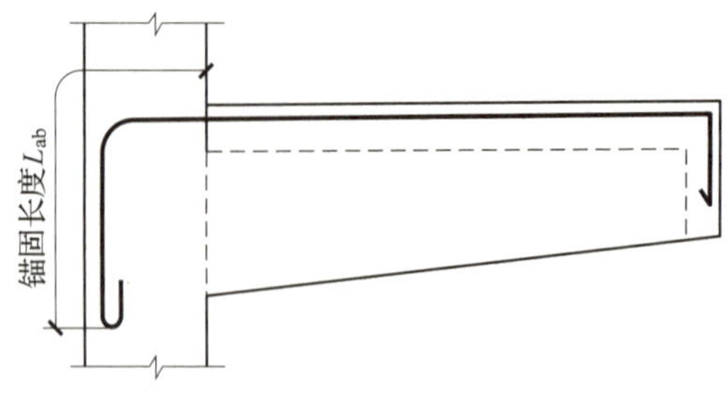

图 2–16　钢筋的锚固长度

表 2–11　受拉钢筋基本锚固长度 L_{ab}

钢筋种类	混凝土强度等级							
	C25	C30	C35	C40	C45	C50	C55	≥ C60
HPB300	34*d*	30*d*	28*d*	25*d*	24*d*	23*d*	22*d*	21*d*
HRB400 HRBF400	40*d*	35*d*	32*d*	29*d*	28*d*	27*d*	26*d*	25*d*
HRB500 HRBF500	48*d*	43*d*	39*d*	36*d*	34*d*	32*d*	31*d*	30*d*

注：1. HPB300 钢筋末端应做 180° 弯钩，弯后平直段长度不应小于 3*d*，但作受压钢筋时可不做弯钩。

2. 当锚固钢筋的保护层厚度不大于 5*d* 时，锚固钢筋长度范围内应设置横向钢筋构造，其直径不应小于 *d*/4（*d* 为锚固钢筋的最大直径）。梁、柱等构件的间距不应大于 5*d*，板、墙等构件的间距不应大于 10*d*，且均不应大于 100 mm（*d* 为锚固钢筋的最小直径）。

L_{abE} 为受拉钢筋抗震基本锚固长度，取值见表 2–12。下角标中的 E 是 earthquake（地震）的首字母。其计算公式如下：

$$L_{abE}=\zeta_{aE}L_{ab}$$

式中 ζ_{aE}——抗震锚固长度修正系数，见表 2–13；

L_a——受拉钢筋锚固长度，为通过混凝土与钢筋的黏结将所受的力传递给混凝土所需的长度。其计算公式见表 2–13。

L_{aE} 为受拉钢筋抗震锚固长度，其计算公式见表 2–13。

表 2–12　抗震设计时受拉钢筋基本锚固长度 L_{abE}

钢筋种类		混凝土强度等级							
		C25	C30	C35	C40	C45	C50	C55	≥ C60
HPB300	一、二级	39*d*	35*d*	32*d*	29*d*	28*d*	26*d*	25*d*	24*d*
	三级	36*d*	32*d*	29*d*	26*d*	25*d*	24*d*	23*d*	22*d*
HRB400 HRBF400	一、二级	46*d*	40*d*	37*d*	33*d*	32*d*	31*d*	30*d*	29*d*
	三级	42*d*	37*d*	34*d*	30*d*	29*d*	28*d*	27*d*	26*d*
HRB500 HRBF500	一、二级	55*d*	49*d*	45*d*	41*d*	39*d*	37*d*	36*d*	35*d*
	三级	50*d*	45*d*	41*d*	38*d*	36*d*	34*d*	33*d*	32*d*

注：1. 抗震等级四级时，$L_{abE}=L_{ab}$。

2. 混凝土强度等级应取锚固区的混凝土强度等级。

3. 当锚固钢筋的保护层厚度不大于 5*d* 时，锚固钢筋长度范围内应设置横向构造钢筋，其直径不应小于 *d*/4（*d* 为锚固钢筋的最大直径）。梁、柱等构件的间距不应大于 5*d*，板、墙等构件的间距不应大于 10*d*，且均不应大于 100 mm（*d* 为锚固钢筋的最小直径）。

表 2–13　受拉钢筋锚固长度 L_a、受拉钢筋抗震锚固长度 L_{aE}

受拉钢筋锚固长度	受拉钢筋抗震锚固长度	1. L_a 不应小于 200 mm 2. 受拉钢筋锚固长度修正系数 ζ_a 取值见表 2–14，当多余一项时，可按连乘计算，但不应小于 0.6 3. ζ_{aE} 为抗震锚固长度修正系数，抗震等级一、二级时取 1.15，抗震等级三级时取 1.05，抗震等级四级时取 1.00
$L_a=\zeta_a L_{ab}$	$L_{aE}=\zeta_{aE} L_{abE}$	

表 2–14　受拉钢筋锚固长度修正系数 ζ_a

锚固条件		ζ_a	
带肋钢筋的公称直径大于 25 mm		1.10	—
环氧树脂涂层带肋钢筋		1.25	
施工过程中易受扰动的钢筋		1.10	
锚固区保护层厚度	3*d*	0.80	中间时按内插值，*d* 为锚固钢筋直径
	5*d*	0.70	

二、混凝土结构的环境类别

1. 环境类别分类

国家标准《混凝土结构设计标准（2024 年版）》（GB/T 50010—2010）规定，结构所处环境按其对钢筋和混凝土材料的腐蚀机理可分为五大类，见表 2–15。

表 2–15　　混凝土结构的环境类别

<table>
<tr><th colspan="2">环境类别</th><th>条件</th></tr>
<tr><td colspan="2">一类</td><td>室内干燥环境
无侵蚀性静水浸没环境</td></tr>
<tr><td rowspan="2">二类</td><td>二 a</td><td>室内潮湿环境
非严寒和非寒冷地区的露天环境
非严寒和非寒冷地区与无侵蚀性的水或土壤直接接触的环境
寒冷和严寒地区的冰冻线以下的无侵蚀性的水或土壤直接接触的环境</td></tr>
<tr><td>二 b</td><td>干湿交替环境
水位频繁变动环境
严寒和寒冷地区的露天环境
严寒和寒冷地区的冰冻线以上与无侵蚀性的水或土壤直接接触的环境</td></tr>
<tr><td rowspan="2">三类</td><td>三 a</td><td>严寒和寒冷地区冬季水位变动区环境
受除冰盐影响环境
海风环境</td></tr>
<tr><td>三 b</td><td>盐渍土环境
受除冰盐作用环境
海岸环境</td></tr>
<tr><td colspan="2">四类</td><td>海水环境</td></tr>
<tr><td colspan="2">五类</td><td>受人为或自然的侵蚀性物质影响的环境</td></tr>
</table>

注：1. 室内潮湿环境是指构件表面经常处于结露或湿润状态的环境。

2. 严寒和寒冷地区的划分应符合现行国家标准《民用建筑热工设计规范》GB 50176 的有关规定。

3. 海岸环境和海风环境宜根据当地情况，考虑主导风向及结构所处迎风、背风部位等因素的影响，由调查研究和工程经验确定。

4. 受除冰盐影响环境是指受除冰盐盐雾影响的环境，受除冰盐作用环境是指被除冰盐溶液溅射的环境以及使用除冰盐地区的洗车房、停车楼等建筑。

5. 混凝土结构的环境类别是指混凝土暴露表面所处的环境条件。

2. 备注说明

（1）一类、二类和三类环境使用年限为 50 年规定

1）氯离子含量是指其占胶凝材料总量的百分比。

2）预应力构件混凝土中的最大氯离子含量为 0.06%，其最低混凝土强度等级应按相应规定提高两个等级。

3）素混凝土构件的水胶比及最低强度等级要求可适当放松。

4）当混凝土中加入活性掺和料或能提高耐久性的外加剂时，可适当降低胶凝材料用量。

5）当有可靠工程经验时，二类环境中的最低混凝土强度等级可降低一个等级。

6）当使用非碱活性骨料时，对混凝土中的碱含量可不做限制。

（2）一类环境使用年限为 100 年规定

1）钢筋混凝土结构的最低强度等级为 C30，预应力混凝土结构的最低强度等级为 C40。

2）混凝土中的最大氯离子含量为 0.06%。

3）宜使用非碱活性骨料，当使用碱活性骨料时，混凝土中的最大碱含量为 3.0 kg/m^3。

4）混凝土保护层厚度应符合相关标准的规定，当采取有效的表面防护措施时，混凝土保护层厚度可适当减少。

（3）其他

1）二类和三类环境中，设计使用年限为 100 年的混凝土结构应采取专门有效措施。

2）严寒及寒冷地区的潮湿环境中，结构混凝土应满足抗冻要求，混凝土抗冻等级应符合有关标准的要求。

3）有抗渗要求的混凝土结构，混凝土的抗渗等级应符合有关标准的要求。

4）处在二、三类环境中的结构构件，其表面的预埋件、吊钩、连接件等金属部件应采取可靠的防锈措施。

5）处于二、三类环境中的悬臂构件宜采用悬臂梁－板的结构形式，或在其上表面增设防护层。

6）处于三类环境中的混凝土结构构件，可采用阻锈剂、环氧树脂涂层钢筋或其他具有耐腐蚀性能的钢筋，采取阴极保护措施，或采取可更换的构件。

三、混凝土保护层

混凝土保护层是指混凝土结构构件中最外侧钢筋边缘至构件表面范围用于保护钢筋的混凝土，如图 2–17 所示。

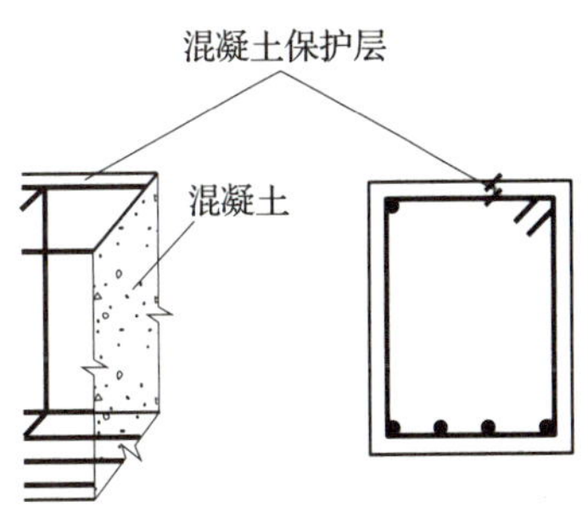

图 2–17　混凝土保护层

1. 混凝土保护层的作用

（1）混凝土结构中，钢筋混凝土是由钢筋和混凝土

两种不同材料组成的复合材料，两种材料具有良好的黏结性是它们共同工作的基础。从钢筋黏结锚固角度对混凝土保护层提出要求，是为了保证钢筋与其周围混凝土能共同工作，并使钢筋充分发挥强度性能。

（2）钢筋裸露在大气或者其他介质中，容易腐蚀生锈，使有效截面积减小，影响结构受力。因此，需要根据耐久性要求规定不同使用环境的混凝土保护层最小厚度，保证在构件设计使用年限内钢筋不发生降低结构可靠性的锈蚀。

（3）对有防火要求的钢筋混凝土梁、板及预应力构件，为保证构件在火灾中按建筑物的耐火等级确定的耐火时限内不会失去支持能力，混凝土保护层应符合国家现行相关标准的要求。

2. 混凝土保护层的最小厚度

混凝土保护层的厚度越大，构件的受力钢筋黏结锚固性能、耐久性和防火性能越好。但是，过大的保护层厚度会使构件受力后产生的裂缝宽度过大，影响其使用性能（如破坏构件表面的装修层、过大的裂缝宽度会使人恐慌等），也不经济。因此，国家标准《混凝土结构设计标准（2024 年版）》（GB/T 50010—2010）中规定，普通钢筋及预应力钢筋的混凝土保护层厚度（钢筋外边缘至混凝土表面的距离）不应小于钢筋的公称直径，见表 2-16，一般设计中采用最小值。

表 2-16　　混凝土保护层的最小厚度　　单位：mm

环境类别		板、墙	梁、柱
一类		15	20
二类	a	20	25
	b	25	35
三类	a	30	40
	b	40	50

注：1. 构件中受力钢筋的保护层厚度不应小于钢筋的公称直径。

2. 设计使用年限为 100 年的混凝土结构，一类环境中，最外层钢筋的保护层厚度不应小于表中数值的 1. 4 倍；二、三类环境中，应采取专门的有效措施；四类和五类环境类别的混凝土结构，其耐久性要求应符合国家现行有关标准的规定。

3. 混凝土强度等级不大于 C25 时，表中保护层厚度数值应增加 5 mm。

4. 钢筋混凝土基础宜设置混凝土垫层，基础中钢筋的混凝土保护层厚度应从垫层顶面算起，且不应小于 40 mm。

5. 表中混凝土保护层厚度是指最外层钢筋外边缘至混凝土表面的距离，适用于设计工作年限为 50 年的混凝土结构。

四、钢筋连接

钢筋连接方式可分为绑扎搭接、焊接、机械连接等。由于钢筋通过连接接头传力的性能不如整根钢筋，因此设置钢筋连接的原则为：钢筋接头宜设置在受力较小处，

同一根受力钢筋上宜少设接头，同一构件中的纵向受力钢筋接头宜相互错开。

1. 接头使用规定

（1）直径大于 12 mm 的钢筋，应优先采用焊接接头或机械连接接头。

（2）当受拉钢筋的直径大于 28 mm 及受压钢筋的直径大于 32 mm 时，不宜采用绑扎搭接接头。

（3）轴心受拉杆件及小偏心受拉杆件（如桁架和拱的拉杆）的纵向受力钢筋不得采用绑扎搭接接头。

（4）直接承受动载荷的结构件，其纵向受拉钢筋不得采用绑扎搭接接头。

2. 接头面积允许百分率

同一连接区段内，纵向钢筋搭接接头面积百分率为该区段内有搭接接头的纵向受力钢筋截面积与全部纵向受力钢筋截面积的比值。

（1）钢筋绑扎搭接接头连接区段的长度为 $1.3l_1$（l_1 为搭接长度），凡搭接接头中点位于该连接区段长度内的搭接接头均属于同一连接区段，如图 2–18 所示。同一连接区段内，纵向受拉钢筋搭接接头面积百分率应符合设计要求；当设计无具体要求时，应符合下列规定：

1）对梁、板类及墙类构件不宜大于 25%。

2）对柱类构件不宜大于 50%。

3）当工程中确有必要增大接头面积百分率时，对梁类构件不应大于 50%，对其他构件可根据实际情况放宽。

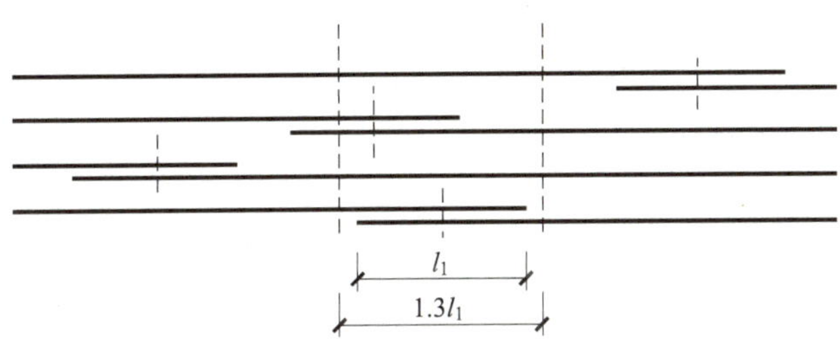

图 2–18　同一连接区段内的纵向受拉钢筋绑扎搭接接头

（2）钢筋机械连接与焊接接头连接区段的长度为 $35d$（d 为纵向受力钢筋的较大直径），且不小于 500 mm。同一连接区段内，纵向受力钢筋的接头面积百分率应符合设计要求；当设计无具体要求时，应符合下列规定：

1）受拉区不宜大于 50%；受压区不受限制。

2）接头不宜设置在有抗震设防要求的框架梁端、柱端的箍筋加密区；当无法避开时，对等强度高质量机械连接接头，不应大于 50%。

3）直接承受动载荷的结构件不宜采用焊接接头；当采用机械连接接头时，不应大于 50%。

3. 绑扎接头搭接长度

（1）纵向受拉钢筋绑扎搭接接头的搭接长度应根据位于同一连接区段内的钢筋搭接接头面积百分率要求确定，见表 2–17。

表 2–17　纵向受拉钢筋绑扎搭接长度

<table>
<tr><td colspan="2">抗震 l_{lE}</td><td colspan="2">非抗震 l_l</td><td rowspan="5">1. 当直径不同的钢筋绑扎搭接时，l_l、l_{lE} 按直径较小的钢筋计算
2. 任何情况下该长度不应小于 300 mm
3. 式中，ζ_l 为纵向受拉钢筋绑扎搭接长度修正系数。当纵向受拉钢筋绑扎搭接接头面积百分率不为表中值时，可按内插取值</td></tr>
<tr><td colspan="2">$l_{lE}=\zeta_l l_{aE}$</td><td colspan="2">$l_l=\zeta_l l_a$</td></tr>
<tr><td colspan="4">纵向受拉钢筋绑扎搭接长度修正系数 ζ_l</td></tr>
<tr><td>纵向受拉钢筋绑扎搭接接头面积百分率（%）</td><td>≤ 25</td><td>50</td><td>100</td></tr>
<tr><td>ζ_l</td><td>1.2</td><td>1.4</td><td>1.6</td></tr>
</table>

（2）构件中的纵向受压钢筋采用搭接连接时，其受压搭接长度不应小于纵向受拉钢筋搭接长度的 0.7 倍，且在任何情况下不应小于 200 mm。

（3）在梁、柱类构件的纵向受力钢筋搭接长度范围内，应按设计要求配置箍筋，当设计无具体要求时，应符合下列规定：

1）箍筋直径不应小于搭接钢筋较大直径的 0.25 倍。

2）受拉搭接区段的箍筋间距不应大于搭接钢筋较小直径的 5 倍，且不应大于 100 mm。

3）受压搭接区段的箍筋间距不应大于搭接钢筋较小直径的 10 倍，且不应大于 200 mm。

4）当柱中纵向受力钢筋直径大于 25 mm 时，应在搭接接头两端面外 100 mm 范围内各设置 2 根箍筋，其间距宜为 50 mm。

五、钢筋弯钩增加长度

钢筋弯钩增加长度是指为增加钢筋和混凝土的握裹力，在钢筋端部作弯钩时，弯钩相对于钢筋平直部分外包尺寸增加的长度。钢筋弯钩弯曲的角度常有 90°、135° 和 180° 三种，如图 2–19 所示。一般来说，光圆钢筋端部按带 180° 弯钩考虑；若无特别说明，带肋钢筋端部按不带弯钩考虑。钢筋钩头弯后平直部分的长度一般为钢筋直径的 3 倍。

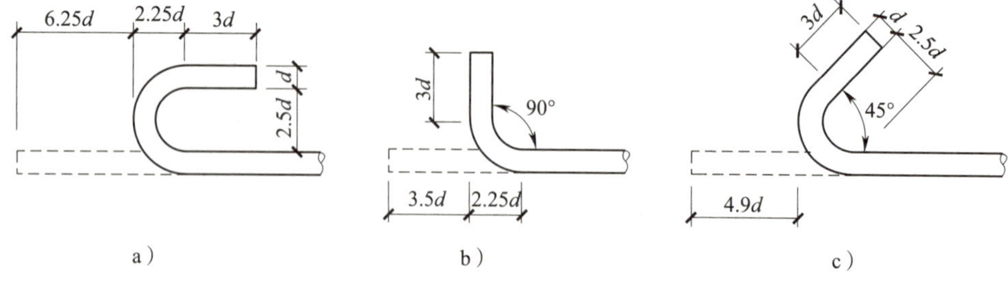

图 2–19　钢筋弯钩弯曲的角度

a）180°　b）90°　c）135°

钢筋弯钩增加长度的计算见表 2–18。

表 2–18　钢筋弯钩增加长度的计算

序号	名称	角度	计算式
1	半圆弯钩	180°	$l_z=1.071D+0.571d+l_p$
2	直弯钩	90°	$l_z=0.285D-0.215d+l_p$
3	斜弯钩	135°	$l_z=0.678D+0.178d+l_p$

注：d 为钢筋直径；D 为圆弧弯曲直径，对 HPB300 钢筋取 2.5d，对 HRB400 钢筋取 5d；l_p 为弯钩的平直部分长度。

六、纵向钢筋末端弯钩与机械锚固

当纵向受拉普通钢筋末端采用弯钩或机械锚固措施时，包括弯钩或锚固端头在内锚固长度（投影长度）可取基本锚固长度 l_{ab} 的 60%。纵向钢筋末端弯钩与机械锚固的形式和技术要求如图 2–20 所示，并应满足以下要求。

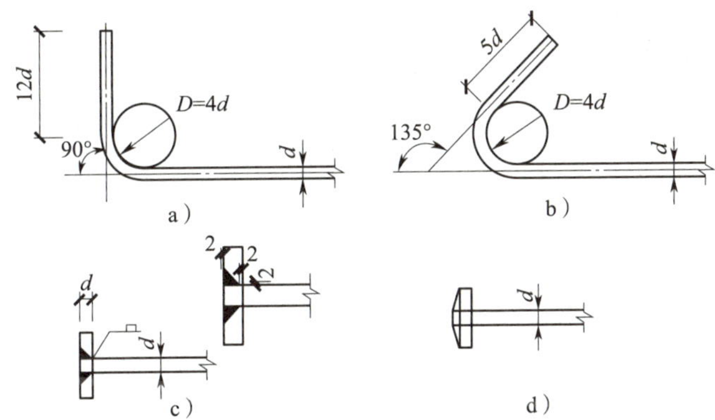

图 2–20　纵向钢筋末端弯钩与机械锚固的形式和技术要求

a）末端带 90° 弯钩　b）末端带 135° 弯钩　c）末端与钢板穿孔塞焊　d）末端带螺栓锚头

1. 焊缝和螺纹长度应满足承载力要求，螺栓锚头的规格应符合相关标准的要求。
2. 螺栓锚头和焊接锚板的承压面积不应小于锚固钢筋截面积的 4 倍。
3. 螺栓锚头和焊接锚板的钢筋净间距不宜小于 4d，否则应考虑群锚应力的不利影响。
4. 截面角部的弯钩和一侧贴焊锚筋的布筋方向宜向截面内侧偏置。
5. 受压钢筋不应采用末端弯钩和一侧贴焊的锚固形式。

七、箍筋、拉筋弯钩构造

除焊接封闭环式箍筋外，箍筋的末端应做弯钩，弯钩形式应符合设计要求，当设计无具体要求时，应符合下列规定。

1. 箍筋弯钩的弯弧内直径不应小于钢筋直径的 4 倍，且不应小于纵向受力钢筋直径。

2. 箍筋弯钩的弯折角度为 135°，螺旋箍筋端部构造如图 2–21 所示。

3. 箍筋弯钩弯后平直部分长度：对一般结构，不应小于箍筋直径的 5 倍；对有抗震、抗扭等要求的结构，不应小于箍筋直径的 10 倍和 75 mm 的较大值。

4. 螺旋箍筋搭接长度：对一般结构不应小于 l_a，对有抗震要求的结构不应小于 L_{aE}，且均不小于 300 mm。螺旋箍筋搭接构造如图 2–22 所示。

5. 拉筋弯钩构造要求与箍筋相同，如图 2–23 所示。

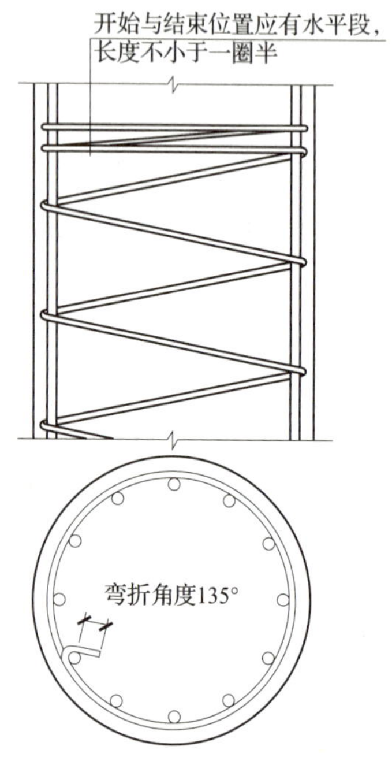

图 2–21　螺旋箍筋端部构造

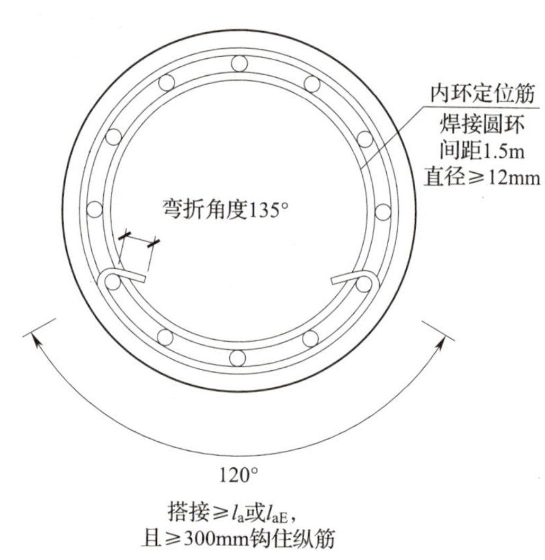

图 2–22　螺旋箍筋搭接构造

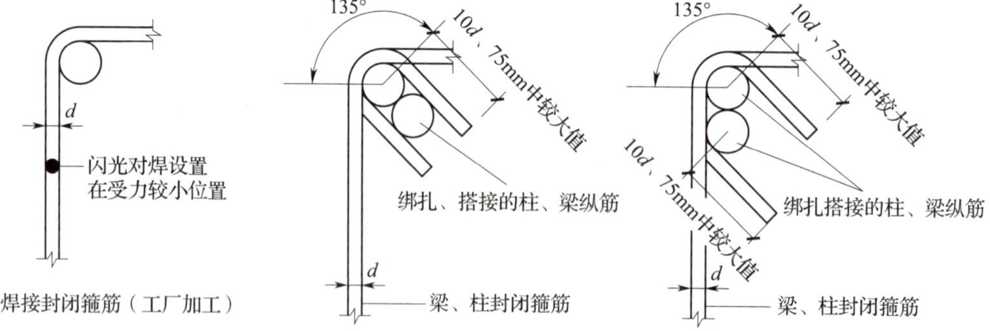

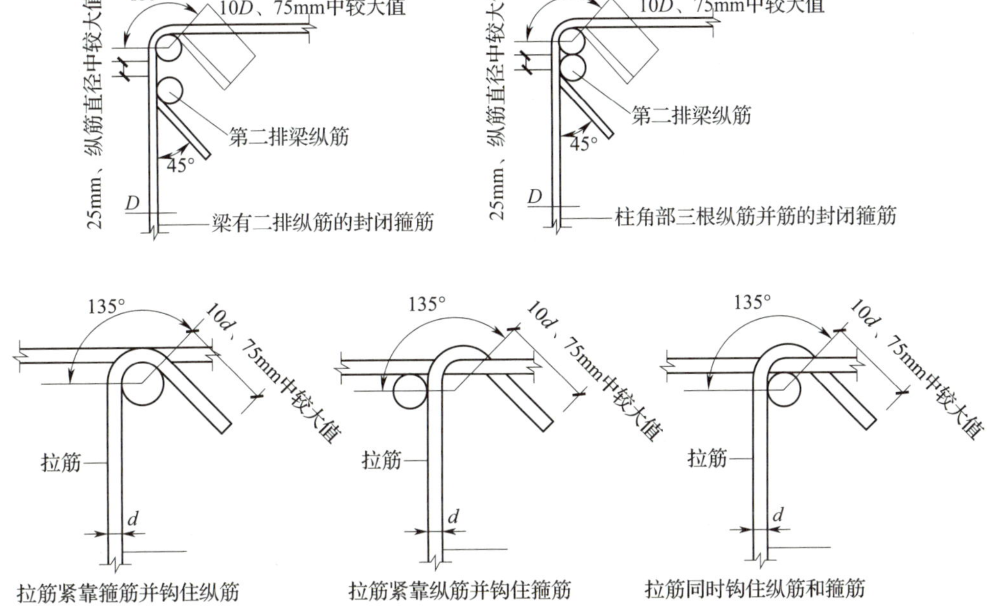

图 2–23　梁、柱、剪力墙箍筋和拉筋弯钩构造

技能训练 2　钢筋图识读

一、训练目的

掌握一般钢筋混凝土构件配筋图的识读方法，能将配筋图中钢筋的等级品种、直径、根数和间距填入训练作业中的表格内。

二、训练准备

准备平法图集，熟读并掌握相关构件的制图规则和构造详图。

三、训练内容

根据平法制图规则和构造详图的有关规定，识读基础、梁和板的配筋图，随后填写基础钢筋配料单、梁钢筋配料单和板钢筋配料单。

1. 识读钢筋图

（1）某独立基础配筋图如图 2–24 所示。

（2）某平板配筋图如图 2–25 所示。

（3）某简支梁配筋图如图 2–26 所示。

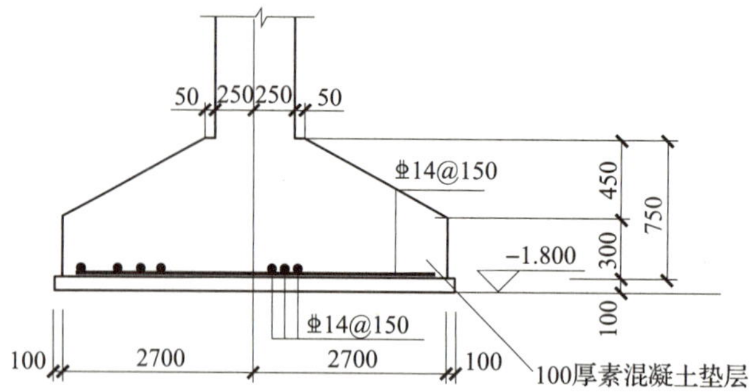

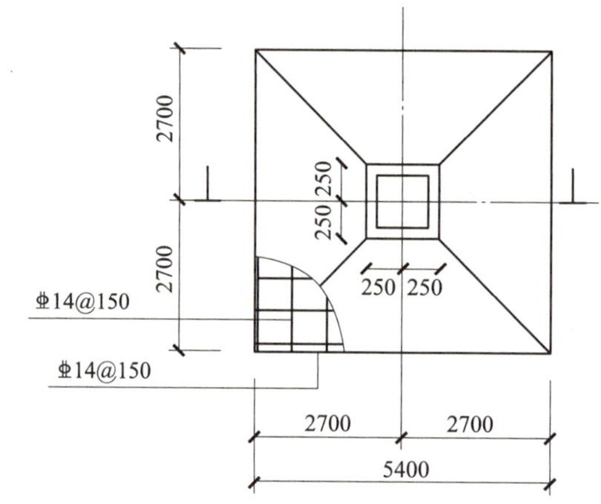

图 2-24　某独立基础配筋图

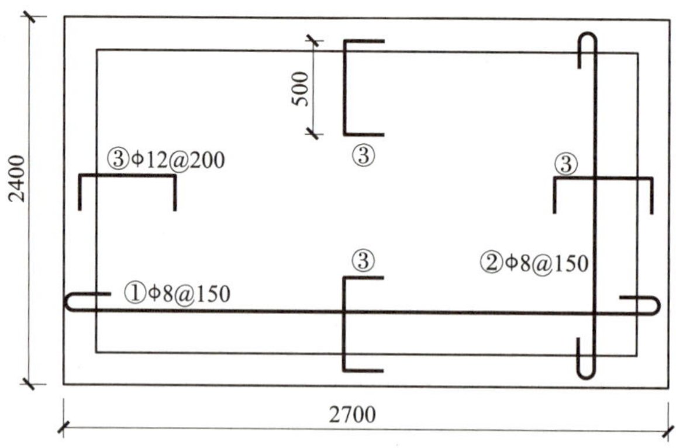

图 2-25　某平板配筋图

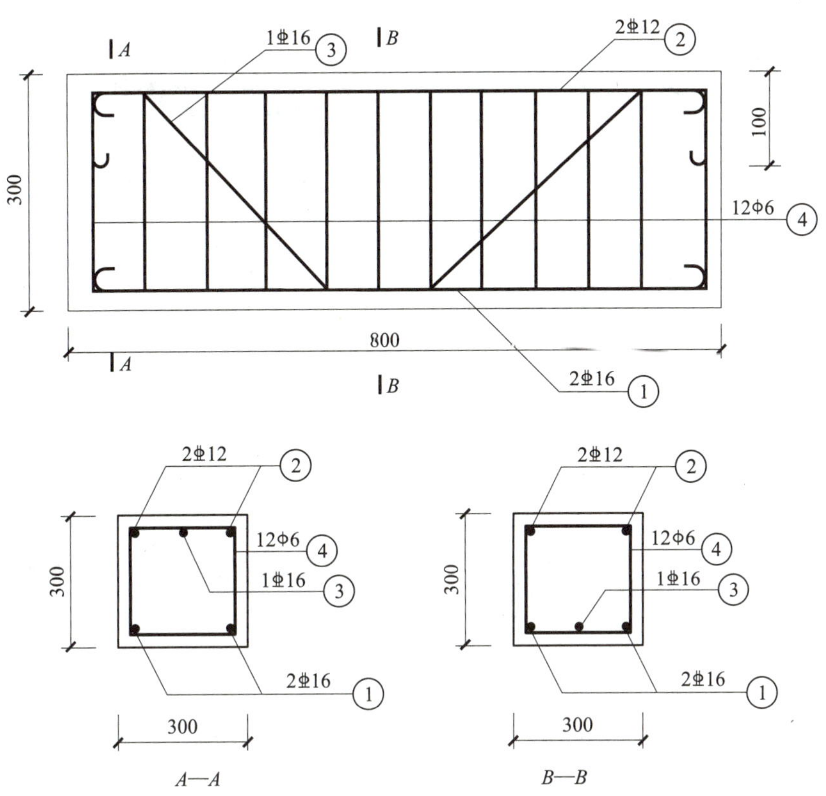

图 2-26　某简支梁配筋图

2. 填写配料单

（1）基础钢筋配料单见表 2-19。

表 2-19　基础钢筋配料单

钢筋编号	形状	直径	级别	单位根数	间距

（2）平板钢筋配料单见表 2-20。

表 2-20　平板钢筋配料单

钢筋编号	形状	直径	级别	单位根数	间距

（3）简支梁钢筋配料单见表 2–21。

表 2–21　简支梁钢筋配料单

钢筋编号	形状	直径	级别	单位根数	间距

四、评分标准

钢筋图识读评分标准见表 2–22。

表 2–22　钢筋图识读评分标准

序号	评分项目	应得分	实得分
1	形状正确	20	
2	直径正确	20	
3	级别正确	20	
4	根数正确	20	
5	间距正确	20	

1. 结构施工图包括哪些内容？
2. 构件详图的图示方法有哪些？
3. 柱的平法制图规则是如何要求的？
4. 剪力墙的平法制图规则是如何要求的？
5. 梁的平法制图规则是如何要求的？
6. 有梁楼盖板的平法制图规则是如何要求的？
7. 解释下面梁平法施工图中平面注写方式的集中标注中各项符号的含义。

WKL12（5A）250×750/500

Φ8@100/200（4）

2Ф25+（2Φ12）

G4Ф12

–0.100

8. 解释下面梁平法施工图中平面注写方式的集中标注中各项符号的含义。

KL12（5B）250 × 500

Φ8@100/200（4）

2Φ22+（2Φ12）

G4Φ12

−0.100

9. 说明以下构件平法施工图截面注写方式中集中标注中各项符号的含义。

KZ2

400 × 600

22Φ20

Φ10@100/200

第三章 钢筋配料与代换

钢筋配料就是根据结构施工图，分别计算构件各钢筋的直线下料长度、根数及质量，编制钢筋配料单，作为备料、加工和结算的依据。钢筋配料是钢筋工程施工的重要一环，应由识图能力强、熟悉钢筋加工工艺的人员负责。同时，在钢筋混凝土结构的施工阶段，经常会出现因钢材供应不足而发生的钢筋代换问题，钢筋代换时，应取得设计单位的同意。

第一节 钢筋下料长度

钢筋配料时，应根据构件配筋图，先绘出各种形状和规格的单根钢筋简图并进行编号，然后分别计算钢筋下料长度和根数，填写配料单，再申请加工。

钢筋因弯曲或弯钩，长度会发生变化，配料时不能直接根据图样的尺寸下料，必须了解混凝土保护层、钢筋弯曲或弯钩等规定，再根据图中尺寸计算其下料长度。各种钢筋的下料长度计算如下：

直钢筋的下料长度 = 构件长度 – 保护层厚度 + 弯钩增加长度

弯起钢筋的下料长度 = 直段长度 + 斜段长度 – 弯曲调整值 + 弯钩增加长度

箍筋的下料长度 = 箍筋周长 + 弯钩增加长度 – 弯曲调整值

上述钢筋如果需要搭接，还应增加钢筋搭接长度。

一、钢筋弯曲调整值

钢筋弯曲后有两个特点：一是在弯曲处内皮收缩、外皮延伸、轴线长度不变，二是在弯曲处形成圆弧。钢筋弯曲时的量度方法是沿直线测量外包尺寸，如图 3–1 所示。

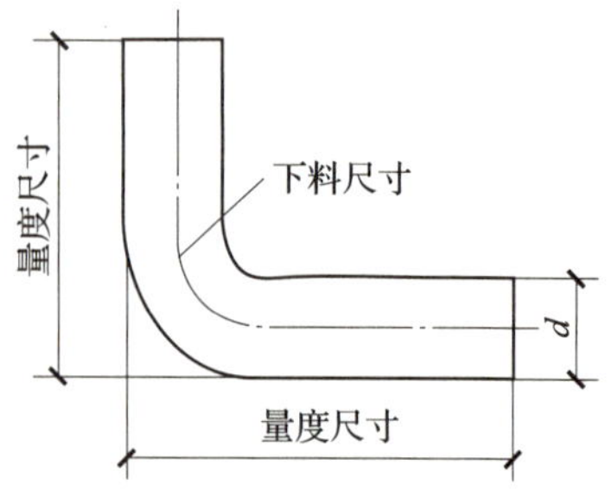

图 3–1 钢筋弯曲时的量度方法

因此，弯起钢筋的量度尺寸大于下料尺寸，两者之间的差值称为弯曲调整值。钢筋弯曲调整值应根据理论推算并结合实践经验得出，见表 3–1。

表 3-1　钢筋弯曲调整值

钢筋弯曲角度	30°	45°	60°	90°	135°
钢筋弯曲调整值	$0.35d$	$0.5d$	$0.85d$	$2d$	$2.5d$

二、弯钩增加长度

钢筋的弯钩形式有半圆弯钩、直弯钩及斜弯钩三种，如图 3-2 所示。

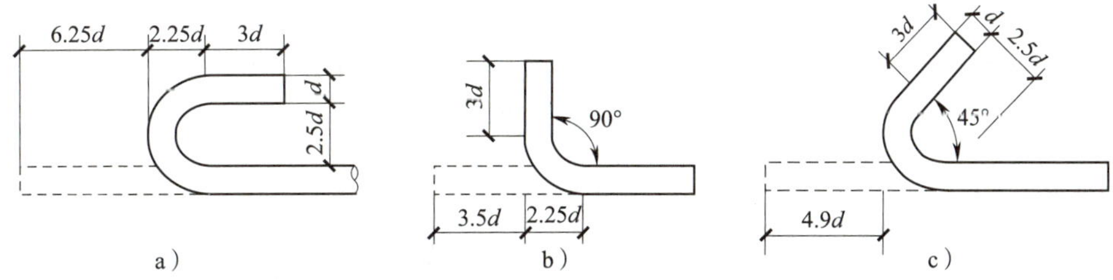

图 3-2　钢筋的弯钩形式

a）半圆弯钩　b）直弯钩　c）斜弯钩

半圆弯钩是最常用的一种弯钩。直弯钩只用在柱钢筋的下部、箍筋和附加钢筋中，斜弯钩只用在直径较小的钢筋中。

光圆钢筋的弯钩增加长度计算（弯心直径为 $2.5d$、平直部分为 $3d$）如图 3-2 所示，对半圆弯钩为 $6.25d$，对直弯钩为 $3.5d$，对斜弯钩为 $4.9d$。

在生产实践中，由于实际弯心直径与理论弯心直径有时会不一致，钢筋粗细和机具条件不同等也会影响平直部分的长短（手工弯钩时可适当加长，机械弯钩时可适当缩短），因此在实际配料计算时，对弯钩增加长度可采用经验数据（见表 3-2）。

表 3-2　弯钩增加长度经验数据

钢筋直径 d（mm）	≤ 6	8 ~ 10	12 ~ 18	20 ~ 28	32 ~ 36
弯钩长度（mm）	40	$6d$	$5.5d$	$5d$	$4.5d$

三、弯起钢筋斜长

弯起钢筋斜长的计算简图如图 3-3 所示。弯起钢筋斜长系数见表 3-3。

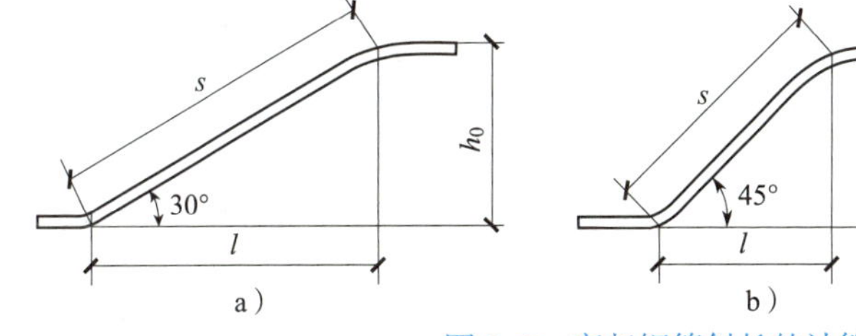

图 3-3　弯起钢筋斜长的计算简图

a）弯起角度 30°　b）弯起角度 45°　c）弯起角度 60°

表 3–3　弯起钢筋斜长系数

弯起角度 α	30°	45°	60°
斜边长度 s	$2h_0$	$1.41h_0$	$1.15h_0$
底边长度 l	$1.732h_0$	h_0	$0.575h_0$
增加长度 $s-l$	$0.268h_0$	$0.41h_0$	$0.575h_0$

四、箍筋调整值

箍筋调整值为弯钩增加长度和弯曲调整值之差或之和（见表 3–4），根据箍筋测量外包尺寸或内皮尺寸确定，箍筋测量方法如图 3–4 所示。

表 3–4　箍筋调整值　单位：mm

箍筋测量方法	箍筋直径			
	4～5	6	8	10～12
测量外包尺寸	40	50	60	70
测量内皮尺寸	80	100	120	150～170

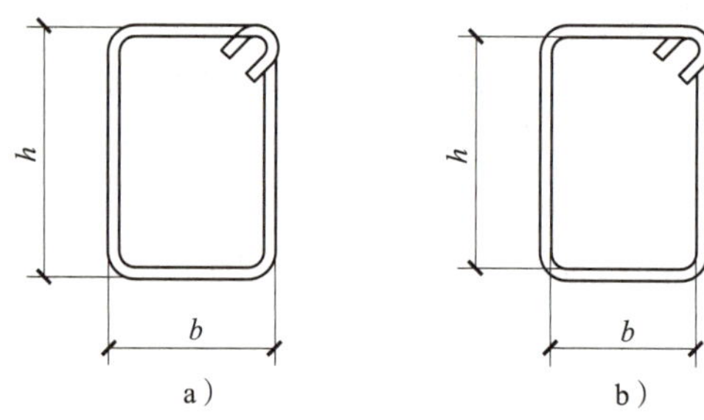

图 3–4　箍筋测量方法

a）测量外包尺寸　b）测量内皮尺寸

五、钢筋下料单

钢筋下料单是施工企业在钢筋施工生产过程中，根据结构施工图和施工组织方案，结合现场实际生产状况编制的一份钢筋下料明细表，用于记录施工企业实际使用钢筋材料的种类、规格、数量、长度等重要信息，以便对施工生产过程中使用的钢筋材料进行管理和统计，见表 3–5。

填写钢筋下料单应注意以下事项：

1. 钢筋下料单应按照结构施工图和施工组织方案，结合现场实际生产状况，准确记录钢筋材料的种类、规格、数量、长度等重要参数。

2. 应当及时编制钢筋下料单并将存在的问题反馈给施工人员，以便及时调整施工组织方案。

3. 应当及时更新和检查钢筋下料单，确保高质量完成钢筋加工生产。

表 3–5　钢筋下料单

构件名称	序号	钢筋		钢筋形状（mm）	理论下料长度（mm）	实际下料长度（mm）	总根数	单根质量（kg）	总质量（kg）	备注
		规格	直径							

第二节　钢筋的配料

一、钢筋配料单

根据施工图中钢筋的品种、规格及外形尺寸、数量进行编号，计算下料长度并用表格形式表达，即可得到钢筋配料单。

钢筋配料单是钢筋加工的依据，是提出材料计划、签发任务单和限额领料单的依据。合理的配料不但能节约钢材，还能使施工操作简化。

钢筋配料单的编制方式是：按钢筋编号、形状和规格计算下料长度并根据根数算出每一编号钢材的总长度，然后再汇总各种规格的总长度，算出其质量。当需要的成形钢筋很长，尚需配有接头时，应根据原材料供应情况和接头形式要求考虑钢筋接头的布置，下料计算时要加上接头要求长度。

编制步骤与方法如下：

1. 熟悉图样（构件配筋表），将结构施工图中钢筋的品种、规格列成钢筋明细表，并识读钢筋设计尺寸。

2. 绘制钢筋简图。

3. 计算每种规格钢筋的下料长度（包括接头长度）。

4. 填写和编制钢筋配料单（钢筋配料单中要反映工程名称、钢筋编号、钢筋简图和尺寸，以及钢筋直径、数量、下料长度、质量等）。

5. 根据钢筋配料单填写钢筋料牌，每一个编号的钢筋制作一块料牌，作为钢筋加工的依据。

钢筋配料单必须严格校核，确保准确无误，以免返工。

钢筋下料单与钢筋配料单的区别如下：钢筋配料单用于明确所需钢筋的种类、规格、数量、长度等重要参数，确保高质量完成钢筋的生产加工；钢筋下料单用于明确钢筋的下料长度和截距，避免造成浪费，同时通过在表格中增加实际弯曲过程中存在的经验值，精准下料，提高成品率。

二、钢筋料牌

在钢筋施工过程中，只有钢筋配料单还不能作为钢筋加工与绑扎的依据，还要将每一编号的钢筋制作一块钢筋料牌。钢筋料牌可用 100 mm × 70 mm 的薄木板、竹片或纤维板等制成，如图 3–5 所示。

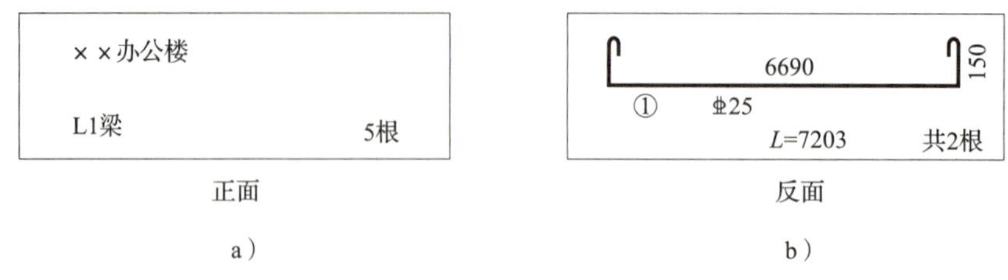

图 3–5　钢筋料牌

a）正面　b）反面

钢筋料牌随着加工工艺传送，最后系在加工好的钢筋上作为标志。因此，钢筋料牌同钢筋配料单一样必须严格校核，确保准确无误，以免返工造成浪费。

三、配料计算的注意事项

1. 在设计图样中，钢筋配置的细节问题没有注明时，一般可按构造要求处理。

2. 配料计算时，要考虑钢筋的形状和尺寸在满足设计要求的前提下有利于加工安装。

3. 配料时，还要考虑施工需要的附加钢筋，如后张预应力构件预留孔道定位用的钢筋井字架、基础双层钢筋网中保证上层钢筋网位置用的钢筋撑脚、墙板双层钢筋网中固定钢筋间距用的钢筋撑铁、柱钢筋骨架增加四面斜筋撑等。

四、钢筋配料计算实例

【例 3–1】 某教学楼钢筋混凝土框架梁 KL1 的截面尺寸与配筋图如图 3–6 所示，框架梁共计 5 根，混凝土强度等级为 C25。求各种钢筋下料长度。

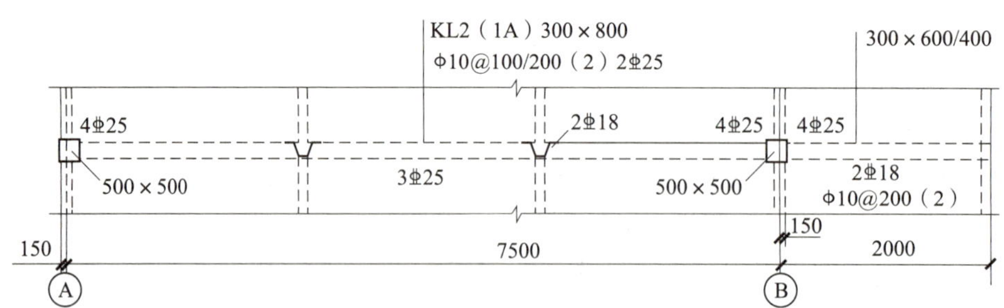

图 3–6　某教学楼钢筋混凝土框架梁 KL1 的截面尺寸与配筋图

解

1. 绘制钢筋翻样图

根据“配筋构造”的有关规定，得出：

（1）纵向受力钢筋端头的混凝土保护层厚度为 25 mm。

（2）框架梁纵向受力钢筋 ⌀25 的锚固长度为 35 × 25=875 mm，伸入柱内的长度可达 500–25=475 mm，需要向上（下）弯 400 mm。

（3）悬臂梁负弯矩钢筋应有 2 根伸至梁端，包住边梁后斜向上伸至梁顶部。

（4）吊筋底部宽度为次梁宽 +2 × 50 mm，按 45° 向上弯至梁顶部，再水平延伸 $20d$=20 × 18=360 mm。

对照 KL1 框架梁尺寸与上述构造要求，绘制单根钢筋翻样图，如图 3–7 所示，并将各种钢筋编号标注在图上。

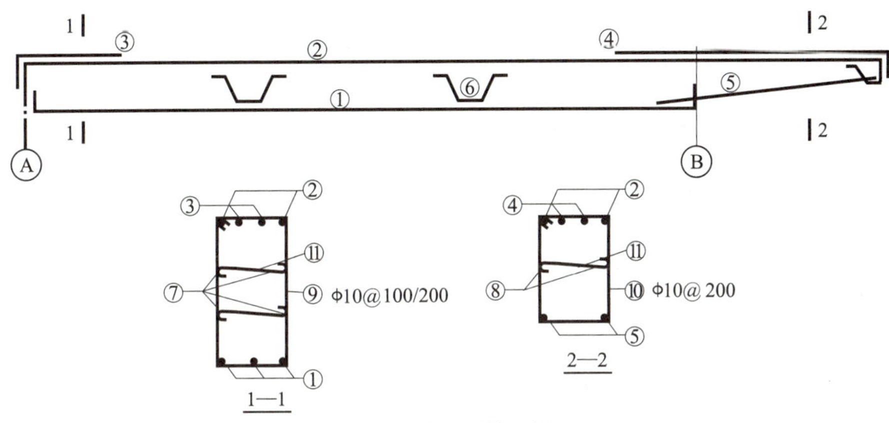

图 3–7　单根钢筋翻样图

2. 计算钢筋下料长度

计算钢筋下料长度时，应根据单根钢筋翻样图尺寸，并考虑各项调整值。

①号受力钢筋下料长度 =（7 800–2 × 25）+2 × 400–2 × 2 × 25=8 450 mm

②号受力钢筋下料长度 =（9 650–2 × 25）+400+350+200+500–3 × 2 × 25–0.5 × 25 ≈ 10 888 mm

③号受力钢筋下料长度 =2 742+400–2 × 25=3 092 mm

④号受力钢筋下料长度 =4 617+350–2 × 25=4 917 mm

⑤号受力钢筋下料长度 =2 300 mm

⑥号吊筋下料长度 =350+2 ×（1 060+360）–4 × 0.5 × 25=3 140 mm

⑦号腰筋下料长度 =7 200 mm

⑧号腰筋下料长度 =2 050 mm

⑨号箍筋下料长度 =2 ×（770+270）+70=2 150 mm

⑩号箍筋下料长度，由于梁高变化，因此要先按式（3–1）计算出箍筋高差 Δ。

补充：变截面构件箍筋高差计算

变截面构件箍筋如图 3–8 所示，根据比例原理，每根箍筋的高差 Δ 可按下式计算：

$$\Delta = \frac{l_c - l_d}{n - 1} \tag{3-1}$$

式中　l_c——箍筋的最大高度；

l_d——箍筋的最小高度；

n——箍筋个数，$n=s/a+1$，s 为最长箍筋和最短箍筋之间的总距离，a 为箍筋间距。

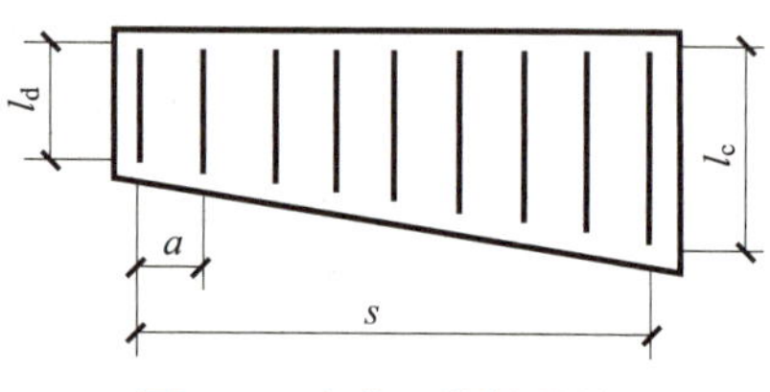

图 3–8　变截面构件箍筋

箍筋根数 n=（1 850–100）/200+1=10

箍筋高差 Δ=（570–370）/（10–1）=22 mm

⑩$_1$ 号箍筋下料长度 =（270+570）×2+70=1 750 mm

⑩$_2$ 号箍筋下料长度 =（270+548）×2+70=1 706 mm

⑩$_3$ 号箍筋下料长度 =（270+526）×2+70=1 662 mm

⑩$_4$ 号箍筋下料长度 =（270+504）×2+70=1 618 mm

⑩$_5$ 号箍筋下料长度 =（270+482）×2+70=1 574 mm

⑩$_6$ 号箍筋下料长度 =（270+460）×2+70=1 530 mm

⑩$_7$ 号箍筋下料长度 =（270+438）×2+70=1 486 mm

⑩$_8$ 号箍筋下料长度 =（270+416）×2+70=1 442 mm

⑩$_9$ 号箍筋下料长度 =（270+394）×2+70=1 398 mm

⑩$_{10}$ 号箍筋下料长度 =（270+372）×2+70=1 354 mm

⑪号单支箍下料长度 =266+3×8×2=314 mm

每根箍筋下料长度的计算结果见表 3–6。

表 3–6　　钢筋配料单（KL1 梁，5 根）

钢筋编号	简图	钢号	直径（mm）	下料长度（mm）	单位根数	合计根数	质量（kg）
①	400 7750	⏀	25	8 450	3	15	488
②	400 9600 500 350 200	⏀	25	10 888	2	10	419
③	400 2742	⏀	25	3 092	2	10	119
④	4617 350	⏀	25	4 917	2	10	189
⑤	2300	⏀	18	2 300	2	10	46
⑥	360 1060 350 1060 360	⏀	18	3 140	4	20	126
⑦	7200	⏀	14	7 200	4	20	174

续表

钢筋编号	简图	钢号	直径（mm）	下料长度（mm）	单位根数	合计根数	质量（kg）
⑧	2050	Φ	14	2 050	2	10	25
⑨	270 770	φ	10	2 150	46	230	305
⑩$_1$	270 570	φ	10	1 750	1	5	48
⑩$_2$	548×270	φ	10	1 706	1	5	
⑩$_3$	526×270	φ	10	1 662	1	5	
⑩$_4$	504×270	φ	10	1 618	1	5	
⑩$_5$	482×270	φ	10	1 574	1	5	
⑩$_6$	460×270	φ	10	1 530	1	5	
⑩$_7$	438×270	φ	10	1 486	1	5	
⑩$_8$	416×270	φ	10	1 442	1	5	
⑩$_9$	394×270	φ	10	1 398	1	5	
⑩$_{10}$	372×270	φ	10	1 354	1	5	
⑪	266	φ	8	314	28	140	18
总质量							1 957

第三节 钢筋的代换

一、代换原则

当施工方无法提供施工所用钢筋的品种或规格时，经建设单位和设计单位同意，并办理设计变更文件后，可进行钢筋代换，钢筋代换的原则如下：

1. 当构件受强度控制时，钢筋可按等强度原则进行代换。即不同钢号的钢筋按强度相同的原则代换。

2. 当构件按最小配筋率配筋时，钢筋可按钢筋截面积相等原则进行代换。

3. 当构件受裂缝宽度或挠度控制时，代换后应进行裂缝宽度或挠度验算。

二、等强度代换方法

代换后的钢筋强度应大于或等于代换前的钢筋强度。等强度代换的计算公式如下：

$$n_2 \geqslant \frac{n_1 d_1^2 f_{y1}}{d_2^2 f_{y2}} \tag{3-2}$$

式中 n_2——代换钢筋根数；

n_1——原设计钢筋根数；

d_2——代换钢筋直径；

d_1——原设计钢筋直径；

f_{y2}——代换钢筋抗拉强度设计值，见表 3–7；

f_{y1}——原设计钢筋抗拉强度设计值。

式（3–2）有两种特例：

抗拉强度设计值相同、直径不同的钢筋代换时：

$$n_2 \geqslant n_1 \frac{d_1^2}{d_2^2} \tag{3-3}$$

直径相同、抗拉强度设计值不同的钢筋代换时：

$$n_2 \geqslant n_1 \frac{f_{y1}}{f_{y2}} \tag{3-4}$$

表 3–7 钢筋强度设计值 单位：MPa

项次	钢筋种类		符号	抗拉强度设计值 f_y	抗压强度设计值 $f_{y'}$
1	热轧钢筋	HPB300	Φ	270	270
		HRB400	⌀	360	360
		HRB500	⌀	435	435
2	冷轧带肋钢筋	LL550	—	360	360
		LL650	—	430	380
		LL800	—	530	380

三、等面积代换方法

钢筋按强度代换后，有时由于受力钢筋直径加大或根数增多而需要增加排数，则构件截面的有效高度 h_0 减少，截面强度降低。对于这种影响，通常可凭经验适当增加钢筋面积，然后再作截面复核。

对矩形截面的受弯构件，可根据弯矩相等，按下式复核截面承载力：

$$N_2[h_{02}-N_2/(2f_cb)]\geqslant N_1[h_{01}-N_1/(2f_cb)] \tag{3-5}$$

式中　N_1——原设计的钢筋拉力，$N_1=A_{S1}f_{y1}$（A_{S1} 为原设计钢筋的截面积，f_{y1} 为原设计钢筋的抗拉强度设计值）；

N_2——代换钢筋拉力，$N_2=A_{S2}f_{y2}$（A_{S2} 为代换钢筋的截面积，f_{y2} 为代换钢筋的抗拉强度设计值）；

h_{01}——原设计钢筋的合力点至构件截面受压边缘的距离；

h_{02}——代换钢筋的合力点至构件截面受压边缘的距离；

f_c——混凝土的抗压强度设计值，见表 3-8；

b——构件截面宽度。

表 3-8　　　　混凝土的抗压强度设计值　　　　单位：MPa

混凝土强度等级	混凝土抗压强度设计值
C20	9.6
C25	11.9
C30	14.3
C35	16.7
C40	19.1
C45	21.2

四、代换注意事项

钢筋代换时，必须充分了解设计意图和代换材料性能，并严格遵守现行混凝土结构设计规范的各项规定。凡重要结构中的钢筋代换应征得设计单位同意。

1. 对某些重要构件，如吊车梁、薄腹梁、桁架下弦等，不宜用 HPB300 级光圆钢筋代替 HRB400 级带肋钢筋。

2. 钢筋代换后，应满足配筋构造规定，如钢筋的最小直径、间距、根数、锚固长度等。

3. 同一截面内，可同时配有不同种类和直径的代换钢筋，但每根钢筋的拉力差不应过大（如同品种钢筋的直径差值一般不大于 5 mm），以免构件受力不均。

4. 梁的纵向受力钢筋与弯起钢筋应分别代换，以保证正截面与斜截面强度。

5. 偏心受压构件（如框架柱、有吊车厂房柱、桁架上弦等）或偏心受拉构件作钢筋代换时，不取整个截面配筋量计算，应按受力面（受压或受拉）分别代换。

6. 当构件受裂缝宽度控制时，如以小直径钢筋代换大直径钢筋、以强度等级低的钢筋代替强度等级高的钢筋，则可不做裂缝宽度验算。

五、钢筋代换实例

【例 3–2】 有一块 6 m 宽的现浇混凝土楼板，原设计的底部纵向受力钢筋采用 HPB300 级 ϕ12 钢筋，间距为 120 mm，共计 50 根。现拟改用 HRB400 级 ⌀12 钢筋，求所需钢筋根数及其间距。

解 本题属于直径相同、强度等级不同的钢筋代换，用式（3–4）计算：

$$n_2=50\times 270/360\approx 38\text{ 根}$$

$$\text{间距}=120\times 50/38\approx 157.8\text{ mm，取 }158\text{ mm}$$

【例 3–3】 今有 1 根宽 400 mm 的现浇混凝土梁，原设计的底部纵向受力钢筋采用 HRB400 级 ⌀22 钢筋，共计 9 根，分两排布置，底排为 7 根，上排为 2 根。现拟改用 HRB500 级 ⌀25 钢筋，求所需钢筋根数及其布置方式。

解 本题属于直径不同、强度等级不同的钢筋代换，用式（3–2）计算：

$$n_2=9\times\frac{22^2\times 360}{25^2\times 435}=5.76\text{ 根，取 6 根}$$

一排布置，增大了代换钢筋的合力点至构件截面受压边缘的距离 h_0，有利于提高构件的承载力。

技能训练 3　钢筋下料计算

一、训练目的

明确钢筋下料计算的意义，掌握钢筋下料长度的计算方法，能熟练地根据构件配筋图，分别计算出构件中各个标号的钢筋切断时的下料长度。

二、训练准备

有关施工图样、钢筋剪、卷尺、角尺等。

三、训练内容

1. 某现浇板配筋如图 3–9 所示，试编制现浇板钢筋配料单，并填入表 3–9。
2. 某简支梁配筋如图 3–10 所示，试编制该梁钢筋配料单，并填入表 3–10。

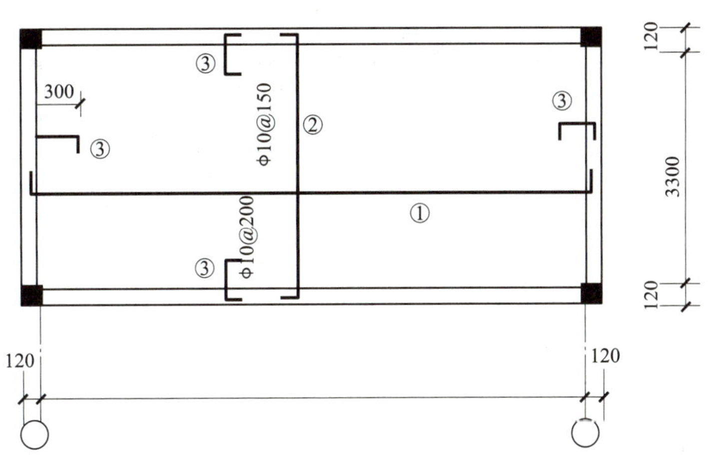

图 3-9　某现浇板配筋

表 3-9　某现浇板钢筋配料单

编号	简图	直径（mm）	长度（mm）	根数	备注

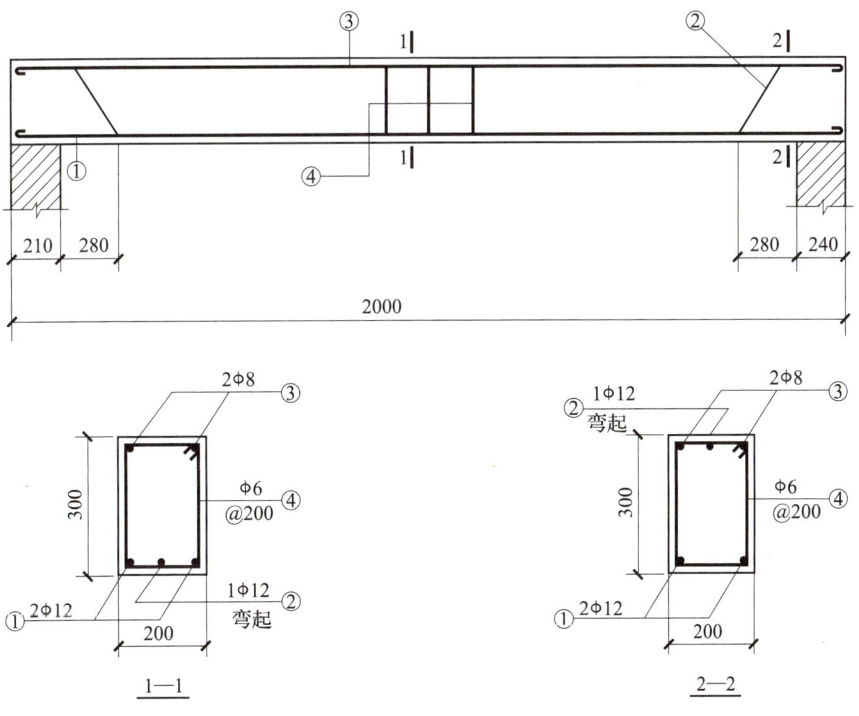

图 3-10　某简支梁配筋

表 3-10 某简支梁钢筋配料单

编号	简图	直径（mm）	长度（mm）	根数	备注

四、评分标准

钢筋下料计算评分标准见表 3-11。

表 3-11 钢筋下料计算评分标准

序号	评分标准	应得分	实得分
1	钢筋计算简图正确	20	
2	钢筋下料长度计算公式正确	20	
3	有关数据（如混凝土保护层厚度、弯曲调整值等）记忆牢固	20	
4	计算结果准确	10	
5	钢筋配料单编制清晰、合理	20	
6	计算过程详细、熟练（有详尽的计算书）	10	

思考练习题

1. 为什么要计算钢筋下料长度？
2. 什么是钢筋的弯曲调整值？
3. 箍筋如何计算下料长度？
4. 钢筋配料单包括哪些内容？
5. 钢筋配料计算需要注意什么问题？
6. 钢筋为什么要代换？钢筋代换有几种方法？

下篇

钢筋施工工艺

钢筋分项工程是钢筋混凝土结构施工过程中的关键环节。上篇介绍了钢筋材料要求、结构施工图识读和钢筋配料与代换的相关知识，这是做一名钢筋工需要掌握的理论基础；下篇将在此基础上介绍钢筋加工、钢筋连接、钢筋绑扎和安装、预应力钢筋施工、钢筋工程质量验收规定和安全技术要求、钢筋班组管理的内容，这是合格钢筋工必备的专业技能。

第四章 钢筋加工

钢筋绑扎和安装前要保证钢筋加工的质量，钢筋加工包括钢筋除锈、调直、切断和弯曲成形等项目。每一道工序都要按照相关标准和规范的要求认真施工，前一道工序未经验收合格不可进入下道工序的施工。钢筋工要准确把握每道工序的质量控制要点，为后续工序施工提供质量保证。

第一节 钢筋除锈

国家标准《混凝土结构工程施工质量验收规范》（GB 50204—2015）规定：钢筋应平直、无损伤，表面不得有裂纹、油污、颗粒状或片状老锈。

在自然环境中，钢筋表面接触到水和空气，就会在表面结成一层三氧化二铁，这就是铁锈。钢筋锈蚀不仅能削弱其截面积，使构件承载能力下降，还会降低钢筋与混凝土的握裹力，影响两者共同工作的性能，从而造成直接和间接经济损失。因此，钢筋的防锈和除锈是钢筋工非常重要的一项工作。

钢筋除锈的方法有多种，常用的有人工除锈、机械除锈和化学除锈等。

一、人工除锈

人工除锈是最早应用的表面处理方法，用于小面积的部位及不需要进行喷砂处理的地方，它可以除去附着的氧化皮、锈蚀产物，以及松散的漆皮和其他杂物。

人工除锈一般是用钢丝刷、砂盘、麻袋布等轻擦或将钢筋在砂堆上来回拉动除锈。砂盘除锈如图 4-1 所示。

人工除锈施工方法简单，在处理小构件时比较经济，但工作效率低，大面积施工困难，除锈不彻底，氧化皮不易去除。

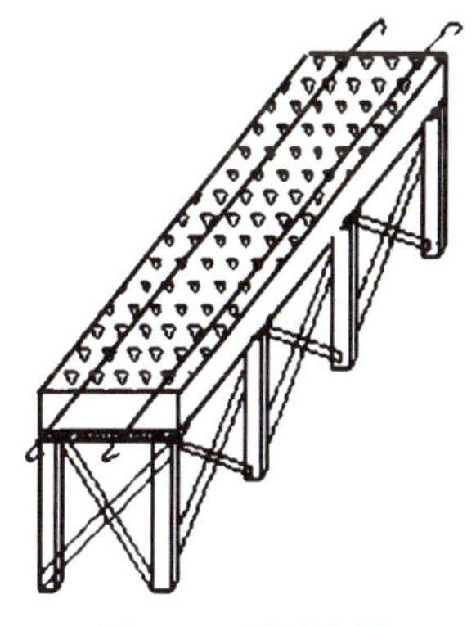

图 4-1　砂盘除锈

二、机械除锈

机械除锈包括除锈机除锈和喷砂法除锈。

1. 除锈机除锈

钢筋除锈机有固定式和移动式两种，一般由钢筋加工单位自制，利用动力带动圆盘钢丝刷高速旋转，清除钢筋上的铁锈。

直径较细的盘条钢筋可通过冷拉和调直过程自动除锈，粗钢筋一般采用固定式钢筋除锈机除锈。固定式钢筋除锈机一般安装一个圆盘钢丝刷，为提高效率，也可将 2 台除锈机组合在一起。机械除锈机在实际应用过程中有很多问题，大多数机械除锈机除锈速度慢，除锈效果差（特别是对螺纹钢），除锈不彻底，且不能对弯折钢筋进行除锈。

2. 喷砂法除锈

喷砂法除锈主要是用空压机、储砂罐、喷砂管、喷头等设备，利用空压机产生的强大气流形成高压砂流除锈，适用于大量除锈工作，除锈效果好。

三、化学除锈

化学除锈一般采用酸洗除锈，使用无机酸如盐酸、硫酸及磷酸等，特殊钢或非铁金属则常用混合酸或草酸、铬酸、柠檬酸等除锈。酸洗除锈前，通常先进行机械除锈，这样可以缩短 50% 的酸洗时间，节约 80% 以上的酸液。酸洗除锈流程和技术参数见表 4–1。

表 4–1 酸洗除锈流程和技术参数

工序名称	时间（min）	设备及技术参数
机械除锈	5	钢筋除锈机，Φ6 钢筋台班产量 5 ~ 6 t
酸洗	20	1. 硫酸液浓度：循环酸洗法 15% 左右 2. 酸洗温度：50 ~ 70 ℃，用蒸汽加热
清洗水锈	30	压力水冲洗 3 ~ 5 min，清水淋洗 20 ~ 25 min
沾石灰肥皂浆	5	1. 石灰肥皂浆配制：石灰水 100 kg，动物油 15 ~ 20 kg，肥皂粉 3 ~ 4 kg，水 350 ~ 400 kg 2. 石灰肥皂浆温度：用蒸汽加热到 100 ℃
干燥	120 ~ 240	阳光自然干燥

第二节 钢筋调直

弯曲不直的钢筋不能与混凝土良好黏结，导致混凝土在与钢筋共同工作过程中出现裂缝，从而产生不应有的破坏，所以要进行钢筋调直。钢筋调直方法一般分为人工调直和机械调直两种，目前得到广泛使用的是机械调直方法。调直后的钢筋不得有局部弯曲、死弯、小波浪形，其表面伤痕不应使钢筋截面积减小 5% 以上。

一、人工调直

人工调直通常包括调直台调直、手绞车调直和蛇形管调直架调直。

1. 调直台调直

调直台两端设有卡盘，卡盘上焊有扳柱。调直台与钢筋扳手配合使用，用于调直直径 12 mm 以上的粗钢筋。将钢筋放到卡盘与扳柱之间，把弯曲的地方对着扳柱，然后用钢筋扳手扳动钢筋，使其平直。调直台如图 4–2 所示，调直台调直如图 4–3 所示。

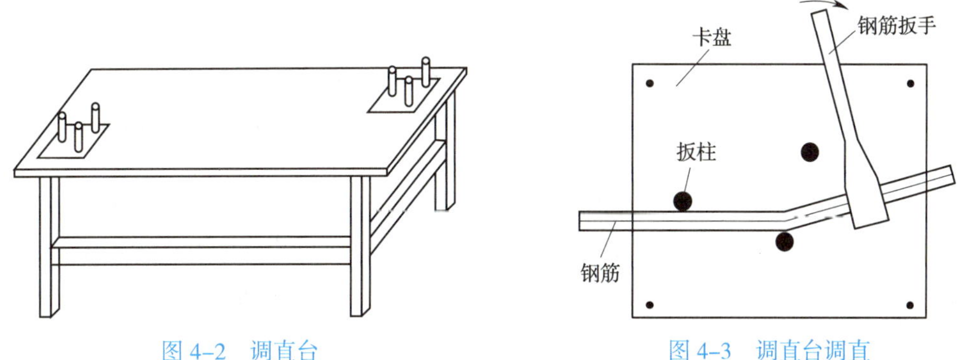

图 4–2　调直台　　　图 4–3　调直台调直

2. 手绞车调直

手绞车调直常用于调直直径 10 mm 以下的圆盘钢筋。用手绞车将钢筋开盘至一定长度后剪断，将剪断处用夹具夹好挂在地锚上，连续摇动手绞车，即可调直钢筋，如图 4–4 所示。

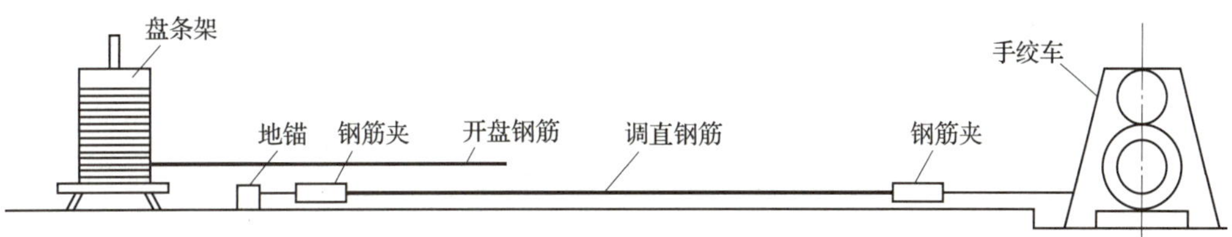

图 4–4　手绞车调直

3. 蛇形管调直架调直

蛇形管调直架调直（见图 4–5）用于调直冷拔低碳钢丝。将钢丝穿过蛇形管用人力向前牵引，即可调直，局部弯曲处可用小锤敲打加以平直。

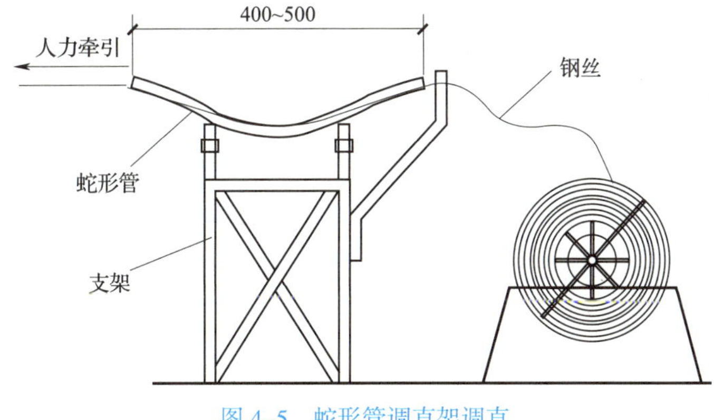

图 4–5　蛇形管调直架调直

二、机械调直

机械调直常用的方法有钢筋调直机（也有切断钢筋的功能，通称钢筋调直切断机）调直和卷扬机调直。

1. 钢筋调直机调直

（1）钢筋调直机概述

钢筋调直机适用于调直直径不大于 14 mm 的圆盘钢筋和冷拔钢筋，并且可以根据需要的长度自动切断钢筋，调直过程中可将钢筋表面的氧化皮、铁锈和污物除掉，起到除锈的作用。

钢筋调直机有多种型号，按所能调直切断的钢筋直径不同，可分为 GT4/10 型、GT4/12 型、GT4/14 型等，另有一种可调直直径更大的钢筋，型号为 GT10/16，型号标志中斜线两侧的数字表示钢筋调直机所能调直切断的钢筋直径的下限和上限。钢筋调直机的主要技术性能见表 4–2。

表 4–2　钢筋调直机的主要技术性能

性能			型号		
名称		单位	GT4/10	GT4/12	GT4/14
调直切断钢筋直径		mm	4 ~ 10	4 ~ 12	4 ~ 14
钢筋抗拉强度		MPa	650	650	650
切断长度		mm	200 ~ 10 000	300 ~ 15 500	300 ~ 20 000
牵引速度		m/min	28 ~ 42	30 ~ 45	38 ~ 48
调直筒转速		r/min	2 900	2 900	2 800
电动机功率	调直	kW	5.5	7.5	9.0
	牵引	kW	1.5	—	4.0
	切断	kW	—	0.75	1.1
外形尺寸	长	mm	1 400	1 400	1 700
	宽	mm	530	550	600
	高	mm	920	920	950
整机质量		kg	250	330	335

工地上常用的钢筋调直机的工作原理如图 4–6 所示。

（2）钢筋调直的操作要点

1）检查。每天工作前要先检查电气系统及其元件有无故障，各种连接零件是否牢固可靠，各传动部分是否灵活，确认正常后方可进行试运转。

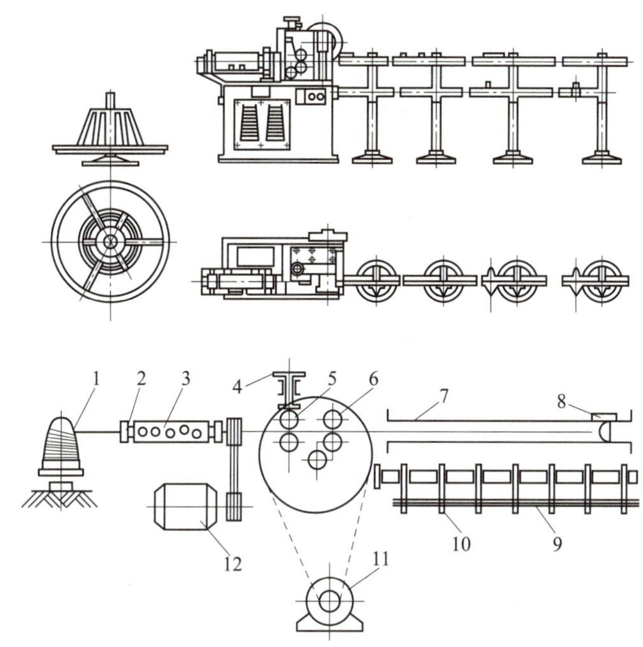

图 4–6　工地上常用的钢筋调直机的工作原理

1—盘圆钢筋　2—导向筒　3—调直筒　4—压紧手轮　5—牵引轮　6—剪切齿轮
7—受料槽　8—定长开关　9—钢筋　10—拖料轮　11—牵引剪切电动机　12—调直电动机

2）试运转。从空载开始，确认运转可靠之后才可以进料、调直和切断。首先要将盘条的端头锤打平直，然后再将它通过导向套推进机器内。

3）试断筋。为保证断料长度合适，应在机器启动后试断三四根钢筋检查，以保证偏差能及时纠正（调整限位开关或定尺板）。

4）安全要求。盘圆钢筋放入放圈架上要平稳，如有乱扣或钢筋脱架时，必须停车处理。操作人员不能离机械过远，以防发生故障时不能立即停车而造成事故。

5）安装承料架。受料槽中心线应对准导向套、调直筒和剪切孔槽中心线，并保持平直。

6）安装切刀。安装滑动刀台上的固定切刀，保证其位置正确。

7）安装导向钢管。在导向筒前部安装 1 根长度约为 1 m的导向钢管，需调直的钢筋应先穿入该钢管，然后穿过导向筒和调直筒，以防止一盘钢筋接近调直完毕时其端头弹出伤人。

2. 卷扬机调直

卷扬机调直用于调直直径为 10 mm 以下的一级盘圆钢筋，并能同时完成调直、除锈、拉伸三道工序。该法设备简单，适用于施工现场或小型加工厂，其工作原理如图 4–7 所示。

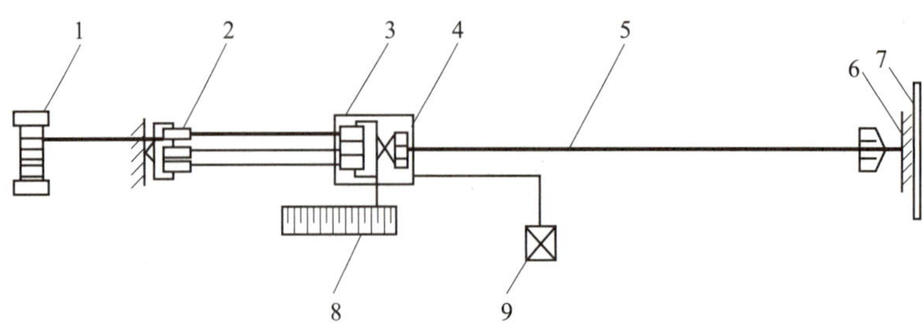

图 4–7　卷扬机调直的工作原理

1—卷扬机　2—滑轮组　3—冷拉小车　4—钢筋夹具
5—钢筋　6—地锚　7—防护壁　8—标尺　9—荷重架

第三节　钢筋切断

钢筋切断就是把钢筋原材或者已经校直的钢筋按配料单的长度要求切断，使钢筋有足够的长度，并符合设计和规范规定的锚固和搭接要求，达到节约和合理使用钢材的目的。

一、切断前的准备工作

钢筋切断前应做好以下准备工作，以获得最佳的经济效果。

1. 复核

根据钢筋配料单，复核料牌上所标注的钢筋直径、尺寸、根数是否正确。

2. 下料方案

根据工地的库存钢筋情况做好下料方案，下料时要长短搭配，尽量减少损耗。

3. 度量准确

避免使用短尺量长料，防止产生累积误差。

4. 试切钢筋

调试好切断设备，试切 1 ~ 2 根，尺寸无误后再成批加工。

二、切断方法

钢筋切断方法分为人工切断与机械切断。

1. 人工切断

（1）断线钳

断线钳是定型产品，按外形长度不同可分为 450 mm、600 mm、750 mm、900 mm、1 050 mm 五种。图 4–8 所示为工地常用的 600 mm 长度规格的断线钳，可用于剪直径 5 mm 以下的钢丝。

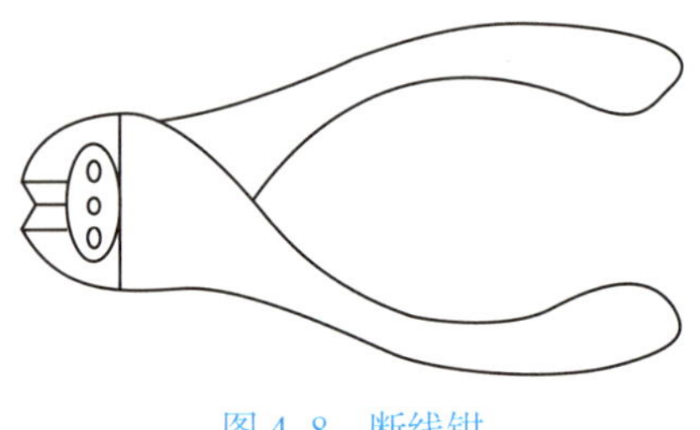

图 4–8　断线钳

（2）手压切断器

手压切断器是目前建筑施工中常用的一种手动式钢筋切断工具，由定刀片、动刀片、支座、手压杆等组成，外形及构造如图 4–9 所示。

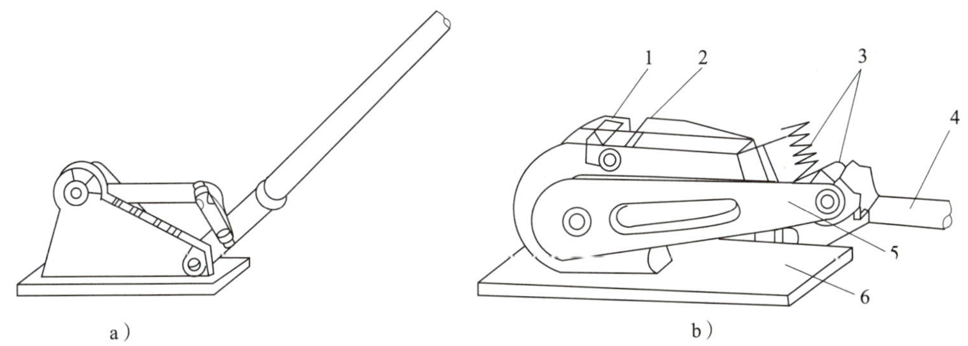

图 4–9　手压切断器的外形及构造

a）杠杆式　b）齿轮式

1—动刀片　2—定刀片　3—齿轮　4—手压杆　5—摇杆　6—支座

（3）手动液压切断器

手动液压切断器具有体积小、质量轻、操作简单等优点，在工程中也有广泛的应用，一般可用于切断直径不超过 16 mm 的钢筋。

2. 机械切断

钢筋切断机是钢筋切断的专用设备，广泛应用于施工现场和构件预制厂剪切 6 ~ 40 mm 的钢筋，更换相应刀片还可作为各种型钢的下料机。

最常用的钢筋切断机是 GQ40 型，其他还有 GQ12 型、GQ20 型、GQ25 型、GQ35 型、GQ50 型、GQ65 型，型号中的数字表示可切断钢筋的最大公称直径。常用钢筋切断机的主要技术性能见表 4–3。

GQ40 型钢筋切断机每次切断钢筋根数见表 4–4。

表 4–3　　常用钢筋切断机的主要技术性能

性能			型号		
名称		单位	GQ40	GQ40 A	GQ40 L
可切断钢筋直径		mm	6 ~ 40	6 ~ 40	6 ~ 40
切断速度		次 /min	40	40	38
电动机功率		kW	3	3	3
外形尺寸	长	mm	1 150	1 395	685
	宽	mm	430	556	575
	高	mm	750	780	984
整机质量		kg	600	720	650

表 4-4　　GQ40 型钢筋切断机每次切断钢筋根数

钢筋直径（mm）	5.5 ~ 8	9 ~ 12	13 ~ 16	18 ~ 20	20 以上
每次可切断根数	8 ~ 12	4 ~ 6	3	2	1

三、钢筋切断注意事项

1. 检查

使用前应检查刀片安装是否牢固，润滑油是否充足，并应在开机空转正常以后再进行操作。

2. 切断

钢筋应调直以后再切断，钢筋与刀口应垂直。

3. 安全

断料时应握紧钢筋，待活动刀片后退时及时将钢筋送进刀口，不要在活动刀片已开始向前推进时向刀口送料，以免断料不准，甚至发生机械及人身事故。长度在 30 cm 以内的短料不能直接用手送料切断，禁止切断超过切断机技术性能规定的钢材以及超过刀片硬度或烧红的钢筋。切断钢筋后，刀口处的屑渣不能直接用手清除或用嘴吹，而应用钢丝刷刷干净。

第四节　钢筋弯曲成形

钢筋弯曲成形就是按照图样和规范要求对已切断的钢筋做弯曲、弯钩处理，以满足钢筋混凝土结构中对各种钢筋形状的要求。

常见的钢筋弯钩形式有 180° 弯钩、90° 弯钩和 45° 弯钩等，如图 4-10 所示。钢筋弯曲成形的操作步骤为：选择弯曲方法→划线→试弯→弯曲成形。

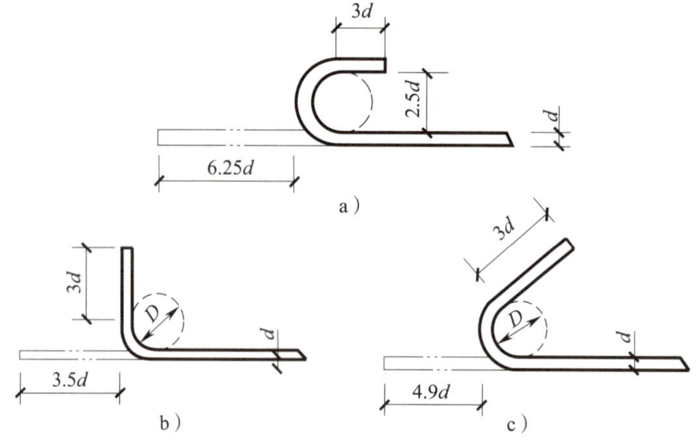

图 4-10　常见的钢筋弯钩形式

a）180° 弯钩　b）90° 弯钩　c）45° 弯钩

一、钢筋弯曲成形设备和工具

钢筋弯曲分为人工弯曲和机械弯曲两种。

1. 人工弯曲设备和工具

人工弯曲常用于弯曲工序少或缺少动力设备的中小型施工现场，使用的主要设备和工具有工作台、手摇扳手、卡盘和钢筋扳手。

（1）工作台

钢筋弯曲应在工作台（见图 4–11）上进行。工作台宽度通常为 800 mm，高度一般为 900 ~ 1 000 mm，长度视钢筋种类而定，弯细钢筋时一般为 4 000 mm，弯粗钢筋时可为 8 000 mm。

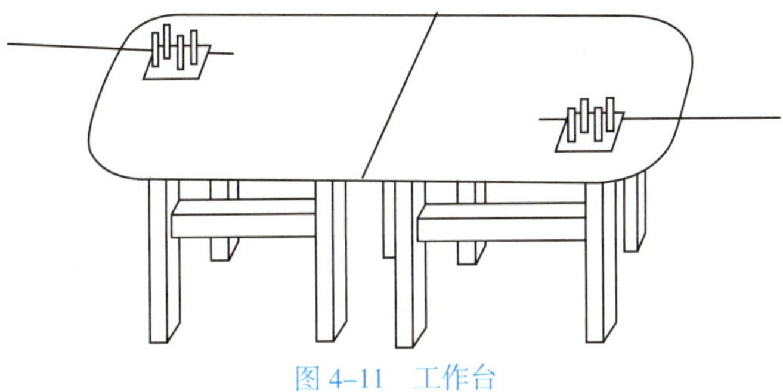

图 4–11 工作台

（2）手摇扳手

手摇扳手由底盘、扳柱（钢筋柱）和扳手（或摇手）等组成，是弯曲细钢筋的主要工具，如图 4–12 所示。

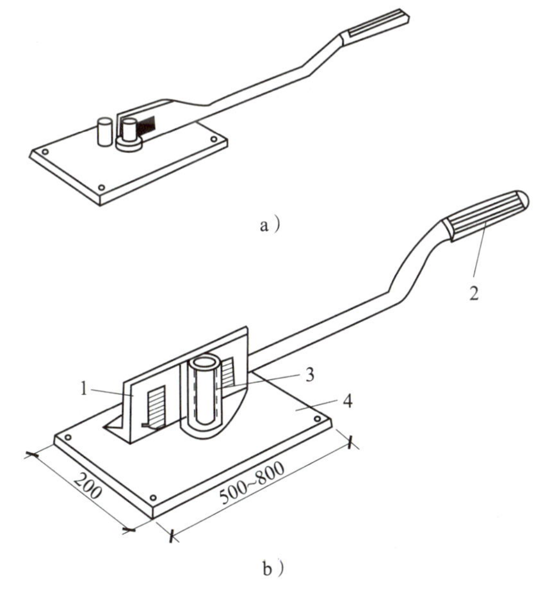

图 4–12 手摇扳手

a）用于弯曲单根钢筋的手摇扳手 b）用于弯曲多根钢筋的手摇扳手

1—挡板 2—扳手 3—扳柱 4—底盘

图 4–12a 是用于弯曲单根钢筋的手摇扳手，可以弯曲直径 12 mm 以下的钢筋；图 4–12b 是用于弯曲多根钢筋的手摇扳手，每次可弯曲 4 根直径 8 mm 的钢筋，尤其适用于弯制箍筋。

（3）卡盘

卡盘用来弯制粗钢筋，由底盘、钢套和扳柱组成，如图 4–13 所示。扳柱焊接在底盘上，底盘需固定在工作台上。

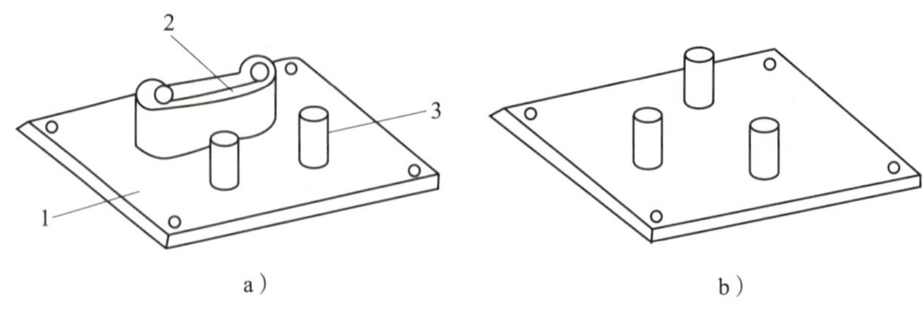

图 4–13　卡盘

a）四扳柱的卡盘　b）三扳柱的卡盘

1—底盘　2—钢套　3—扳柱

图 4–13a 为四扳柱的卡盘，扳柱水平净距约为 100 mm，垂直方向净距约为 34 mm，可弯曲直径为 32 mm 的钢筋。图 4–13b 为三扳柱的卡盘，扳柱的两斜边净距约为 100 mm，底边净距约为 80 mm。这种卡盘无须配钢套，扳柱的直径视所弯钢筋的粗细而定。一般直径为 20 ~ 25 mm 的钢筋可用厚 12 mm 的钢板制作底盘。

（4）钢筋扳手

钢筋扳手是弯制钢筋的工具，为使弯曲操作时省力，它主要与卡盘配合使用，分为横口扳手和顺口扳手两种，如图 4–14 所示。横口扳手又有平头和弯头之分，弯头横口扳手仅用于在绑扎钢筋时纠正钢筋位置。

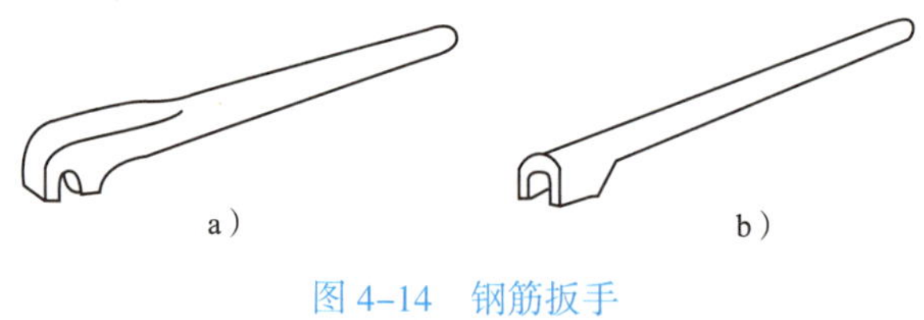

图 4–14　钢筋扳手

a）横口扳手　b）顺口扳手

钢筋扳手的扳口尺寸比弯制的钢筋直径大 2 mm 较为合适。弯曲钢筋时，应配有各种规格的扳手。

2. 机械弯曲设备和工具

钢筋弯曲机是利用工作盘旋转对钢筋进行弯曲的设备，其生产率高，质量易于保证。图 4–15 为钢筋弯曲机组成示例，其工作盘是一个用铸铁制成的圆盘，位于弯曲机工作台面上，圆盘上中心孔安插心轴，周围的 8 个孔可安插成型轴。在工作盘两侧各有一条带有孔眼的挡铁轴插入座。

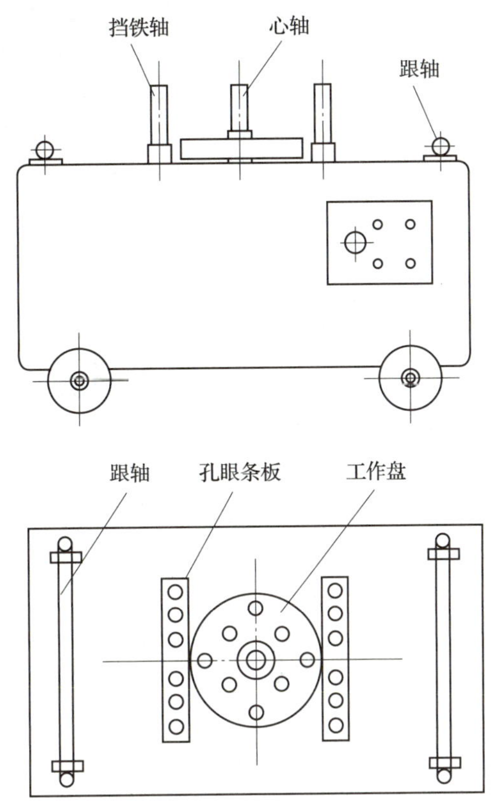

图 4–15　钢筋弯曲机组成示例

常用的钢筋弯曲机为 GW40 型，可弯曲钢筋最大公称直径为 40 mm。此外，还有 GW12、GW20、GW25、GW32、GW50、GW65 等型号，型号中的数字表示可弯曲钢筋的最大公称直径。几种常用钢筋弯曲机的主要技术性能见表 4–5。

表 4–5　几种常用钢筋弯曲机的主要技术性能

性能			型号		
名称		单位	GW40	GW40 A	GW50
可弯曲钢筋直径		mm	6 ~ 40	6 ~ 40	25 ~ 50
弯曲速度		r/min	5	9	10
电动机功率		kW	3	3	4
外形尺寸	长	mm	870	1 050	1 450
	宽	mm	760	760	800
	高	mm	710	828	760
整机质量		kg	400	450	580

各种钢筋弯曲机可弯曲钢筋直径是按抗拉强度为 450 MPa 的钢筋取值的，对于强度等级较高、直径较大的钢筋，如果用 GW40 型钢筋弯曲机不能胜任，可采用 GW50 型钢筋弯曲机。常见的钢筋弯曲机如图 4–16 所示。

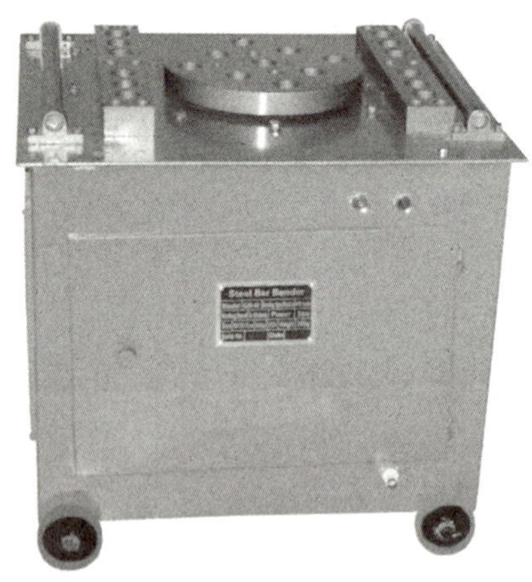
图 4–16　常见的钢筋弯曲机

二、钢筋弯曲成形操作过程

不管是人工弯曲还是机械弯曲，钢筋的弯曲成形一般要经过以下几个步骤。

1. 选择弯曲方法

熟悉被加工钢筋的规格、形状和各部分尺寸，以便于选定弯曲操作的方法。

2. 划线

划线即根据加工形状，在下好料的钢筋需要弯曲的位置上用石笔做出标记。划线时应注意以下问题：

（1）扣除弯曲调整值，将不同弯曲角度的弯折量度差（见表 4–6）从钢筋相邻两端长度各扣除一半。表中的弯折量度差为经验值，具体数值与被弯曲的钢筋直径以及弯心直径有关。

表 4–6　划线时需扣除的弯折量度差经验取值

弯曲角度	90°	60°	45°	30°
弯折量度差	$2d$	$0.75d$	$0.5d$	$0.25d$

注：d 为钢筋直径。

（2）钢筋端部带半圆弯钩时，该段长度应减少 d（d 为钢筋直径）。

（3）划线工作一般宜从钢筋中心线开始向两边进行，两边不对称时，也可以从钢筋一端开始划线，如果划到另一端有误差时，则应重新调整。

（4）当钢筋的形状较简单或同一形状的钢筋根数较多时，可在工作台上按各段尺寸要求固定若干标志，按照标志操作。

3. 试弯

钢筋划线后即可试弯一根，检查其形状、角度、弯起点位置和尺寸是否符合有关要求，如果不符合，应找出原因后重新划线再试弯。如此反复，直至钢筋符合要求。

4. 弯曲成形

钢筋试弯合格后，即可大批量弯曲成形。

三、钢筋弯曲成形操作方法

为了保证钢筋弯曲形状正确，弯曲弧准确，操作时扳手部分不碰扳柱，扳手与扳柱间应保持一定距离。扳手与扳柱之间的距离（扳距）见表 4–7。

表 4–7 扳手与扳柱之间的距离（扳距）

弯曲角度	45°	90°	135°	180°
扳距	（1.2～2）d	（2.5～3）d	（3～3.5）d	（3.5～4）d

注：d 为钢筋直径。

扳距、弯曲点线和扳柱的关系如图 4–17 所示。弯曲点线在扳柱钢筋上的位置为：弯曲角度为 90° 以内时，弯曲点线可与扳柱外缘持平；弯曲角度为 135°～180° 时，弯曲点线距扳柱边缘的距离约为 d（钢筋直径）。

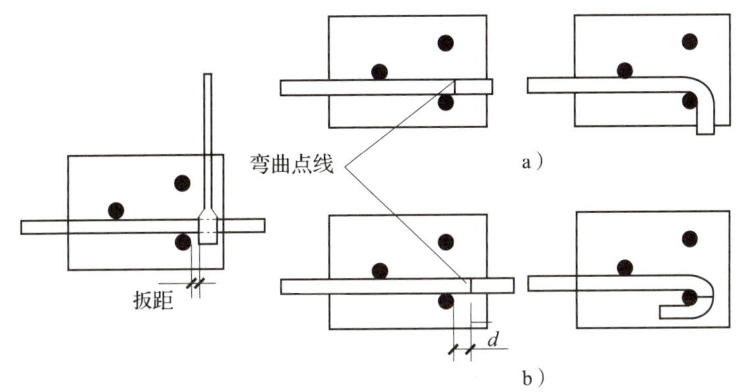

图 4–17 扳距、弯曲点线和扳柱的关系

不同钢筋的弯曲步骤如下：

1. 箍筋的弯曲成形

箍筋的弯曲成形步骤分为五步，如图 4–18 所示。在操作前，首先要在手摇扳手左侧的工作台上标出钢筋 1/2 长、箍筋长边内侧长和短边内侧长（也可以标长边外侧长和短边外侧长）三个标志。

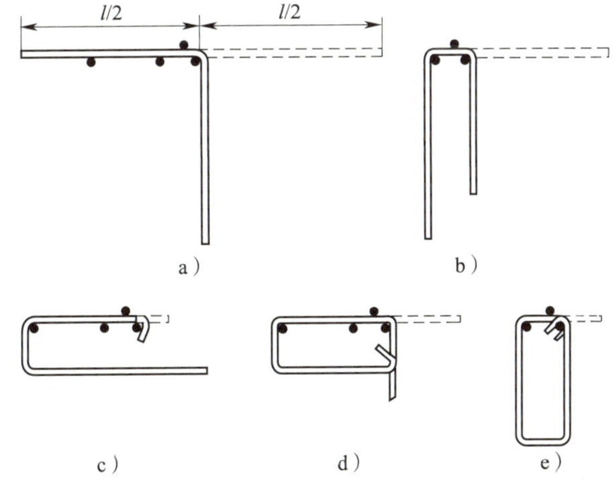

图 4–18 箍筋的弯曲成形步骤

a）在钢筋 1/2 长处弯折 90° b）弯短边 90°
c）弯长边 135° 弯钩 d）弯短边 90° e）弯短边 135° 弯钩

因为第三步、第五步的弯钩角度大，所以要比第二步、第四步操作时靠标志略松些，预留一些长度，以免箍筋不方正。

2. 弯起钢筋的弯曲成形

弯起钢筋的弯曲成形步骤如图 4–19 所示。一般弯起钢筋长度较大，故通常在工作台两端设置卡盘，分别在工作台两端同时完成成形工序。

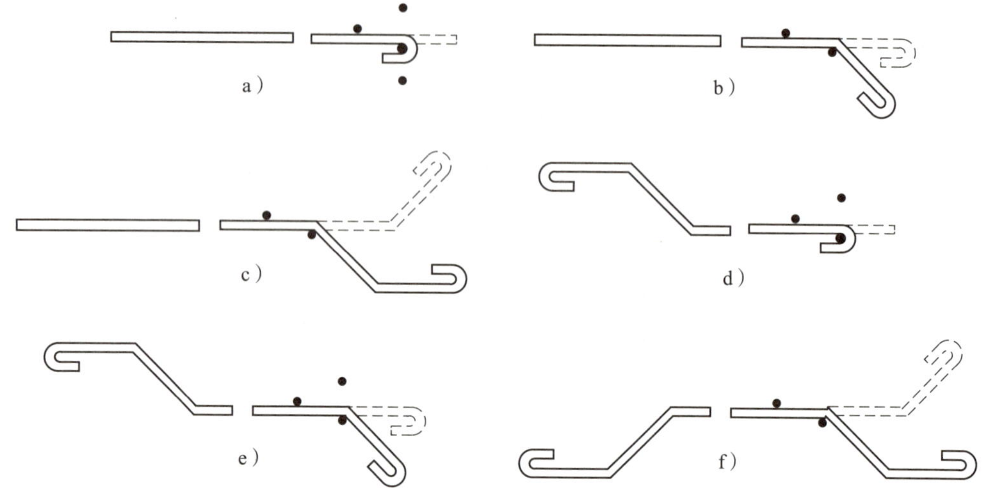

图 4–19　弯起钢筋的弯曲成形步骤

a）第一步　b）第二步　c）第三步　d）第四步　e）第五步　f）第六步

当钢筋的弯曲形状较复杂时，可预先放出实样，再用扒钉钉在工作台上，控制各个弯转角，如图 4–20 所示。首先在钢筋中段弯曲处钉两个扒钉，弯第一对 45° 弯；其次在钢筋上段弯曲处钉两个扒钉，弯第二对 45° 弯；再次在钢筋弯钩处钉两个扒钉，弯两对弯钩；最后起出扒钉。这种成形方法形状较准确，平面平整。

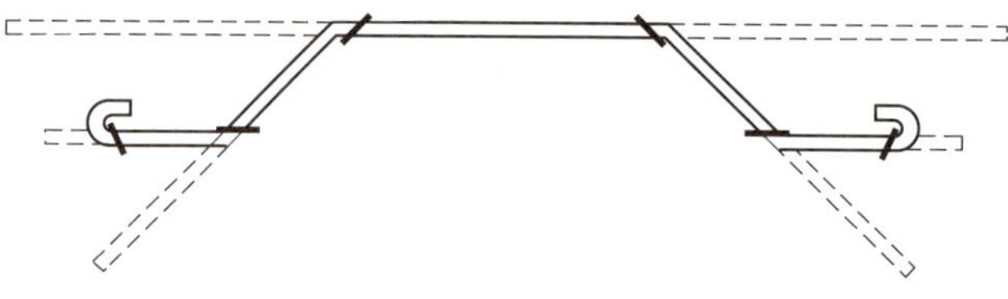

图 4–20　钢筋扒钉成形

各种不同钢筋弯折时，常将端部弯钩作为最后一个弯折程序，这样可以将配料弯折过程中的误差留在弯钩内，不致影响钢筋的整体质量。

四、钢筋弯曲操作要点

1. 人工弯曲操作要点

（1）弯制钢筋时，扳手一定要托平，不能上下摆动，以免弯制后的钢筋产生翘曲。

（2）注意放正弯曲点，搭好扳手，注意扳距，以保证弯制后的钢筋形状、尺寸准确。

起弯时用力要慢，防止扳手脱落。结束时要平稳，掌握好弯曲位置，防止弯过头或弯不到位。

（3）禁止在高空或脚手板上弯制粗钢筋，以免因弯制钢筋脱扳而造成坠落事故。

（4）在弯曲配筋密集的构件钢筋时，要严格控制钢筋各段尺寸及起弯角度，每种编号钢筋应试弯一个，安装合适后再成批生产。

2. 机械弯曲操作要点

（1）操作人员要进行岗前培训和安全教育，严格执行操作规程。

（2）开机前要对机械各部件进行全面检查以及试运转，并检查齿轮、轴套等配件是否齐全。

（3）熟悉倒顺开关的使用方法以及所控制的工作盘旋转方向，使钢筋的放置与成型轴、挡铁轴的位置相配合。

（4）操作钢筋弯曲机时，应先做试弯以摸索规律。

（5）在钢筋弯曲机上进行弯曲时，其形成的弯曲直径是借助于心轴直径实现的，因此要根据钢筋粗细和所要求的弯曲直径大小随时更换轴套。

（6）为适应钢筋直径和心轴直径的变化，应在成型轴上加一个偏心套，以调节心轴、钢筋和成型轴三者之间的间隙。

（7）不要在机械运转过程中更换心轴、成型轴、挡铁轴，或进行清扫、注油。

（8）较长的钢筋应有辅助人员扶持。辅助人员要听从指挥，不得任意推送钢筋。

第五节 钢筋加工设备维护

钢筋加工设备包括钢筋弯曲机、钢筋调直机、钢筋切断机和钢筋螺纹滚丝机等，可完成钢筋的弯曲、调直、切断和滚丝等加工工艺，在钢筋工程施工过程中起着重要作用。为了保障钢筋加工设备的安全、稳定运行，提高设备的生产能力和工作效率，保证钢筋加工的成品质量，要及时对设备进行保养与维护。

一、设备的清洁

1. 钢筋加工设备清理维护前，应确保先切断电源，避免错误操作造成人身伤害。

2. 每天工作结束后，要及时使用清洁工具清除钢筋加工设备切刀间、台面的铁屑等杂物，清理油污，整理施工现场。

3. 钢筋加工设备使用一段时间后，应清理设备内部的滑道、传动装置等部位，确保设备正常运行。

二、设备的润滑维护

1. 根据设备规定的润滑周期和润滑油类型，定期对设备进行润滑。

2. 每次润滑前，应对设备的润滑点进行检查，确保没有漏油或堵塞的情况。

3. 润滑时，应将润滑油均匀地涂抹在设备的润滑点上，确保润滑充分，防止设备部件因磨损而损坏，延长设备使用寿命。

4. 定期更换设备的润滑油，以保证润滑质量。如果设备使用过程中出现异响，应停机对设备进行检修。

三、电路系统检查维护

1. 施工现场钢筋加工设备用电应采取 TN-S（三相五线）接零保护系统，符合“三级配电二级保护”和“一机一闸、一漏一箱”的要求。

2. 钢筋加工设备电路系统应在每次使用前、后进行检查，主要的检查内容包括接线是否松动、是否存在破损或老化的电缆等情况，发现问题及时维修或更换。

3. 定期对电路系统进行清洁，防止灰尘或油污影响设备的正常使用。

四、机械部件维护

1. 定期检查钢筋加工设备内部的传动装置、轴承、齿轮等机械部件，如果存在磨损、松动或破损等现象，应及时进行维修或更换。

2. 钢筋加工设备使用前后，应检查切割刀具、磨削钻头等易磨损部件是否已达到更换标准，达到标准后应及时更换。

3. 如果钢筋加工设备在加工过程中出现蚀损、变形、断裂等情况，应及时切断电源进行维修或更换零部件。

五、安全装置维护

1. 操作钢筋除锈机前，应检查钢丝刷的固定螺栓有无松动，传动部分润滑是否完好，封闭式防护罩及排尘设备等是否完好。

2. 钢筋调直机安装必须平稳，受料架料槽应平直，对准导向筒、调直筒和下刀切孔的中心线。

3. 操作钢筋切断机前，必须检查刀口，确定安装正确，刀片无裂纹，刀架螺栓紧固，防护罩牢靠，然后用手扳动传动带轮，检查齿轮啮合间隙，调整刀刃间隙，空运转正常后再进行加工操作。

4. 钢筋弯曲机工作台和弯曲工作盘应保持水平，操作前检查心轴、成型轴、挡铁轴、可变挡架有无裂纹或损坏，经空运转确认正常后，方可作业。

技能训练 4　钢 筋 除 锈

一、训练目的

1. 熟悉钢筋的除锈方法及注意事项。

2. 掌握钢筋手工除锈及机械除锈的操作方法。

二、训练准备

1. 材料准备

光面圆钢筋、螺纹钢筋。

2. 机具准备

钢丝刷、砂箱、电动除锈机。

3. 场地准备

实训车间内或施工现场。

三、训练内容

两人一组，进行钢筋的手工除锈（钢丝刷除锈、砂箱除锈）及机械除锈。

1. 手工除锈

（1）钢丝刷除锈

用钢丝刷在钢筋表面往复擦动，以达到除锈的目的。

（2）砂箱除锈

用砂箱中的砂子摩擦钢筋表面，以达到除锈的目的。

2. 机械除锈

用小功率电动机带动圆盘钢丝刷，通过圆盘钢丝刷高速转动清除钢筋表面的铁锈。

3. 注意事项

（1）使用砂箱除锈时，两手应注意配合，用力要均匀。

（2）除锈时，注意保持钢筋平直，不要使钢筋弯曲变形。

（3）使用除锈机除锈时，严禁在除锈机正前方站立。钢筋较长时，应两人操作，并应注意配合。两端有弯钩的钢筋不得使用除锈机除锈。

四、评分标准

钢筋除锈评分标准见表 4–8。

表 4–8　钢筋除锈评分标准

项次	项目	检查方法	评分标准	应得分	实得分
1	手工除锈	目测	视除锈效果酌情扣分	40	
2	机械除锈	目测	视除锈效果酌情扣分	40	
3	安全操作	目测	有事故此项无分，有事故苗头扣 1 ~ 9 分	10	
4	文明施工	目测	做不到活完料清扣 1 ~ 5 分	5	
5	综合印象	目测	—	5	

技能训练5　钢 筋 调 直

一、训练目的

1. 了解钢筋调直机的机械性能及工作原理，并掌握其操作方法。
2. 熟悉钢筋调直机的维修、保养方法，掌握安全操作规程。

二、训练准备

1. 材料准备

Φ10 mm 以下的盘圆钢筋若干及部分弯曲变形的粗钢筋。

2. 机具准备

钢筋调直机、小锤、大锤、卷扬机、长盘、横口扳手、放圈架、地锚、夹具等。

3. 场地准备

实训车间内或施工现场。

三、训练内容

本技能训练要对粗钢筋进行人工调直，对盘圆钢筋进行机械调直，并利用卷扬机进行钢筋调直。

1. 粗钢筋的人工调直

粗钢筋的人工调直首先将弯曲部位放置在卡盘的扳柱间，然后用横口扳手用力将钢筋弯曲处基本扳直，最后将基本扳直的钢筋放在工作台上，用大锤将其拍平。

2. 盘圆钢筋的机械调直

细钢筋常用钢筋调直机进行调直，它能同时完成钢筋的调直、除锈、定尺切断三项工作。

实训前，首先应熟记并掌握所用调直机械的原理、组成、各部分的作用及操作规程，然后进行机械试调。钢筋调直机的关键部位是调直筒。按调直盘圆钢筋的方案安装调直筒和调直模。安装调直模时，其喇叭口应全部向调直筒进口一端，并且两个调直模一定要在调直筒前后孔的轴线上。合理确定调直模的偏移量，一般偏移量在 7 ~ 10 mm。如果发现钢筋不直，先检查前后两个调直模安装是否符合要求，然后再通过调整偏移量进行检查，直到钢筋能调直为止。

其次，钢筋调直机在使用过程中，还要合理地确定压辊模宽。一般钢筋穿入压辊之后，应保证上下压辊间有 3 mm 以下的间隙。

最后，还要合理地确定钢筋的牵引力，牵引力的大小决定于压辊间的压紧程度，而压紧程度由经验调整确定。一般以钢筋能顺利地被牵引前进，看不出钢筋有明显转动，且在钢筋切断时钢筋和压辊间能发生打滑为宜。

整个实训过程中，实训人员不能在机器转动过程中离岗。如果有盘圆钢筋出现脱

架时，应立即停车；如果钢筋调得不直，进入料槽后被卡住，应立即停车。在机械运转过程中不要随意抬起传送压辊，以免出现钢筋在调直筒内被绞断而损坏机械的现象。另外，机械的各转动部位要加润滑油，及时检查调直模、压辊等部件，做好机械保养工作。已调好的钢筋必须按规格、根数分成小捆堆放整齐，不要乱丢。地面上散乱的钢筋要随时清理，以防绊倒伤人。

需要注意的是，每盘钢筋末尾约剩余 80 cm 时要暂时停车，用长 1 m的钢套筒套在钢筋末端，手持钢套筒顶紧调直筒前端的导孔，再开车让钢筋通过调直筒，这样可以避免钢筋末端甩弯、伤人。

3. 卷扬机调直钢筋

冷拉前先检查地锚是否牢固，各部分装置是否正常。冷拉两端应有防护装置。若在冷拉调直过程中发现钢筋有局部颈缩现象，应立即停止作业，以免钢筋拉断后反弹伤人。操作人员在作业时须距离钢筋 2 m以上。

4. 注意事项

（1）钢筋调直时，人员要远离，以免钢筋突然拉断伤人。

（2）实训人员必须佩戴防护眼镜、手套。

（3）机械在运转过程中，不要随意在设备上放置工具，或清理设备上的物品。

（4）应设好防护罩和挡板，作业中严禁打开防护罩及调整间隙。

（5）不要跨越正在冷拉调直的钢筋。

（6）作业后清理场地，切断电源，锁好电气柜。

四、评分标准

钢筋调直评分标准见表 4–9。

表 4–9　钢筋调直评分标准

项次	项目	检查方法	评分标准	应得分	实得分
1	训练准备	目测	准备内容缺 1 项扣 2 分，扣完为止	10	
2	操作姿势	目测	不规范扣 2 ~ 8 分	10	
3	操作程序	目测	不正确扣 2 ~ 8 分	10	
4	熟练程度	目测	酌情扣分	10	
5	安全操作	目测	酌情扣分	10	
6	文明施工	目测	酌情扣分	10	
7	是否按时完成	目测	每超过 10 min 扣 4 分，扣完为止	10	
8	处理随机事件能力	目测	酌情扣分	10	
9	产品是否合格	目测	少弯 1 处扣 5 分，外观不合格扣 4 ~ 10 分，扣完为止	20	

注：钢筋应平直，外观不得有不合格情况。

技能训练 6　钢 筋 切 断

一、训练目的

1. 了解常用钢筋切断机械，并掌握操作方法。
2. 熟悉钢筋切断的操作规程及安全措施。

二、训练准备

1. 材料准备

盘圆钢筋（ϕ10 mm 以下）、钢丝、部分粗钢筋（ϕ20 mm 以下）。

2. 机具准备

断线钳、手压切断机、电动钢筋切断机、钢卷尺。

3. 场地准备

实训车间内或施工现场。

三、训练内容

钢筋切断是钢筋加工的一道重要程序，切断准确与否直接影响钢筋的下料长度，必须认真对待。

1. 用断线钳剪断 ϕ4 mm 钢丝

断线钳又称剪线钳，有 450 mm、600 mm、750 mm、900 mm、1 050 mm 五种规格，常用规格为 600 mm，用于剪断 ϕ6 mm 以下钢丝。

2. 用手压切断机切断钢筋

手压切断机是目前工地上常用的一种手动切断工具。可切断 ϕ16 mm 以下的 HPB300 钢筋。操作时根据切断钢筋的直径调整手柄的长度。

3. 用电动切断机切断钢筋

目前广泛采用的钢筋切断机为电动切断机，主要有 GJ5–40 型和 QJ40–1 型两种，可切断 ϕ40 mm 以下的钢筋，切断频率为 32 次 /min。

机械切断的操作要领如下：

（1）机器使用前，首先检查刀口安装是否正确、牢固，润滑油是否充足，待空运转正常后再正常使用。

（2）在操作过程中，严禁用手直接清除切刀附近的断头和杂物。非操作人员不得在钢筋摆动周围和切刀附近停留。

（3）机械未达到正常转速时不得切料。切料时必须使用切刀的中下部位，要紧握钢筋对准刃口迅速送入，活动刀片向后退时送料。切断细钢筋时，要将钢筋摆直，注意不要形成弧线。

（4）切断料时，手和切刀之间的距离应保持在 150 mm 以上。手握端小于 400 mm

时，应用套管或夹具将钢筋短头压住或夹牢。

（5）操作中若机械运转不正常，如有异声、切刀歪斜等情况，应立即停机检修。

（6）禁止切断超过力学性能规定范围的钢材，如型钢等。超过刀片硬度或烧红的钢筋也不可用该机械切断。

（7）在切断配料过程中，如果发现钢筋有劈裂缩头或严重的弯头等情况，必须切除。

4. 注意事项

（1）钢筋切断前应反复校核下料尺寸是否正确，划线要清晰。

（2）手工切断时，若采用长盘作为控制切断尺寸的标准而大量切断钢筋，应经常检查断料尺寸是否正确，避免刀口和长盘间距发生变化，导致下料尺寸错误。

（3）操作中要注意安全，防止发生事故。作业后，用钢刷清除切刀间的杂物，进行整机养护。

（4）批量切断钢筋时，应先切断长料，后切断短料，做好长短搭配。

四、评分标准

钢筋切断评分标准见表 4–10。

表 4–10　钢筋切断评分标准

项次	项目	检查方法	评分标准	应得分	实得分
1	尺寸准确	尺量	根据钢筋用途确定允许偏差，并符合相关验收标准	30	
2	断口平整	目测	断口不得有马蹄形和弯曲现象	30	
3	操作规范	目测	酌情扣分	10	
4	安全操作	目测	酌情扣分	10	
5	现场清理	目测	酌情扣分	10	
6	操作规范	目测	每超过 10 min 扣 5 分，扣完为止	10	

技能训练 7　钢筋弯曲

一、训练目的

1. 掌握钢筋的手工和机械弯曲方法，了解钢筋弯曲设备的性能和操作技能。
2. 熟悉常用钢筋设备的维修及安全操作规程。

二、训练准备

1. 材料准备

部分需弯曲的钢筋。

2. 机具准备

工作台、手摇扳手、扳柱、钢筋扳手、钢卷尺、90°角尺、锤子、钢筋弯曲机。

3. 场地准备

实训车间内或施工现场。

三、训练内容

对图 4–21 和图 4–22 所示的钢筋进行手工弯曲或机械弯曲操作（钢筋规格根据具体情况自行选定）。

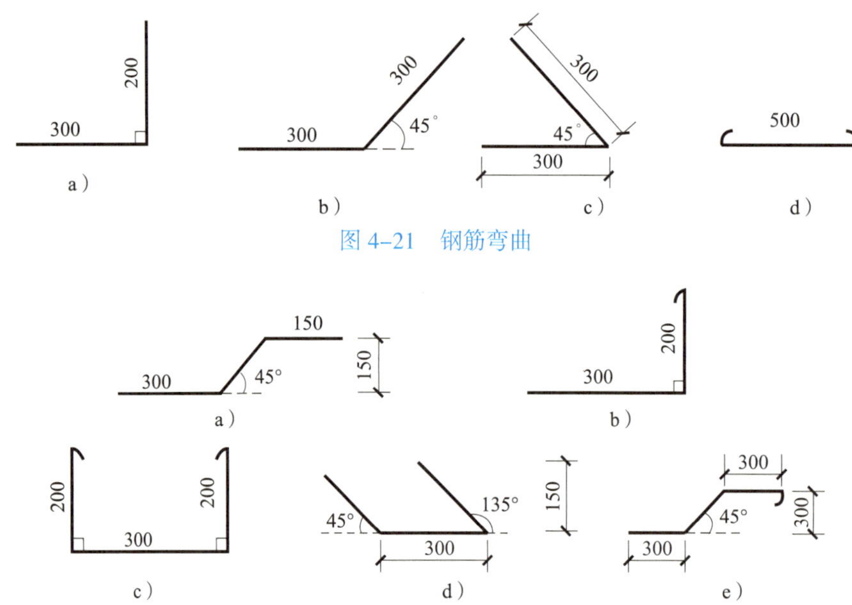

图 4–21　钢筋弯曲

图 4–22　钢筋组合角度弯曲

1. 手工弯曲

手工弯曲是工地上常采用的一种钢筋弯曲方法，具有设备简单、成形好等优点。手工弯曲的操作方法如下：

（1）选择弯曲方法

在弯曲钢筋前，应熟悉所加工钢筋的规格、形状和各部分尺寸，确定合理的弯曲操作步骤，准备必要的工具。特别是对于一些粗长钢筋，要确定合理的弯曲顺序，避免在弯曲时将钢筋反复掉转，影响弯曲效果。

（2）划线

弯曲粗钢筋及形状较复杂的钢筋时，必须将钢筋的各段长度尺寸划在钢筋上。划线时应根据不同的弯曲角度扣除弯曲调整值（划弯曲钢筋分段尺寸时，应在与弯曲操

作方向相反的一侧长度内扣除，划上分段尺寸线），即得弯曲点线，根据弯曲点线并按规定方向将钢筋弯曲。下面介绍弯起钢筋的划线方法：

如图 4–23 所示，在 ⌀20 mm 钢筋的中心划第一道线。取钢筋中段长度即 3 500 mm 的一半减去 0.5d（1 750–0.5d=1 740 mm，d 为钢筋直径）处划第二道线。取斜段长 566 mm 减去 0.5d 处（566–0.5d=556 mm）划第三道线。取直段长 900 mm 减去 d 处（900–d=880 mm）划第四道线。

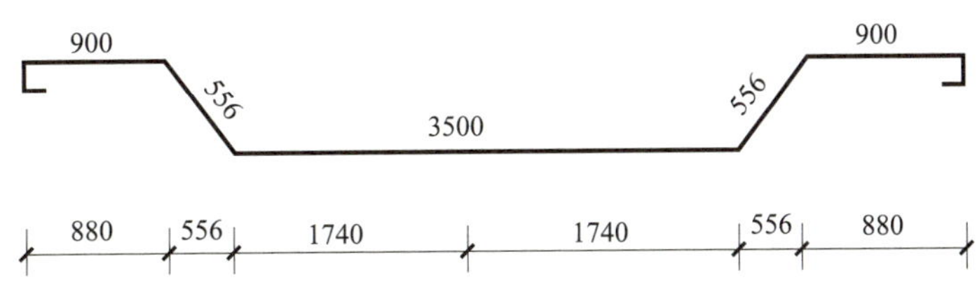

图 4–23　弯起钢筋划线方法

弯曲细钢筋时可不划线，在工作台上按各段要求钉上若干标志进行操作，这种做法的优点是效率高、弯曲形状准确。

（3）试弯

在进行成批量钢筋弯曲前，先将各种钢筋试弯一根，检查是否满足要求，经过必要的调整后，再进行成批量弯曲。

（4）弯曲成形

调整好合理的扳距（见表 4–7），确定好弯曲点线与扳柱的关系（见图 4–24）。弯 90° 以内时，弯曲点线可与扳柱外边缘平齐；弯 135° ~ 180° 时，弯曲点线距扳柱外边缘约一个钢筋直径的距离为宜。

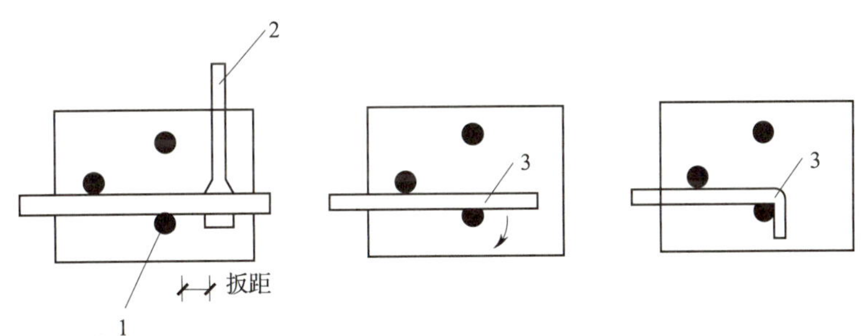

图 4–24　扳距、弯曲点线与扳柱的关系

1—扳柱　2—扳手　3—弯曲点线

2. 机械弯曲

目前最常使用的是钢筋弯曲机，而弯箍机也逐步被采用。钢筋弯曲机主要用于弯曲粗钢筋，弯箍机主要用于弯制细钢筋。

钢筋弯曲机弯曲钢筋与手工弯曲钢筋的操作顺序和方法基本相同。钢筋弯曲成形后，应符合以下质量要求。

（1）形状正确，平面上不翘曲，没有不平现象。

（2）钢筋末端弯钩的净空直径不小于钢筋直径的 2.5 倍。

（3）钢筋弯曲点处不得有裂缝。

（4）钢筋弯曲成形后各部分尺寸对设计尺寸的允许偏差应符合下列规定：

全长	± 10 mm
弯曲钢筋起弯点位移	± 20 mm
箍筋边长	± 5 mm
弯起钢筋的弯起高度	± 5 mm

3. 注意事项

（1）手工弯曲时工作台要稳固牢靠，避免在操作时发生摇晃。

（2）搭好扳手并注意扳距。弯曲点要放准，以保证弯曲后钢筋的形状、尺寸准确；扳口卡牢钢筋，刚起弯时用力要慢，防止扳手扳脱。结束时要稳，要掌握好弯曲位置，以免弯过头或没有弯到所要求的角度。

（3）钢筋弯曲成形时，一般把末端的弯钩作为最后一个弯曲程序（可将配料、断料中的某些误差留在弯钩内），不至于影响成形钢筋的外形尺寸。

（4）手工弯曲钢筋时，钢筋必须放平，扳手要托平，用力要均匀，不要上下摆动，以免钢筋弯起后不在同一平面上，发生翘曲。

（5）机械弯曲时，应检查心轴、挡块、转盘有无损坏和裂纹，防护罩是否紧固可靠，经空运转确认正常后方可作业。

（6）作业时将钢筋需弯的一端插在转盘固定销间隙内，另一端紧靠机身固定销，并用手压紧，检查机身固定销确实安在挡住钢筋的一侧，方可开动。

（7）作业中严禁更换心轴、销子和变换角度及调速等，也不得在工作过程中加润滑油或清扫。

（8）弯曲好的半成品应堆放整齐，弯钩不得朝上。

四、训练作业与评分标准

钢筋弯曲评分标准见表 4–11。

表 4–11　　钢筋弯曲评分标准

项次	项目	检查方法	分值	实得分
1	钢筋在同一平面内	目测	20	
2	钢筋弯曲点处无裂缝	目测	20	
3	各段尺寸符合要求	尺量	20	
4	各角度符合要求	角尺测	20	
5	操作安全、规范	目测	10	
6	综合印象	目测	10	

1. 钢筋除锈的目的是什么？方法有哪些？
2. 钢筋机械调直的操作要点有哪些？
3. 钢筋机械切断的注意事项有哪些？
4. 钢筋弯曲成形的操作方法是怎样的？

第五章 钢筋连接

钢筋作为一种重要的建筑材料，会受到运输工具长度的限制。当直径不超过12 mm时，钢筋一般以圆盘形式供货；当直径大于12 mm时，钢筋一般以直条形式供货。直条长度一般为6～12 m，由此带来了混凝土结构施工中不可避免的钢筋连接问题。目前钢筋的连接方法有绑扎连接、焊接连接、机械连接和套筒灌浆连接。绑扎连接和焊接连接是传统的钢筋连接方法。与绑扎连接相比，焊接连接可节约钢材、改善结构受力性能、提高工效、降低成本。机械连接具有连接可靠、作业不受气候影响、连接速度快等优点，目前已广泛应用于粗钢筋的连接。套筒灌浆连接是一种在装配式结构中使用的钢筋连接技术，主要用于预制构件的现场连接安装。

第一节 钢筋绑扎连接

一、绑扎连接方法

绑扎连接是钢筋连接的主要方法，分预先绑扎和现场模内绑扎两种。其基本做法是，先将钢筋按规定长度搭接，再用铁丝将交叉点绑牢。

钢筋的绑扎与安装是钢筋施工的最后工序，一般采用预先将钢筋在加工车间弯曲成形，再到模内组合绑扎的方法。如果现场的起重安装能力较强，也可以采用预先绑扎的方法将单根钢筋组合成钢筋网片或钢筋骨架，然后到现场吊装。

二、规范要求

1. 钢筋绑扎接头位置的要求以及钢筋位置的允许偏差应符合国家标准《混凝土结构工程施工质量验收规范》（GB 50204—2015）的规定。

2. 绑扎钢筋接头时，一定保证接头扎牢，然后再与其他钢筋绑扎，绑扎时应注意保证主筋的混凝土保护层厚度，并保证绑扎的钢筋网片或钢筋骨架不发生变形或松脱现象。

3. 绑扎钢筋的铁丝头应朝内，不能侵入混凝土保护层厚度内。

4. 下列情况不得采用绑扎连接：

（1）轴心受拉和小偏心受拉杆件的纵向受力钢筋接头应采用焊接，不得采用绑扎连接。

（2）普通钢筋混凝土结构中直径大于 25 mm 的受拉钢筋和直径大于 28 mm 的受压钢筋均应采用焊接或机械连接，不得采用绑扎连接。

5. 当纵向受力钢筋采用绑扎连接时，应符合下列规定：

（1）接头的横向净间距不应小于钢筋直径，且不应小于 25 mm。

（2）同一连接区段内，梁类、板类及墙类构件纵向钢筋接头面积百分率不宜超过 25%，柱类构件纵向钢筋接头面积百分率不宜超过 50%。

第二节 钢筋焊接连接

钢筋的焊接质量与钢材的焊接性、焊接工艺有关。钢材焊接性的好坏受钢材所含化学元素种类及含量影响很大。钢材中含碳、锰量增加则焊接性变差，含适量的钛可改善焊接性。焊接连接是传统钢筋连接方法，是一项专门技术，要求对焊工进行专门培训，持证上岗。焊接施工会受气候、电流稳定性的影响，因此焊接接头质量不如机械连接可靠。

钢筋焊接连接的常用方法有电弧焊、闪光对焊、电阻点焊和电渣压力焊。

一、电弧焊

电弧焊利用弧焊机使焊条与焊件之间产生高温电弧，熔化焊条和焊件，待其凝固后形成焊接接头，如图 5-1 所示。其应用较广，如整体式钢筋混凝土结构中钢筋的接长、装配式钢筋接头与钢筋骨架焊接，以及钢筋与钢板的焊接等。电弧焊的现场操作如图 5-2 所示。

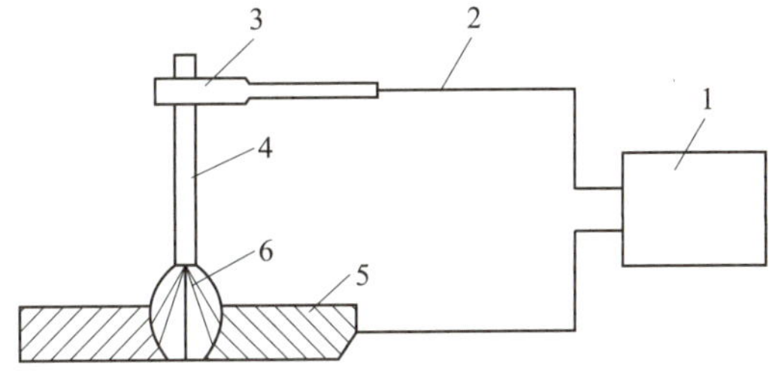

图 5-1 电弧焊

1—电源 2—导线 3—焊钳 4—焊条 5—焊件 6—电弧

电弧焊所使用的弧焊机有直流与交流之分，常用的交流弧焊机有 BX-300、BX-500 等型号，直流电弧焊机有 AX-300、AX-500 等型号。电弧焊所用焊条的直径为 ϕ1.6 ~ ϕ5.8 mm，长度为 215 ~ 400 mm。

电弧焊的接头形式有搭接接头（见图 5-3）、帮条接头（见图 5-4）、坡口接头（见图 5-5）等。

图 5-2 电弧焊的现场操作

搭接接头适用于直径 10 ~ 40 mm 的 HPB300 钢筋连接。帮条接头适用于直径 10 ~ 40 mm 的 HPB300、HRB400、HRB500 和 HRB600 钢筋连接。帮条钢筋宜与被连接

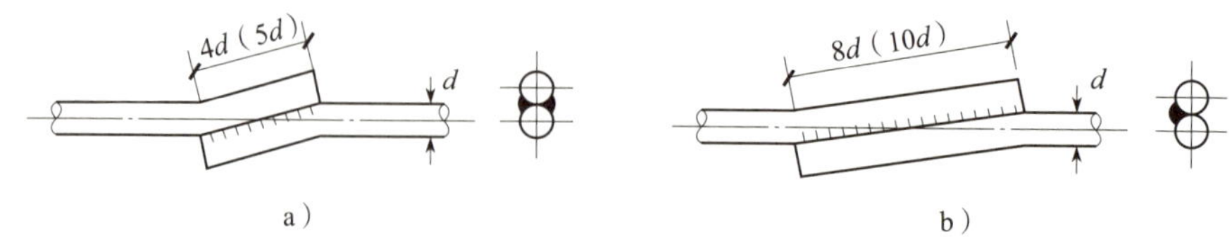

图 5-3 搭接接头

a）双面焊缝 b）单面焊缝

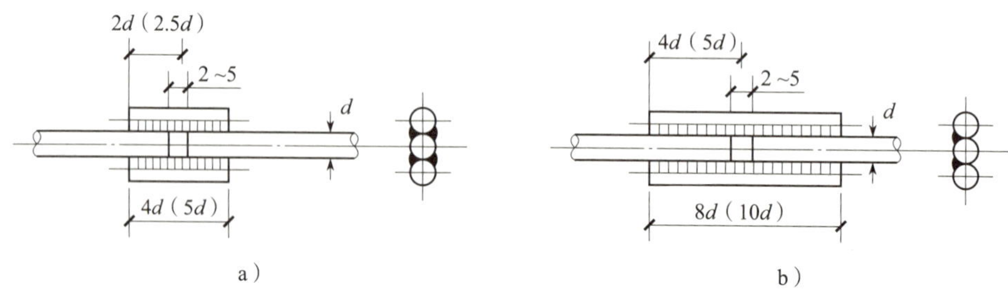

图 5-4 帮条接头

a）双面焊缝 b）单面焊缝

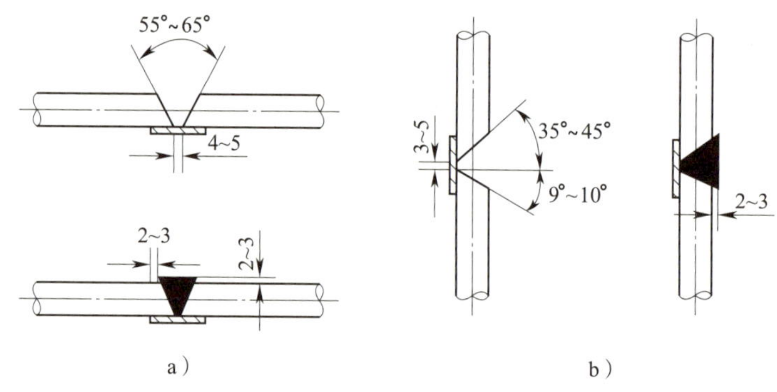

图 5-5 坡口接头

a）坡口平焊 b）坡口立焊

主筋同级别、同直径。坡口接头适用于直径 10～40 mm 的 HPB300、HRB400、HRB500 和 HRB600 钢筋连接，有平焊和立焊两种。与搭接接头和帮条接头相比，坡口接头较节约钢材。

钢筋与预埋件接头可分为对接接头和搭接接头两种。对接接头的连接方式又分为角焊和穿孔塞焊，如图 5-6 所示。当钢筋直径为 10～25 mm 时，宜采用角焊；当钢筋直径为 20～40 mm 时，宜采用穿孔塞焊。角焊缝焊脚 K 不小于 $0.5d$（HPB300 钢筋）或 $0.6d$（HPB300 以上钢筋）。

电弧焊接头的质量检验主要是外观检查，外观检查时要逐个进行目测或量测，其要求是：焊缝要平顺，不得有裂纹；没有明显的咬边、凹陷、焊瘤、夹渣及气孔；用小锤敲击焊缝时，应发出与其本身金属同样的清脆声。外观检查不合格的接头，经修整或补强后，可提交二次验收。

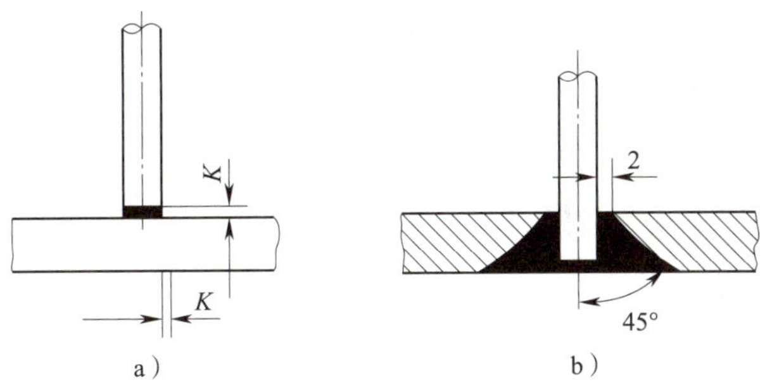

图 5-6 对接接头的连接方式

a）角焊 b）穿孔塞焊

二、闪光对焊

闪光对焊利用对焊机使两段钢筋接触，通过低电压、强电流把电能转化为热能，待钢筋加热到一定温度后，再施以轴向压力顶锻，使两根钢筋焊合在一起，如图 5-7 所示。闪光对焊分为连续闪光对焊、预热闪光对焊、闪光—预热—闪光对焊三种工艺，可根据钢筋品种、直径和所用焊机功率等选用。闪光对焊的现场操作如图 5-8 所示。

连续闪光对焊的工艺过程包括连续闪光和顶锻过程，即先将钢筋夹在焊机电极钳口上（钢筋与电极接触处应清除锈污，电极内应通循环冷却水），然后闭合电源，使两端钢筋轻微接触，由于钢筋端部凹凸不平，开始仅有一点或数点接触，接触面很小，故电流强度和接触电阻很大，接触点很快熔化，形成金属过梁。金属过梁进一步加热，产生金属蒸气，飞溅形成闪光现象。而后再徐徐移动钢筋，保持接头轻微接触，形成连续闪光过程，接头也同时被加热。直至接头端面烧平、杂质去除、接头熔化后，随

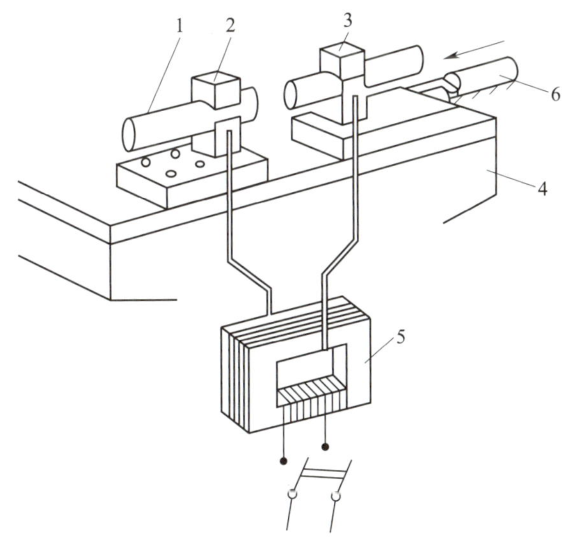

图 5-7 闪光对焊

1—钢筋 2—固定电极 3—可动电极 4—机座 5—变压器 6—加压机构

图 5-8　闪光对焊的现场操作

即施加适当的轴向压力迅速顶锻，先带电顶锻，随之断电顶锻到一定长度，使两根钢筋对焊成为一体。焊接过程中，由于闪光的作用，空气不能进入接头处；同时又去除了接口中原有的杂质和氧化膜，通过挤压，把已熔化的氧化物全部挤出，因而接头质量得到保证。连续闪光焊一般用于焊接直径在 22 mm 以内的 HPB300、HRB400 钢筋，以及直径在 16 mm 以内的 HRB500 钢筋。不同直径的钢筋焊接时截面积比不宜超过 1.5。

预热闪光对焊是在连续闪光对焊之前，增加一次预热过程，方法是在闭合电源后使两钢筋端面交替地接触和分开，这时在钢筋端面的间隙中即发出断续的闪光而形成预热过程。预热闪光对焊适用于焊接直径 16 ~ 32 mm 的 HRB400 钢筋，以及直径 12 ~ 28 mm 的 HRB500 钢筋，特别适用于直径 25 mm 以上且端面较平整的钢筋。

闪光—预热—闪光对焊即在预热闪光焊前再增加一次闪光过程，使钢筋预热均匀。闪光—预热—闪光对焊适于焊接直径大于 25 mm 且端面不平整的钢筋，是闪光对焊中最常用的一种方法。

对钢筋闪光对焊接头进行外观检查时，每批抽查 10% 的接头，并不得少于 10 个。闪光对焊接头处不得有横向裂纹；与电极接触处的钢筋表面，HPB300、HRB400 钢筋不得有明显的烧伤，HRB500 钢筋不得有烧伤；低温对焊时，HRB400、HRB500 钢筋均不得有烧伤：接头处的弯折不得大于 4°；接头处的钢筋轴线偏移量不得大于 0.1 倍钢筋直径，且不得大于 2 mm。当有一个接头外观质量不符合要求时，应对全部接头进行检查，剔除不合格品。不合格接头经切除重焊后，可提交二次验收。

钢筋闪光对焊接头的力学性能试验包括拉伸试验和弯曲试验。应从每批成品中切取 6 个试件，3 个进行拉伸试验，3 个进行弯曲试验。进行拉伸试验时，要求 3 个热轧钢筋接头试件的抗拉强度均不得小于该级别钢筋规定的抗拉强度标准值；RRB400 钢筋接头试件的抗拉强度不得小于 570 MPa。进行弯曲试验时，应将受压面的金属毛刺和

微凸起部分去掉，与母材的外表面齐平。弯曲试验可在万能材料试验机或其他弯曲机上进行，焊缝应处于弯曲的中心点，钢筋闪光对焊接头弯曲试验参数见表 5–1。弯曲至 90° 时，接头外侧不得出现宽度大于 0.15 mm 的横向裂纹。

表 5–1　　钢筋闪光对焊接头弯曲试验参数

钢筋级别	弯心直径	弯曲角
HPB300	$2d$	90°
HRB400	$5d$	90°
HRB500	$7d$	90°

注：1. d 为钢筋直径。

2. 直径大于 28 mm 的钢筋对焊接头，做弯曲试验时弯心直径应增加一个钢筋直径，弯曲试验结果如果有两个试件未达到上述要求，应取双倍数量的试件进行复验，复验结果若有 3 个试件不符合要求，该批接头即为不合格品。

闪光对焊具有成本低、质量好、工效高、适用于各种钢筋的特点，因而得到普遍的应用。

三、电阻点焊

电阻点焊就是将已除锈的钢筋交叉点放在点焊机的两电极间，钢筋通电发热至一定温度后，加压使焊点金属焊合的一种焊接方法，如图 5–9 所示。电阻点焊适用于直径 6 ~ 14 mm 的 HPB300 钢筋及冷拔低碳钢丝的焊接。不同直径钢筋点焊时，如果小钢筋直径小于 10 mm，大小钢筋直径之比不宜大于 3；如果小钢筋直径为 10 ~ 14 mm，大小钢筋直径之比不宜大于 2。

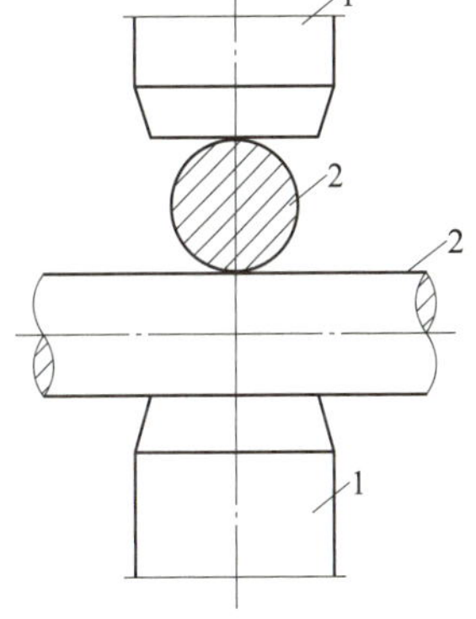

图 5–9　电阻点焊

1—电极　2—钢筋

在各种预制构件中，利用点焊机进行钢筋点焊，使若干单根钢筋成形为各种网片、骨架，代替人工绑扎，是实现生产机械化、提高工效、节约劳动力和材料（因钢筋端部无须弯钩）、保证质量、降低成本的一种有效措施。而且，采用焊接骨架和焊接网，可使钢筋在混凝土中更好地锚固，从而提高构件的刚度和抗裂性。因此，钢筋网片成形应优先采用电阻点焊。

四、电渣压力焊

电渣压力焊利用电流通过渣池产生的电阻热将钢筋端部熔化，然后施加压力使钢筋焊合，主要用于现浇结构中直径差在 9 mm 以内、直径为 14 ~ 40 mm 的 HPB300、HRB400 级竖向或斜向（倾斜度在 4 : 1 内）钢筋的接长。这种焊接方法操作简单、工作条件好、工效高、成本低，比电弧焊接节电 80% 以上，比绑扎连接和帮条焊接节约钢筋约 30% 且提高工效 6～10 倍。电动凸轮式钢筋自动电渣压力焊如图 5-10 所示。

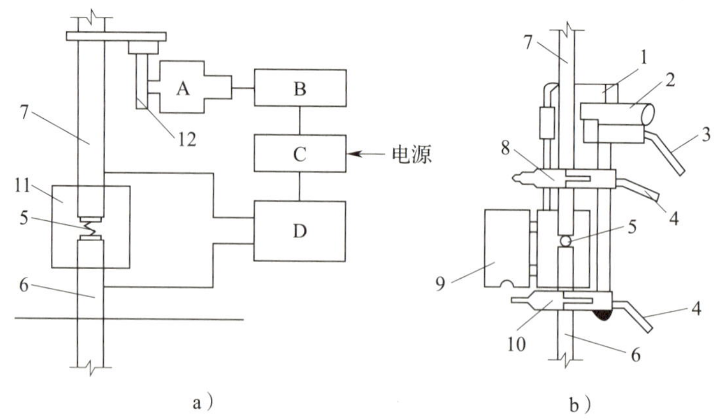

图 5-10　电动凸轮式钢筋自动电渣压力焊

a）焊接原理　b）机头

1—把子　2—电动机传动部分　3—电源线　4—焊把线　5—铁丝圈　6—下钢筋　7—上钢筋　8—上夹头　9—焊剂盒　10—下夹头　11—焊剂　12—凸轮　A—电动机与减速箱　B—操作箱　C—控制箱　D—焊接变压器

电渣压力焊是目前工程中竖向或斜向钢筋接长应用最广泛的连接方法之一。但它不宜用于 RRB400 钢筋的连接；在供电条件差、电压不稳、雨季或防火要求高的场合应慎用。

钢筋电渣压力焊工艺过程包括引弧、造渣、电渣和挤压（见图 5-11）。

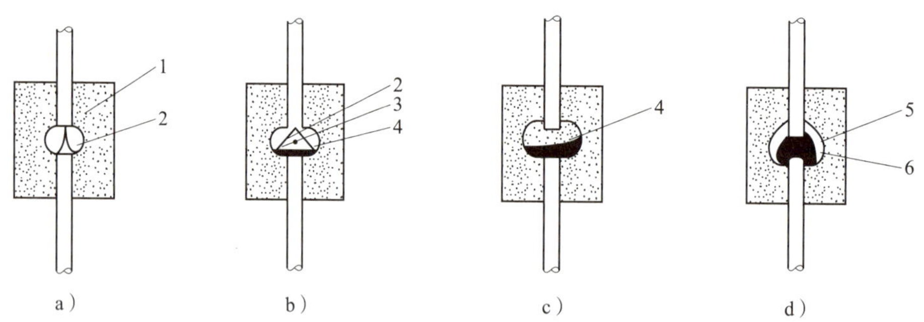

图 5-11　钢筋电渣压力焊工艺过程

a）引弧过程　b）造渣过程　c）电渣过程　d）挤压过程

1—焊剂　2—电弧　3—渣池　4—熔池　5—渣壳　6—熔化的钢筋

引弧过程是在通电后迅速将上钢筋提起，使两端头之间的距离为 2～4 mm，以完成引弧。造渣过程是靠电弧的高温作用，将钢筋端头的凸出部分不断熔化，同时将接口周围的焊剂充分熔化，形成一定深度的渣池。电渣过程是在渣池形成一定深度后，将上钢筋缓缓插入渣池中，由于电流直接通过渣池，产生大量的电阻热，使渣池温度升到近 2 000℃，将钢筋端头迅速而均匀地熔化。熔化后的上钢筋端面呈微凸形，并在

钢筋的端面上形成一个由液态向固态转化的过渡薄层。电渣压力焊的接头是利用过渡层使钢筋端部的分子与原子产生巨大的接合力完成的。挤压过程是在停止供电的瞬间对钢筋施加挤压力，把焊口部分熔化的金属、熔渣及氧化物等杂质全部挤出接合面。

钢筋电渣压力焊接头外观应逐个进行检查，并应符合下列要求：接头焊包应饱满并比较均匀，钢筋表面无明显烧伤等缺陷；接头处钢筋轴线的偏移不得超过钢筋直径的 0.1 倍，且不得大于 2 mm；接头处弯折角度不得大于 4°；焊包凸出钢筋表面的高度至少 4 mm。外观检查不合格的接头应切除重焊或采取补强措施。

强度检验时，一般从每批成品中切取 3 个试件进行拉伸试验，3 个试件的抗拉强度均不得低于该级别钢筋的抗拉强度标准值。如果有 1 个试件的抗拉强度低于规定数值，应取双倍数量的试件进行复验。复验后，如果仍有 1 个试件的强度达不到上述要求，则该批接头为不合格品。

第三节　钢筋机械连接

20 世纪 80 年代，钢筋机械连接的概念在我国就已出现，但在工程上的应用并不多。钢筋机械连接是指通过连接件的机械咬合作用或钢筋端面的承压作用连接钢筋的方法。它具有以下优点：接头质量稳定可靠，不受钢筋化学成分的影响，人为因素的影响也小；操作简便，施工速度快，且不受气候条件的影响；无污染，无火灾隐患，施工安全等。20 世纪 90 年代起，机械连接技术开始在我国迅猛发展，成果显著，是土木工程施工领域技术的重大进步，其技术已达到国际先进水平，目前已形成规模化和产业化。钢筋机械连接相继出现了套筒挤压连接、锥螺纹套筒连接、直螺纹套筒连接、活塞式组合带肋钢筋连接等技术。

一、一般规定

钢筋机械连接接头可根据极限抗拉强度、残余变形、最大力下总伸长率以及高应力和大变形条件下反复拉压性能不同，分为Ⅰ级、Ⅱ级、Ⅲ级三个性能等级，其极限抗拉强度指标见表 5–2。

表 5–2　钢筋机械连接接头极限抗拉强度指标

接头等级	Ⅰ级	Ⅱ级	Ⅲ级
极限抗拉强度	$f^0_{mst} \geq f_{stk}$ 钢筋拉断 或 $f^0_{mst} \geq 1.10f_{stk}$ 连接件破坏	$f^0_{mst} \geq f_{stk}$	$f^0_{mst} \geq 1.25f_{yk}$

注：1. 钢筋拉断指断于钢筋母材、套筒外钢筋丝头和钢筋镦粗过渡段。

2. 连接件破坏指断于套筒、套筒纵向开裂或钢筋从套筒中拔出以及其他连接组件破坏。

3. 相关符号的意义如下：

f^0_{mst}——接头试件实测极限抗拉强度；

f_{stk}——钢筋极限抗拉强度标准值；

f_{yk}——钢筋屈服强度标准值。

Ⅰ级、Ⅱ级、Ⅲ级钢筋机械接头变形性能指标见表 5-3。

表 5-3　Ⅰ级、Ⅱ级、Ⅲ级钢筋机械接头变形性能指标

接头等级		Ⅰ级	Ⅱ级	Ⅲ级
单向拉伸	残余变形（mm）	$u_0 \leqslant 0.10$（$d \leqslant 32$） $u_0 \leqslant 0.14$（$d > 32$）	$u_0 \leqslant 0.14$（$d \leqslant 32$） $u_0 \leqslant 0.16$（$d > 32$）	$u_0 \leqslant 0.14$（$d \leqslant 32$） $u_0 \leqslant 0.16$（$d > 32$）
	最大力下总伸长率（%）	$A_{sgt} \geqslant 6.0$	$A_{sgt} \geqslant 6.0$	$A_{sgt} \geqslant 3.0$
高应力反复拉压	残余变形（mm）	$u_{20} \leqslant 0.3$	$u_{20} \leqslant 0.3$	$u_{20} \leqslant 0.3$
大变形反复拉压	残余变形（mm）	$u_4 \leqslant 0.3$ 且 $u_8 \leqslant 0.6$	$u_4 \leqslant 0.3$ 且 $u_8 \leqslant 0.6$	$u_4 \leqslant 0.6$

注：钢筋机械连接的符号意义如下：

d——钢筋公称直径；

u_0——接头试件加载至 $0.6f_{yk}$ 并卸载后在规定标距内的残余变形；

f_{yk}——钢筋屈服强度标准值；

u_4——接头试件经大变形反复拉压 4 次后的残余变形；

u_8——接头试件经大变形反复拉压 8 次后的残余变形；

u_{20}——接头试件经高应力反复拉压 20 次后的残余变形；

A_{sgt}——接头试件的最大力下总伸长率。

钢筋机械接头性能等级的选定应符合下列规定：

1. 混凝土结构中要求充分发挥钢筋强度或对接头延性要求较高的部位，应采用Ⅰ级或Ⅱ级接头。

2. 同一连接区段内钢筋接头面积百分率为 100% 时，应采用Ⅰ级接头。

3. 钢筋混凝土结构中钢筋应力较高但对延性要求不高的部位可选用Ⅲ级接头。

机械接头的混凝土保护层厚度宜符合现行国家标准《混凝土结构设计标准（2024 年版）》（GB/T 50010—2010）中的规定，且不应小于 0.75 倍钢筋最小保护层厚度和 15 mm 两者的较大值，必要时可对连接件采取防锈措施。

二、套筒挤压连接

这是我国最早出现的一种钢筋机械连接方法，按挤压方向不同，分为套筒径向挤压连接和套筒轴向挤压连接两种，以套筒径向挤压连接较为常用。

1. 套筒径向挤压连接

套筒径向挤压连接是将两根待接钢筋插入优质钢套筒，用挤压设备沿径向挤压钢套筒，使之产生塑性变形，依靠变形后的钢套筒与被连接钢筋纵、横肋产生的机械咬合作用使套筒与钢筋成为整体的连接方法，如图 5-12 所示。这种方法适用于直径 18 ~ 40 mm 的带肋钢筋的连接，所连接两根钢筋的直径之差不宜大于 5 mm。该方法具

有接头性能可靠、质量稳定、不受气候影响、连接速度快、安全、无明火、节能等优点，但设备笨重，工人劳动强度大，不适合在高密度布筋的场合使用。

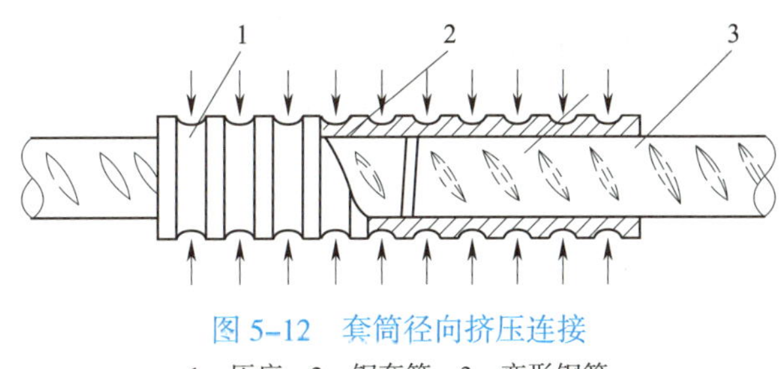

图 5-12 套筒径向挤压连接

1—压痕 2—钢套筒 3—变形钢筋

钢筋套筒径向挤压设备主要由超高压油泵、挤压机、超高压软管、压接钳等组成，如图 5-13 所示。

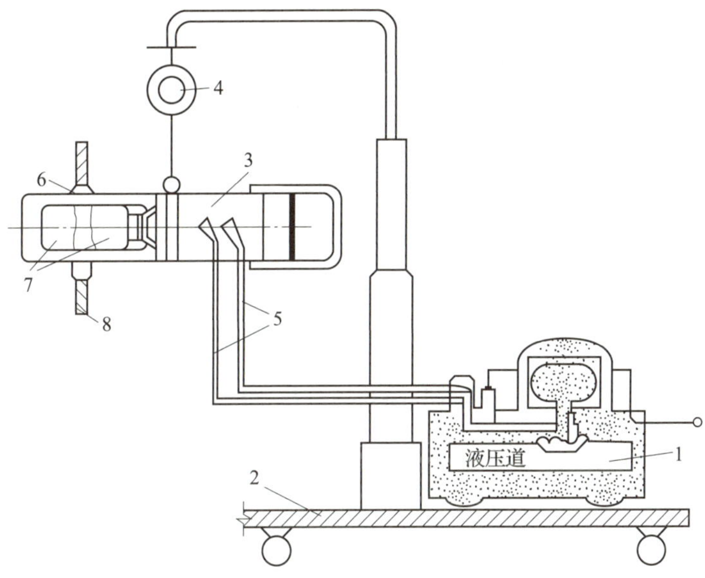

图 5-13 钢筋套筒径向挤压设备

1—超高压油泵 2—吊挂小车 3—挤压机 4—平衡器 5—超高压软管 6—钢套管 7—压接钳 8—被连接的钢筋

(1)挤压工艺

1)准备工作

①钢筋端头的锈、泥沙、油污等杂物应清理干净。

②钢筋与套筒应进行试套，如果钢筋有马蹄、弯折或纵肋尺寸过大者，应预先矫正或用砂轮打磨。不同直径钢筋的套筒不得换用。

③钢筋端部应划出定位标记与检查标记。定位标记与钢筋端头的距离为钢套筒长度的一半，检查标记与定位标记的距离一般为 20 mm。

④检查挤压设备情况并试压，符合要求后方可作业。

2）挤压作业。钢筋挤压连接宜先在地面上挤压一端套筒，在施工作业区插入待接钢筋后再挤压另一端套筒。

压接钳就位时，应对正钢套筒压痕位置的标记，并使压模运动方向与钢筋两纵肋所在的平面相垂直，即保证最大压接面能在钢筋的横肋上。

压接钳施压顺序由钢套筒中部顺序向端部进行。每次施压时，主要控制压痕深度。

（2）质量检验

钢筋套筒挤压连接工作开始前及施工过程中，应对每批进场钢筋进行挤压连接工艺检验。工艺检验应符合下列要求：

1）每种规格钢筋的接头试件不应少于 3 个。

2）接头试件的钢筋母材应进行抗拉强度试验。

3）3 个接头试件强度均应符合现行行业标准《钢筋机械连接技术规程》（JGJ 107—2016）中相应等级的强度要求，对于 A 级接头，试件弹性模量应不小于 0.9 倍钢筋母材的实际弹性模量（计算实际抗拉强度时，应采用钢筋的实际横截面积）。如果有一个试件的抗拉强度不符合要求，则加倍抽样复检。

工程中应用钢筋套筒挤压接头时，应有供货单位提交的有效的型式检验报告及套筒出厂合格证。现场检验一般只进行接头外观检查和单向拉伸试验。外观检查是在自检基础上每批随机抽取 10% 的接头进行，应符合下列要求：挤压后套筒长度应为原长度的 1.10 ~ 1.15 倍，或压痕处套筒的外径为原套筒外径的 0.8 ~ 0.9 倍；挤压接头的压痕道数应符合型式检验确定的道数；接头处弯折角度不得大于 4°；挤压后的套筒不得有肉眼可见的裂缝。

2. 套筒轴向挤压连接

套筒轴向挤压连接是将两根待接钢筋插入钢套筒，用挤压设备沿轴向挤压钢套筒，使之产生塑性变形，依靠变形后的钢套筒与被连接钢筋纵、横肋产生的机械咬合作用使套筒与钢筋成为整体的连接方法，如图 5-14 所示。这种方法一般用于直径 25 ~ 32 mm 的同直径或相差一个型号直径的带肋钢筋连接。

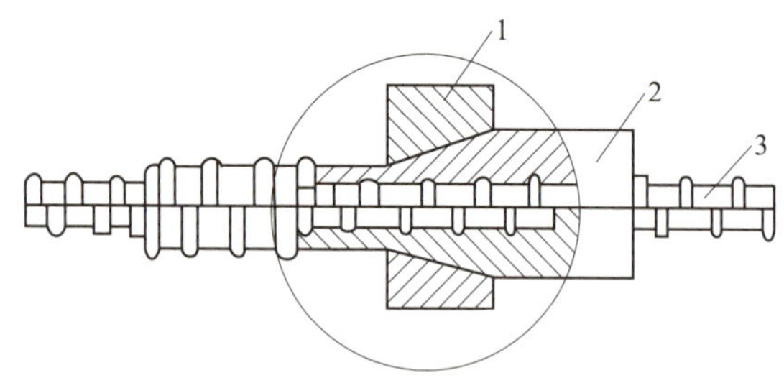

图 5-14 套筒轴向挤压连接

1—压模 2—钢套筒 3—带肋钢筋

钢套筒应符合优质碳素结构钢的要求，与钢筋直径要配套。挤压设备主要有挤压机、超高压泵等。挤压机由油缸、压模、压模座、导向杆等组成，某型号挤压机如图 5-15 所示。

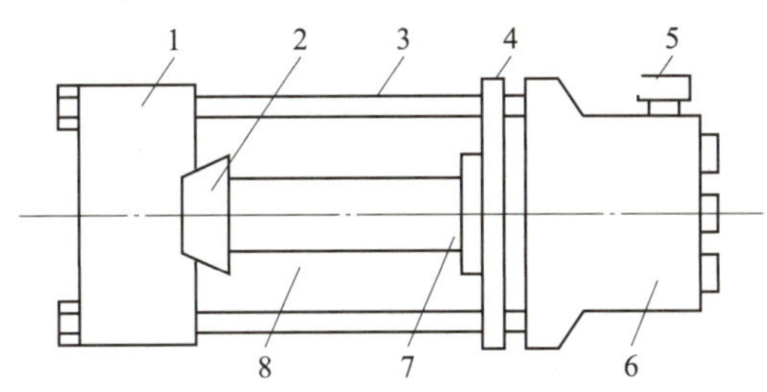

图 5-15　某型号挤压机

1—压模座　2—压模　3—导向杆　4—撑力架
5—管接头　6—油缸　7—垫块座　8—套筒

三、锥螺纹套筒连接

锥螺纹套筒连接是将两根待接钢筋端头用套螺纹机做出锥形螺纹，然后用带锥形内螺纹的钢套筒将钢筋两端拧紧的连接方法，如图 5-16 所示。这种方法适用于直径 16 ~ 40 mm 的各种钢筋的连接，所连接钢筋的直径之差不宜大于 9 mm。该方法具有接头可靠、操作简单、不用电源、全天候施工、对中性好、施工速度快等优点。接头的成本适中，低于挤压套筒接头，高于电渣压力焊接头。

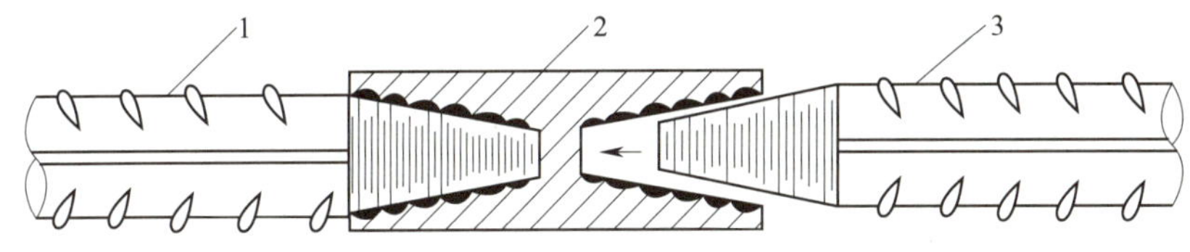

图 5-16　锥螺纹套筒连接

1—已连接的钢筋　2—锥螺纹套筒　3—未连接的钢筋

钢筋锥螺纹的加工在钢筋套螺纹机上进行。为保证螺扣精度，对已加工的螺纹端要用牙型规及卡规逐个进行自检，要求钢筋螺纹的牙型必须与牙型规吻合，小端直径不超过卡规的允许误差，螺纹完整牙数不得小于规定值。锥螺纹套筒的加工宜在专业工厂进行，以保证产品质量。

钢筋锥螺纹连接应预先将套筒拧入钢筋的一端，在施工现场再拧入待接钢筋。连接钢筋前，将钢筋未拧套筒一端的塑料保护帽拧下，并将螺纹上的污物清理干净。连接钢筋时，将已拧套筒的钢筋拧到被连接的钢筋上，并用扭力扳手按规定的力矩值旋紧，直至扭力扳手在调定的力矩值发出响声，并画上油漆标记，以防有的钢筋接头漏拧。扭力扳手是保证钢筋连接质量的测力扳手，它可以按照钢筋直径大小规定的力矩值拧紧。扭力扳手应每半年标定一次。

四、直螺纹套筒连接

直螺纹套筒连接是将两根待接钢筋端头切削或滚压出直螺纹，然后用带直内螺纹的钢套筒将钢筋两端拧紧的连接方法，适用于直径 16 ~ 40 mm 的各种钢筋的连接。该方法是综合了套筒挤压连接和锥螺纹连接的优点，于20世纪90年代后期才发展起来的一种钢筋连接新技术，具有接头强度高、质量稳定、施工方便、不用电源、全天候施工、对中性好、施工速度快等优点，是目前工程应用最广泛的粗钢筋连接方法。

按螺纹加工工艺不同，直螺纹套筒连接可分为镦粗直螺纹套筒连接、滚压直螺纹套筒连接和剥肋滚压直螺纹套筒连接三种。

镦粗直螺纹是将钢筋端头冷镦扩粗，再在镦粗段上切削直螺纹，目的是补偿切削直螺纹造成的钢筋母材横截面削弱，因而能保证充分发挥钢筋母材的强度。但钢筋端头经冷镦扩粗后，金相组织发生了变化，伸长率降低，易产生脆断。此外，该方法加工工艺复杂，增加了辅助用工，加大了接头成本。

滚压直螺纹是先在一平台上将钢筋端头的纵横肋滚掉，然后再滚压出螺纹。该方法较镦粗直螺纹经济，但因滚压纵横肋时，铁屑不可避免地会挤压在钢筋表面上，使滚压螺纹时易产生虚螺纹，造成螺纹直径不一，连接操作要相对困难些。

剥肋滚压直螺纹是将钢筋端头的纵横肋先行切削圆滑后，再滚压丝头。这样可避免产生虚螺纹，从而保证螺纹直径均匀。

1. 滚压直螺纹加工与检验

钢筋剥肋滚螺纹机由台虎钳、收刀机构、胀刀机构、剥肋机构、滚丝头、上水管、减速机、进给手柄、行程挡块等组成，如图5–17所示。其工作过程如下：将待加工钢筋夹持在夹钳上，开动机器，扳动进给装置，使动力头向前移动，开始剥肋滚压螺纹，待滚压到调定位置后，设备自动停机并反转，将钢筋端部退出滚压装置，扳动进给装置将动力头复位停机，螺纹即加工完成。某型号钢筋剥肋滚螺纹机的主要技术性能见表5–4。

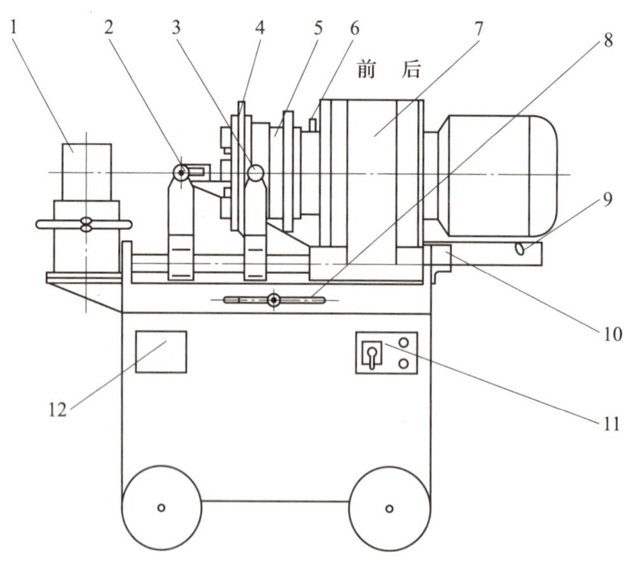

图5–17　钢筋剥肋滚螺纹机

1—台虎钳　2—胀刀机构　3—收刀机构　4—剥肋机构　5—滚丝头　6—上水管　7—减速机　8—进给手柄　9—行程挡块　10—行程开关　11—控制面板　12—标牌

表 5-4 某型号钢筋剥肋滚螺纹机的主要技术性能

滚刀头型号	40 型或 Z40 型（左旋）			
滚刀轮型号	A20	A25	A30	A35
滚压螺纹螺距（mm）	2.0	2.5	3.0	3.5
钢筋规格	16	18、20、22	25、28、32	36、40
整机质量（kg）	590			
主电动机功率（kW）	4			
水泵电动机功率（kW）	0.09			
工作电压	380 V（50 Hz）			
减速机输出转速（r/min）	50/60			
外形尺寸（mm）	1 200 × 600 × 1 200（长 × 宽 × 高）			

剥肋螺纹加工尺寸规定见表 5-5。螺纹加工长度为标准型套筒长度的 1/2，其公差为 $+2P$（P 为螺距）。

表 5-5 剥肋螺纹加工尺寸规定

钢筋规格	剥肋直径（mm）	螺纹尺寸（mm）	螺纹长度（mm）	完整螺纹圈数
16	15.1 ± 0.2	M16.5 × 2	22.5	≥ 8
18	16.9 ± 0.2	M19 × 2.5	27.5	≥ 7
20	18.8 ± 0.2	M21 × 2.5	30	≥ 8
22	20.8 ± 0.2	M23 × 2.5	32.5	≥ 9
25	23.7 ± 0.2	M26 × 3	35	≥ 9
28	26.6 ± 0.2	M29 × 3	40	≥ 10
32	30.5 ± 0.2	M33 × 3	45	≥ 11
36	34.5 ± 0.2	M37 × 3.5	49	≥ 9
40	38.1 ± 0.2	M41 × 3.5	52.5	≥ 10

操作人员应按表 5-4 的要求检查螺纹加工质量，每加工 10 个螺纹，用环规检查一次，如图 5-18 所示。经自检合格的螺纹，应由质检人员随机抽样进行检验，以一个工作班内生产的螺纹为一个验收批，随机抽样 10%，且不得少于 10 个。当合格率小于 95% 时，应加倍抽检，复检合格率仍小于 95% 时，应对全部钢筋螺纹逐个进行检验，切去不合格螺纹，查明原因，并重新加工螺纹。

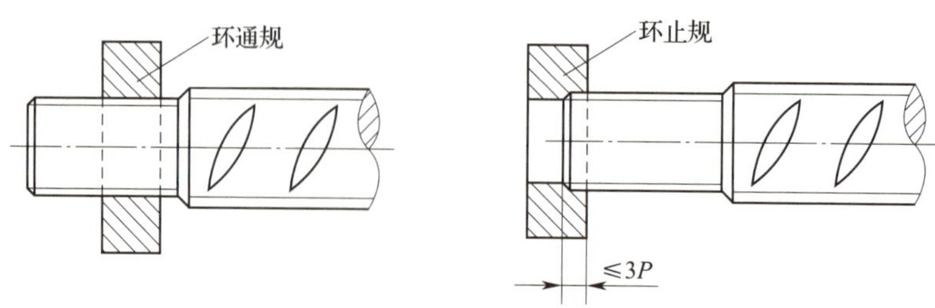

图 5-18　剥肋滚压丝头质量检查

注：P 为螺距。

2. 滚压直螺纹套筒

滚压直螺纹接头用连接套筒采用优质碳素结构钢，类型有标准型、异径型、左右旋型和扩口型 4 种。滚压直螺纹接头用连接套筒的规格与尺寸见表 5-6。

表 5-6　滚压直螺纹接头用连接套筒的规格与尺寸

套筒规格	螺纹规格	套筒外径（mm）	套筒长度（mm）
16	M16 × 2.5	24	45
18	M18 × 2.5	27	50
20	M20 × 2.5	31	55
22	M22 × 2.5	33	60
25	M25 × 3.0	37	65
28	M28 × 3.0	41	70
32	M32 × 3.0	47	75
36	M36 × 3.0	53	85
40	M40 × 3.0	58	90

3. 现场连接施工

（1）连接钢筋时，钢筋规格和套筒规格必须一致，钢筋和套筒的螺纹应干净、完好无损。

（2）采用预埋接头时，连接套筒的位置、规格和数量应符合设计要求。带连接套筒的钢筋应固定牢靠，连接套筒的外露端应有保护盖。

（3）连接时应使用扭力扳手或管钳进行施工，将两个钢筋接头螺纹在套筒中间位置相互顶紧，扭力扳手的精度为 ±5%。

（4）经拧紧后的滚压直螺纹接头应做出标记，单边外露螺纹长度不应超过 2 倍螺距。

（5）根据待接钢筋所在部位及转动难易情况，选用不同的套筒类型，采取不同的安装方法，标准型、左右旋螺纹型、变径型、可调型接头安装分别如图 5-19、图 5-20、图 5-21 和图 5-22 所示。

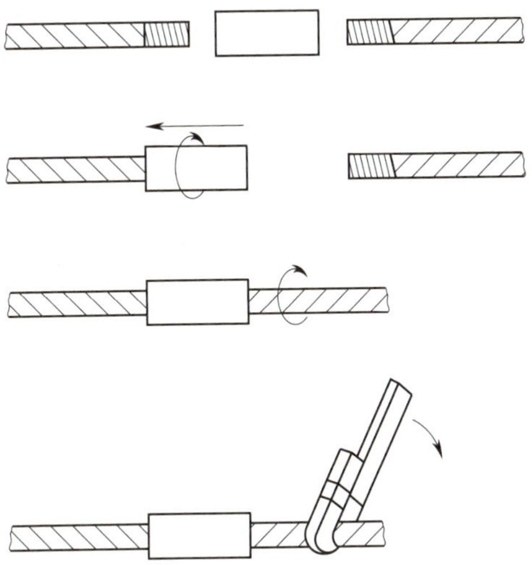

图 5-19　标准型接头安装

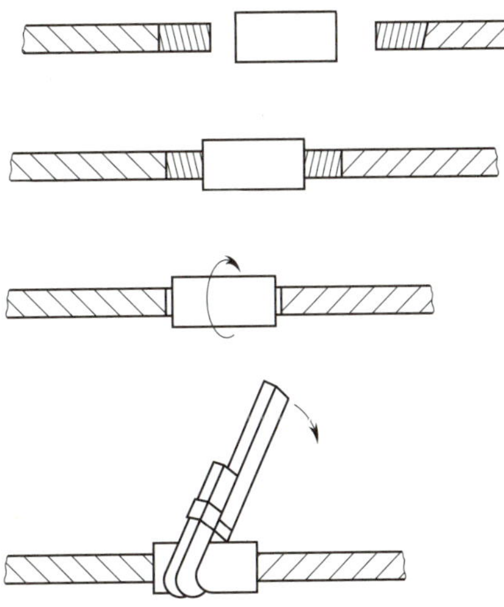

图 5-20　左右旋螺纹型接头安装

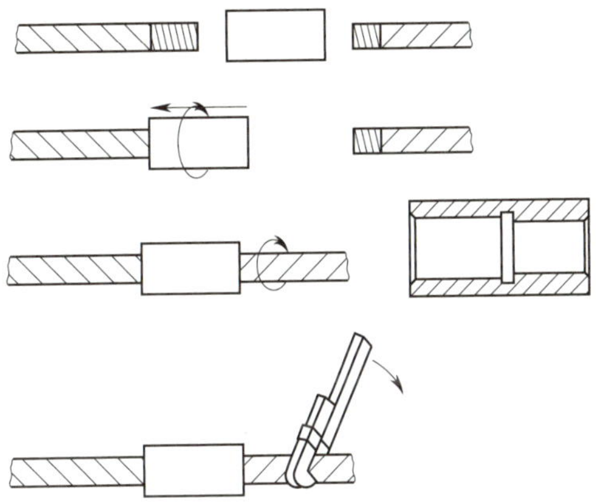

图 5-21　变径型接头安装

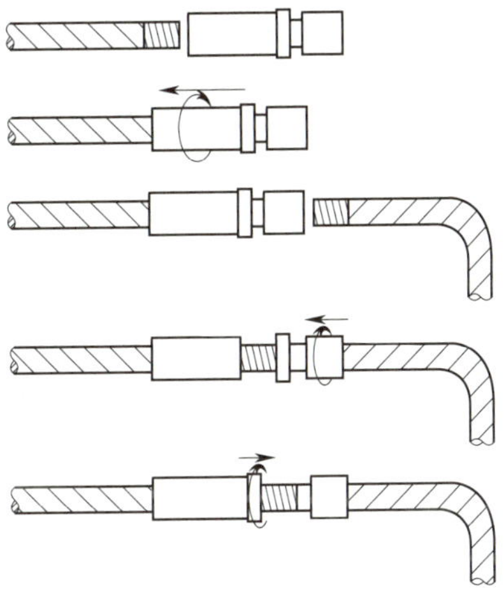

图 5-22　可调型接头安装

4. 接头质量检验

（1）工程中应用滚压直螺纹接头时，技术提供单位应提交有效的检验报告。

（2）钢筋连接作业开始前及施工过程中，应对每批进场钢筋进行接头连接工艺检验。工艺检验应符合以下要求：

1）每种规格钢筋的接头试件不应少于 3 根。

2）接头试件的钢筋母材应进行抗拉强度试验。

3）3 根接头试件的抗拉强度均不应小于该级别钢筋抗拉强度的标准值，且不应小于 0.9 倍钢筋母材的实际抗拉强度。

（3）现场检验应进行拧紧力矩检验和单向拉伸强度试验。对接头有特殊要求的结构，应在设计图样中另行注明相应的检验项目。

（4）接头拧紧力矩值的施工质量。抽检数量为：梁、柱构件按接头数的 15%，且每个构件的接头抽检数不得少于 1 个接头；基础、墙、板构件每 100 个接头作为 1 个验收批，不足 100 个也作为 1 个验收批，每批抽检 3 个接头。抽检的接头应全部合格，如果有一个接头不合格，则该验收批接头应逐个检查并拧紧。

（5）滚压直螺纹接头的单向拉伸强度试验按验收批进行。同一施工条件下采用同一批材料的同等级、同型式、同规格接头，以 500 个为 1 个验收批进行检验。

在现场连续检验 10 个验收批，其全部单向拉伸试验一次抽样合格时，验收批接头数量可扩大为 1 000 个。

（6）对每一验收批，应在工程结构中随机抽取 3 个试件做单向拉伸试验。当 3 个试件抗拉强度均不小于 A 级接头的强度要求时，该验收批判为合格。如果有 1 个试件的抗拉强度不符合要求，则应加倍取样复验。

滚压直螺纹接头的单向拉伸试验破坏形式有三种：钢筋母材拉断、套筒拉断、钢筋从套筒中滑脱。只要满足强度要求，任何破坏形式均可判断为合理。

五、活塞式组合带肋钢筋连接

活塞式组合带肋钢筋连接的接头是由两个特制的半圆形套筒和箍组成的。连接时将半圆形套筒扣合在两根待接的钢筋端头上，再将套筒两端的箍用专用压钳沿轴向压紧，使之与钢筋母材形成一个整体。这是近年研制和开发的一种新型的钢筋机械连接方式，较适合我国的工程现状，也是迄今为止除精轧螺纹钢筋连接外，唯一一种不改变钢筋母材几何形状及力学性能的连接方式。其主要特点有：不破坏母材，连接强度高；套筒内壁凹槽与钢筋肋吻合，呈锁紧状态，提高了接头强度；施工操作便捷；接头工厂化生产，现场装配，不占用制作场地；压接工具简单，设备投资少，维护费用低；减少了辅助用工；接头质量可靠，易于检验和控制。

第四节 钢筋套筒灌浆连接

2022 年 1 月，住房城乡建设部编制《“十四五”建筑业发展规划》，要求大力发展装配式建筑，推动生产和施工智能化升级，扩大标准化构件和部品部件使用规模，提高装配式建筑综合效益。装配式建筑包括装配式混凝土建筑、装配式钢结构建筑、装配式木结构建筑等。装配式混凝土建筑是指建筑的结构系统由混凝土部件（预制构件）构成的装配式建筑，预制构件大部分在工厂预先生产，运输到现场后根据设计图纸进行连接施工。套筒灌浆连接是装配式混凝土结构施工的重点之一，直接影响装配式混凝土建筑的结构安全。

一、工作原理

钢筋套筒灌浆连接是指在金属套筒中插入需要连接的带肋钢筋，并注入快硬无收缩灌浆料拌和物，拌和物硬化后与金属套筒和带肋钢筋形成一个整体并具有传力作用

的一种钢筋连接方式。灌浆套筒钢筋接头具有连接可靠、适用性广、施工效率高等特点。灌浆料是以水泥为基本材料，配以细骨料，混凝土外加剂和其他材料组成的干混料，加水搅拌后具有规定的流动性，以及早强、高强、微膨胀等性能指标。

金属套筒可分为全灌浆套筒和半灌浆套筒。全灌浆套筒是指接头两端均采用灌浆方式连接钢筋的灌浆套筒，如图 5-23 所示。半灌浆套筒是指接头一端采用灌浆方式连接，另一端采用机械连接方式连接钢筋的灌浆套筒，如图 5-24 所示。

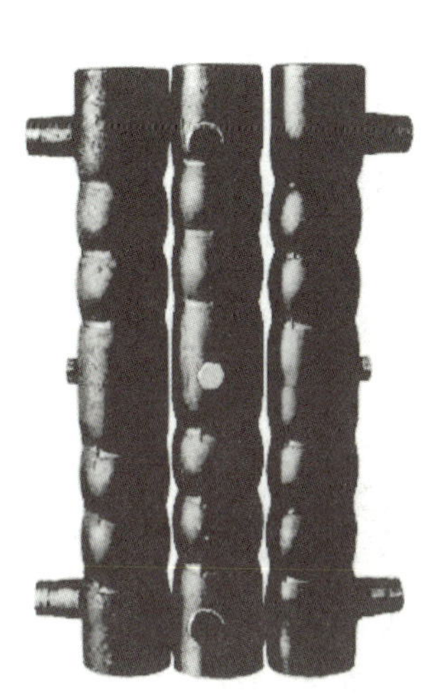

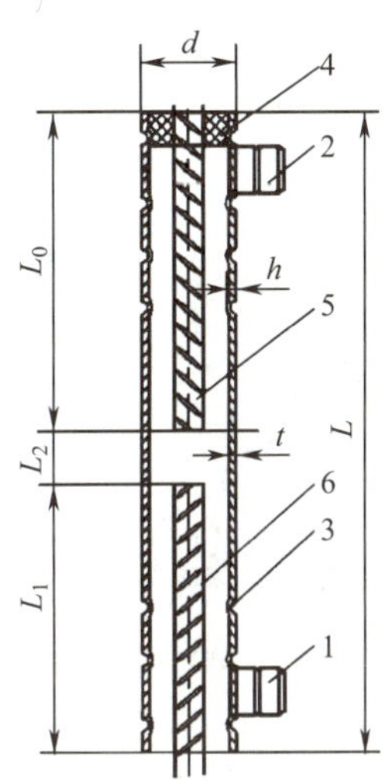

说明：
1—灌浆孔
2—排浆孔
3—凸起(剪力槽)
4—橡胶塞
5—预制端钢筋
6—现场装配端钢筋

尺寸：
L—灌浆套筒总长
L_0—预制端锚固长度
L_1—现场装配端锚固长度
L_2—现场装配端预留钢筋调整长度
d—灌浆套筒外径
t—灌浆套筒壁厚
h—凸起高度

图 5-23　全灌浆套筒

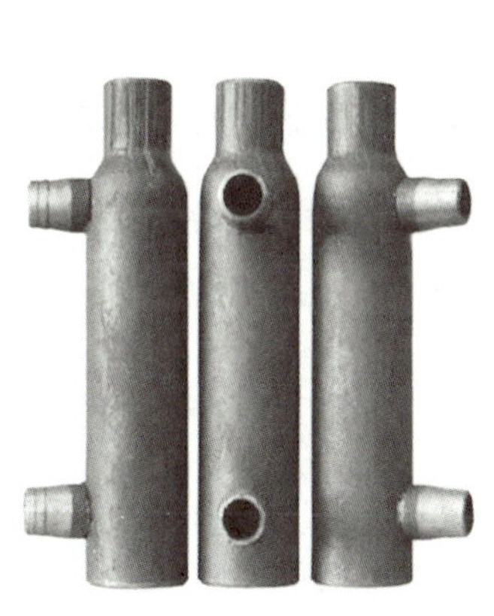

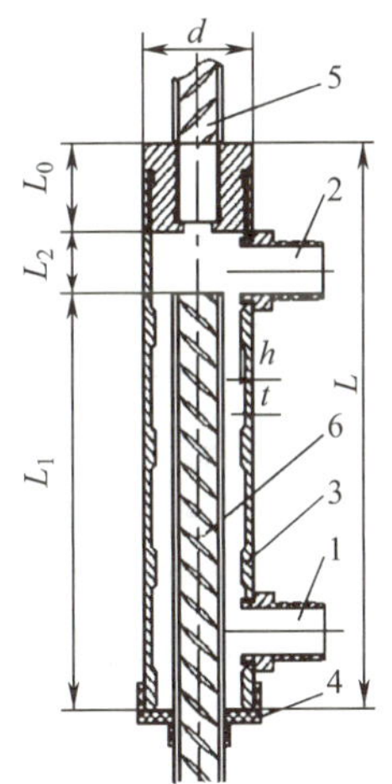

说明：
1—灌浆孔
2—排浆孔
3—凸起(剪力槽)
4—橡胶塞
5—预制端钢筋
6—现场装配端钢筋

尺寸：
L—灌浆套筒总长
L_0—预制端锚固长度
L_1—现场装配端锚固长度
L_2—现场装配端预留钢筋调整长度
d—灌浆套筒外径
t—灌浆套筒壁厚
h—凸起高度

图 5-24　半灌浆套筒

二、连接工艺

套筒灌浆作业是装配式混凝土结构施工的重点之一，直接影响整体建筑结构安全，灌浆施工作业人员须经过培训考核，并持证上岗。灌浆作业全过程应有第三方质检人员在场监督，确保施工质量。

1. 施工准备

（1）现浇混凝土中伸出的钢筋应采用专用模具进行定位。钢筋应清洁干净，表面无严重锈蚀和附着物。在预制构件吊装前，应仔细检查安装基础面的连接钢筋，测量其中心位置及外露长度是否满足设计要求，必要时进行处理，以免构件吊装时连接钢筋无法插入套筒内。但要注意，如果连接钢筋中心位置偏差过大导致无法安装，应会同设计单位确定专项处理方案，严禁随意切割、强行调整。

（2）混凝土预制构件安装前应对接合面进行清理，接合面应人工凿毛并用水冲洗干净，安装基面范围内高差不宜大于 5 mm，表面无砂石、污物或混凝土碎块。

（3）钢筋为水平连接时，灌浆套筒应各自独立灌浆，如图 5-25 所示。

图 5-25　钢筋水平连接灌浆施工

（4）如图 5-26 所示，钢筋为竖向连接时，可采用连通腔灌浆。每个连通腔除灌浆孔、出浆孔、出气孔外，应形成密闭空间，密封可靠不漏浆。当灌浆水平距离超过 3 m 时，宜采用分割区域灌浆，也就是“分仓”，分仓长度一般控制在 1.0 ~ 3.0 m。

图 5-26　钢筋竖向连接灌浆施工

（5）分仓施工通常采用抗压强度为 50 MPa 的坐浆料。先用木条放置在分仓位置的一侧，再用勾缝抹子把坐浆料抹至另外一侧，坐浆料宽度控制在 20 ~ 30 mm。施工时应注意坐浆料与钢筋保持一定距离，坐浆料要封堵严密，防止漏浆。

（6）预制构件安装前应仔细核对预制构件的型号，检查预留孔及套筒的规格、位置和深度，当孔内有杂物时，应清理干净。

2. 灌浆料制备

（1）灌浆料储存期间应防潮防晒，使用前打开包装袋，检查有无受潮结块或其他异常。制浆用的清洁水置于干净容器内，保证水温适当。

（2）灌浆料水料比应按产品使用说明书确定。用电子秤分别称量灌浆料和水（水也可用刻度量杯计量），先将水倒入搅拌桶，然后加入约 70% ~ 80% 干料，用电动搅拌机搅拌均匀后，再将剩余灌浆料全部加入，搅拌至均匀，并静置 2 ~ 3 min，待浆内气泡自然排出后再使用。制备完毕后，不得再次加水。

（3）每工作班应至少检查 1 次灌浆料拌和物初始流动度，并记录有关参数，确认合格后方可用于灌浆施工。灌浆料流动度检测如图 5–27 所示。灌浆料拌和物的流动度要求见表 5–7。

图 5–27 灌浆料流动度检测

表 5–7 灌浆料拌和物的流动度要求

项目		工作性能要求
流动度	初始	≥ 300 mm
	30 min	≥ 260 mm
泌水率		0%

3. 压力灌浆

（1）灌浆施工的环境温度应符合灌浆料产品使用说明书要求。当环境温度低于 5 ℃时，不宜进行灌浆施工；当环境温度高于 30 ℃时，应采取降低灌浆料拌和物温度的措施。

（2）竖向钢筋连接灌浆施工时，首先把所有注浆口、出浆口塞打开，把拌制好的灌浆料倒入灌浆泵，用灌浆泵从下排中间的注浆口开始注浆，当灌浆料从其他注浆口和出浆口均匀连续流出时，及时进行封堵，待最后一个出浆口封堵完毕后保压 1 min 结束灌浆，并封堵灌浆口。

（3）同一仓灌浆应连续进行，不宜中断。当灌浆过程中遇到问题需要更换灌浆口时，应把已封堵的注浆口、出浆口重新打开，待灌浆料连续流出后再次封堵，确保每个套筒灌浆饱满、密实，所有出口出浆。

（4）水平钢筋连接灌浆施工时，应采用压浆法把灌浆料拌和物从灌浆口注入，当连接管内灌浆料拌和物高于套筒外表面最高点时，应停止灌浆，并及时封堵灌浆口和出浆口。

（5）灌浆料加水后应在 30 min 内使用完毕，散落的灌浆料拌和物不可二次使用，剩余的拌和物不得重新加水或灌浆料再次使用。

技能训练 8　钢筋焊接连接

一、训练目的

1. 了解钢筋点焊的原理及适用范围。
2. 掌握钢筋点焊的操作方法。

二、训练准备

1. 材料准备

钢筋（Φ6 mm、Φ18 mm）。

2. 机具准备

电焊机、对焊机。

3. 场地准备

实训车间内或施工现场。

三、训练内容

两人一组，进行钢筋点焊的操作（或到施工现场跟班劳动）。

1. 钢筋点焊

点焊一般用于薄板结构及钢筋等的焊接。常用的点焊机有气压式传动点焊机、多点式点焊机等。点焊机的主要工作参数有以下几种：

（1）焊接电流

焊接电流与焊接钢筋直径正相关，与通电时间负相关。焊接电流可通过点焊机变压器的分级转换开关进行调节。

（2）焊接时间

点焊机的焊接时间分为预压时间、通电时间、锻压时间、休息时间。通电时间与

焊接质量密切相关，而休息时间仅与工作效率有关。因此，焊接参数主要指通电时间。通电时间的长短根据钢筋直径和焊接电流的大小确定，在可能情况下应尽量采用较大的焊接电流和较短的通电时间，以提高工作效率。

（3）电极压力

电极压力是钢筋点焊时，从预压到锻压过程中最高的焊接压力，电极压力与点焊钢筋的直径正相关。

（4）压入深度

对热轧钢筋，点焊焊点的压入深度为较小钢筋直径的 30%～45%；对冷拔低碳钢丝，点焊焊点的压入深度为较小钢丝直径的 30%～35%。

钢筋点焊操作的工艺过程是：对钢筋除锈去污后，将钢筋交叉点放在点焊机的电极上，踏动踏板使钢筋通电发热至一定温度，钢筋受热后熔化，此时施加压力使焊点金属焊合。

2. 注意事项

（1）使用点焊机前，应检查其电气设备、电极等。

（2）点焊过程中，如果出现钢筋过热、发脆等情况，应注意正确选择焊接参数。

（3）操作点焊机时，要戴防护眼镜和手套。

（4）严格遵守劳动纪律，注意施工安全。

四、评分标准

钢筋焊接连接评分标准见表 5–8。

表 5–8　　钢筋焊接连接评分标准

项次	项目	检查方法	评分标准	应得分	实得分
1	钢筋点焊	目测	焊点无脱落、漏焊、气孔、裂缝、空洞及明显烧伤现象，焊点处熔化金属均匀	60	
2	安全操作	目测	有事故无分，有事故苗头扣 1～20 分	20	
3	文明施工	目测	未做到活完料清扣 10 分	10	
4	工作效率	—	按劳动定额执行。低于定额 90% 本项无分，在定额 90%～100% 之间酌情扣分	10	

技能训练 9　钢筋机械连接

一、训练目的

1. 了解钢筋机械连接的原理及适用范围。
2. 掌握钢筋直螺纹套筒连接的操作方法。

二、训练准备

1. 材料准备

钢筋（⌀20 mm、⌀25 mm）。

2. 机具准备

钢筋剥肋滚螺纹机、扭力扳手。

3. 场地准备

实训车间内或施工现场。

三、训练内容

两人一组，进行钢筋直螺纹套筒连接的操作。

1. 切割下料

对端部不直的钢筋要预先调直，按规程要求，切口的端面应与轴线垂直，不得有马蹄形或挠曲缺陷，通常采用砂轮切割机，按配料长度逐根进行切割。

2. 加工螺纹

（1）螺纹的加工过程是：将待加工钢筋夹持在设备的台虎钳上，开动机器，扳动进给装置，动力头向前移动，开始剥肋滚压螺纹，等滚压到调定位置后，设备自动停机并反转，将钢筋端部退出动力头，扳动进给装置将设备复位，钢筋丝头即加工完成。

（2）加工螺纹时，应采用水溶性切削液，当气温低于 0 ℃时，应掺入 15%～20%的亚硝酸钠。严禁用机油作切削液或不加切削液加工螺纹。

（3）螺纹加工长度为标准型套筒长度的 1/2，其公差为 2 倍螺距。

（4）操作人员应检查螺纹的加工质量，每加工 10 个螺纹用环规检查一次。

（5）经自检合格的螺纹，应由质检人员随机抽样进行检查，切去不合格的螺纹，查明原因并解决后重新加工螺纹。

（6）检查合格的螺纹应加以保护，在其端头加保护帽或用套筒拧紧，按规格分类堆放整齐。

3. 现场连接加工

（1）连接钢筋时，钢筋规格和套筒规格必须一致，钢筋和套筒的螺纹应干净、完好无损。

（2）采用预埋接头时，连接套筒的位置、规格和数量应符合设计要求。带连接套筒的钢筋应固定牢靠，连接套筒的外露端应有保护盖。

（3）连接时应使用管钳和扭力扳手进行施工，将两个钢筋螺纹在套筒中间位置相互顶紧。扭力扳手的精度为 ±5%。

（4）拧紧后的滚压直螺纹接头应随手刷上红漆作为标识，单边外露螺纹长度不应超过 2 倍螺距。

四、评分标准

钢筋机械连接评分标准见表 5-9。

表 5-9 钢筋机械连接评分标准

项次	项目	检查方法	评分标准	应得分	实得分
1	钢筋切割下料	目测	钢筋切口断面与轴线垂直，端面平整，无马蹄形或挠曲，根据加工钢筋的质量进行评分	20	
2	钢筋加工丝头	使用通规、止规检查	钢筋螺纹应满足精度要求，通规应能顺利旋入并能达到要求拧入的长度，止规旋入不得超过规定长度，根据加工钢筋的质量进行评分	30	
3	钢筋机械连接加工	目测，使用扭力扳手检查	机械接头外露螺纹不超过规定长度；使用扭力扳手校核拧紧扭矩，最小拧紧扭矩见表 5-10	30	
4	文明施工	目测	未做到活完料清扣 10 分	10	
5	工效	—	按劳动定额执行。低于定额 90% 本项无分，在定额 90% ~ 100% 之间酌情扣分，超时定额酌情扣 1 ~ 10 分	10	

表 5-10 直螺纹套筒连接钢筋最小拧紧扭矩

钢筋直径（mm）	16 ~ 18	20 ~ 22	25	28	32	36 ~ 40
最小拧紧扭矩（N · m）	100	200	250	280	320	350

技能训练 10 钢筋套筒灌浆连接

一、训练目的

1. 掌握钢筋套筒灌浆连接的施工工艺和方法。
2. 掌握相关工具和设备的使用方法。
3. 培养团队协作精神，学会与他人合作完成复杂的施工过程。

二、训练准备

1. 材料准备

套筒灌浆料、坐浆料、水、橡胶塞或木塞。

2. 机具准备

主要机具：灌浆泵、手动灌浆枪、手提变速搅拌机、搅料桶、勾缝抹刀。

计量器具：电子秤（精度 10g）、测温仪、刻度杯、流动度试模、玻璃板。

3. 场地准备

实训车间内或施工现场。

三、训练内容

1. 基面处理

构件就位前，先清除构件安装基面和预留钢筋上的浮灰、油污等杂质，并对表面进行錾毛处理，錾毛可以采用人工或机械方式进行。

2. 灌浆仓封缝

灌浆仓封缝是指在灌浆前，对连接部位的缝隙进行密封处理，防止灌浆料漏浆或被污染。

3. 制备灌浆料

根据灌浆接头数量或灌浆空间的体积，计算灌浆料的用量。按照灌浆料产品说明书关于水料比的要求，准确称量灌浆料和水的用量，制备灌浆料拌和物。

4. 流动度检测

灌浆料拌和物制备完毕后，使用玻璃板、锥形圆模、卷尺等工具进行流动度检测，初始流动度要大于等于 300 mm，记录检测相关参数和数据。

5. 压力灌浆

将灌浆料倒入灌浆泵中，通过灌浆泵将灌浆料注入连接部位。在灌浆过程中，需要注意控制灌浆压力和流量，确保灌浆料能够充分填充连接部位。

6. 注意事项

（1）实训过程中要注意安全，穿戴好工作服、安全帽、手套等防护装备。

（2）实训要严格按照操作规程进行，避免出现误操作或违规操作。

（3）在进行实训前，要检查所使用的灌浆料、橡胶塞和水等材料是否符合要求，设备是否正常运行。

（4）灌浆料的配比、搅拌、灌浆压力等都会影响灌浆质量，因此需要严格控制灌浆料的制备和灌浆过程。

（5）实训过程中产生的废弃物和废水要及时处理，避免对环境造成污染。

（6）实训结束后要做好记录和总结，分析实训过程中的问题和不足，以便今后改进和提高。

四、评分标准

钢筋套筒灌浆连接实训评分标准见表 5–11。

表 5–11　钢筋套筒灌浆连接实训评分标准

项次	项目	检查方法	评分标准	应得分	实得分
1	灌浆施工准备工作	目测	全部灌浆孔及出浆孔清理干净，构件灌浆接合面清理干净	10	
2	预制构件分仓及封仓	目测	封仓饱满，无可见缝隙，灌浆期间不漏浆	20	

续表

项次	项目	检查方法	评分标准	应得分	实得分
3	灌浆料制备	目测、尺量	按规定操作流程及配比进行灌浆料制备，准确称量灌浆料和水的用量，灌浆料拌制完成后流动度不小于 300 mm	30	
4	构件灌浆	观察	按规定操作流程进行构件灌浆，出浆口全数出浆并连续流出，套筒灌浆饱满	30	
5	安全文明施工	观察	操作过程无安全隐患，灌浆料按需取用，剩余灌浆料在合理范围内，施工结束后工具设备清洗干净，摆放整齐	10	
总分				100	

思考练习题

1. 钢筋绑扎连接的要求有哪些?
2. 简述钢筋焊接的分类和技术标准。
3. 简述钢筋机械连接的分类和优点。
4. 简述钢筋直螺纹套筒连接的技术标准。

第六章 钢筋绑扎和安装

钢筋绑扎和安装是形成建筑主体结构的关键步骤，对钢筋工的施工工艺要求高。钢筋工程属于隐蔽工程，钢筋绑扎和安装前，钢筋工应先熟悉施工图样，核对钢筋配料单和料牌，研究钢筋安装和与有关工种配合的顺序，准备绑扎用的铁丝、绑扎工具、绑扎架等。钢筋绑扎和安装要严格按照建筑结构施工图的要求进行，钢筋工既要理解设计要求，又要熟练掌握操作技巧。

第一节 施工准备要求

在混凝土工程中，模板安装、钢筋绑扎与混凝土浇筑是立体交叉作业的，为了保证质量、提高效率、缩短工期，必须在钢筋绑扎安装前认真做好以下准备工作。

一、图样、资料的准备

1. 熟悉施工图和配筋图

施工图是钢筋绑扎安装的依据。熟悉施工图的目的是弄清各个编号钢筋的形状、标高、细部尺寸、安装部位，以及钢筋的相互关系，确定各类结构钢筋正确合理的绑扎顺序。同时，若发现施工图有错漏或不明确的地方，应及时与有关部门联系解决。

2. 核对配料单及料牌

依据施工图，结合规范对接头位置、数量、间距的要求，核对配料单及料牌是否正确，校核已加工好的钢筋的品种、规格、形状、尺寸及数量是否合乎配料单的规定，有无错配、漏配。

3. 确定施工顺序

对于形状复杂、钢筋交错密集的结构部位，应先研究逐根钢筋穿插就位的先后顺序，然后同木工联系商定支模与钢筋绑扎的先后顺序，相互配合，保证绑扎与安装的顺利进行，以免造成不必要的返工。

4. 做好钢筋的除锈和运输工作

钢筋的除锈方法参考第四章第一节有关钢筋除锈的内容。运输工作的主要内容是确保运输路线畅通、材料堆放地点安排合理等。

二、工具、材料的准备

钢筋绑扎和安装前，应备足铁丝、铅丝钩、小撬棍、起拱扳手、马架、划线尺、水泥（混凝土）垫块和绑扎架等常用工具。下面主要介绍铅丝钩、小撬棍、绑扎架和起拱扳手等常用工具。

1. 铅丝钩

铅丝钩又称钢筋钩，是用得最多的绑扎工具。铅丝钩的制作尺寸如图 6–1 所示，其基本形式如图 6–2 所示。铅丝钩常用直径为 12 ~ 16 mm、长度为 160 ~ 200 mm 的圆钢筋加工而成，根据工程需要还可以在其尾部加上套筒或小扳口等。

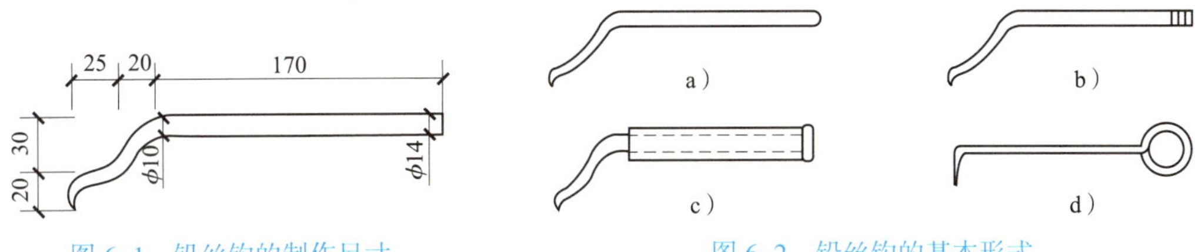

图 6–1　铅丝钩的制作尺寸

图 6–2　铅丝钩的基本形式

2. 小撬棍

小撬棍主要用于调整钢筋间距、矫直钢筋的局部弯曲、垫保护层砂浆（混凝土）垫块等。

3. 绑扎架

为了确保绑扎质量，绑扎钢筋骨架必须用钢筋绑扎架，根据绑扎骨架的轻重、形状等可选用相应形式的绑扎架。如图 6–3 所示为轻型骨架绑扎架，适用于绑扎过梁、空心板、槽形板钢筋骨架；如图 6–4 所示为重型骨架绑扎架，适用于绑扎重型钢筋骨架。

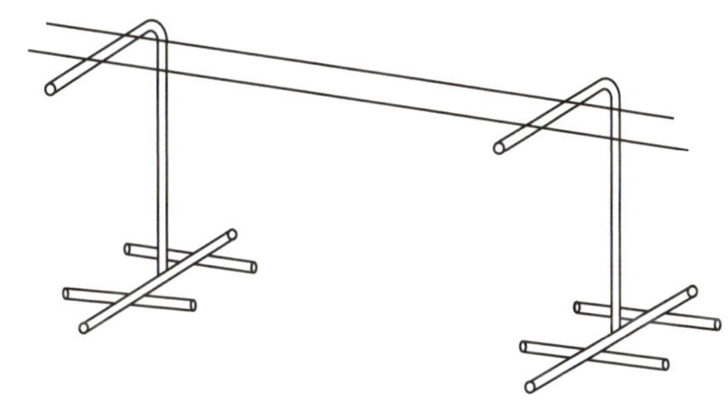

图 6–3　轻型骨架绑扎架

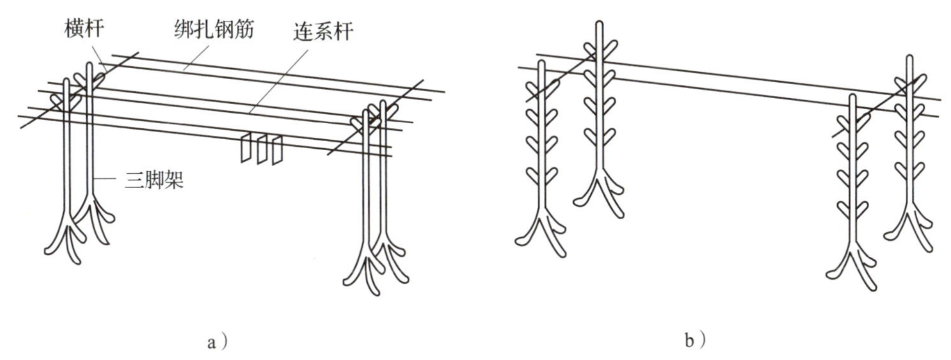

图 6–4　重型骨架绑扎架

4. 起拱扳手

一般楼板的弯起钢筋不是预先弯曲成形的，而是将弯起钢筋与分布钢筋绑扎成网片以后，再用起拱扳手将弯起钢筋弯成设计要求。起拱扳手的形状和操作方法如图 6–5 所示。

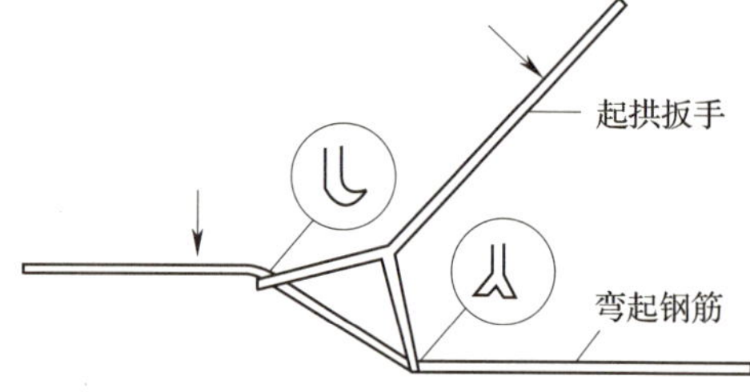

图 6–5　起拱扳手的形状和操作方法

三、现场施工准备

1. 施工图放样

正式施工图一般仅一两份，一个工程往往又有几个不同部位同时进行施工，所以，必须按钢筋安装部位绘出若干草图，草图经校核无误后，才可作为绑扎依据。

2. 钢筋位置放线

若梁、板、柱类型较多时，为避免混乱和差错，还应在模板上标示各种型号构件的钢筋规格、形状和数量。为使钢筋绑扎正确，一般应先在结构模板上用粉笔按施工图标明的间距划线，作为摆料的依据。通常楼板或墙板钢筋在模板上划线，柱箍筋在两根对角线主筋上划点，梁箍筋在架立钢筋上划点，基础的钢筋则在固定架上划线或在两向各取一根钢筋上划点。钢筋接头对位置、数量的要求在模板上划出。

3. 做好互检、自检及交检工作

在钢筋绑扎安装前，钢筋工应会同施工员、木工、水电安装工等有关工种，共同检查模板尺寸、标高，确定管线、水电设备等的预埋和预留工作。

四、混凝土施工过程中的注意事项

在混凝土浇筑过程中，混凝土的运输应有自己独立的通道。运输混凝土不能损坏成品钢筋骨架。应在混凝土浇筑时派钢筋工现场值班，及时修整移动的钢筋或扎好松动的绑扎点。

第二节　钢筋的现场绑扎

钢筋绑扎与安装是钢筋施工的重要工序，一般采用预先将钢筋在加工车间弯曲成形，再到模内组合绑扎的方法。如果现场的起重安装能力较强，也可以采用预先焊接或绑扎的方法将单根钢筋组合成钢筋网片或钢筋骨架，然后到现场吊装。一些复杂结构的钢筋施工还需要采用先弯曲成形、后模内组合绑扎的方法。

一、绑扎的操作方法

绑扎钢筋的要点是借助钢筋钩用铁丝把各种单根钢筋绑扎成整体网片或骨架。

1. 一面顺扣绑扎法

一面顺扣绑扎法是最常用的钢筋绑扎方法，如图 6–6 所示。绑扎时先将铁丝扣穿套钢筋交叉点，接着用钢筋钩钩住铁丝弯成圆圈的一端，旋转钢筋钩，一般旋转

1.5 ~ 2.5 转即可。扣要短，才能少转快扎。这种方法操作简便，绑点牢靠，适用于钢筋网、架各个部位的绑扎。

图 6–6　一面顺扣绑扎法

2. 其他绑扎方法

钢筋绑扎除一面顺扣绑扎法之外，还有兜扣、十字花扣、缠扣、反十字花扣、套扣、兜扣加缠等绑扎方法，可根据绑扎部位的实际需要进行选择，如图 6–7 所示。十字花扣、兜扣适用于平板钢筋网和箍筋处绑扎，缠扣主要用于墙钢筋和柱箍筋的绑扎，反十字花扣、兜扣加缠适用于梁骨架的箍筋与主筋的绑扎，套扣用于梁的架立钢筋和箍筋的绑口处。

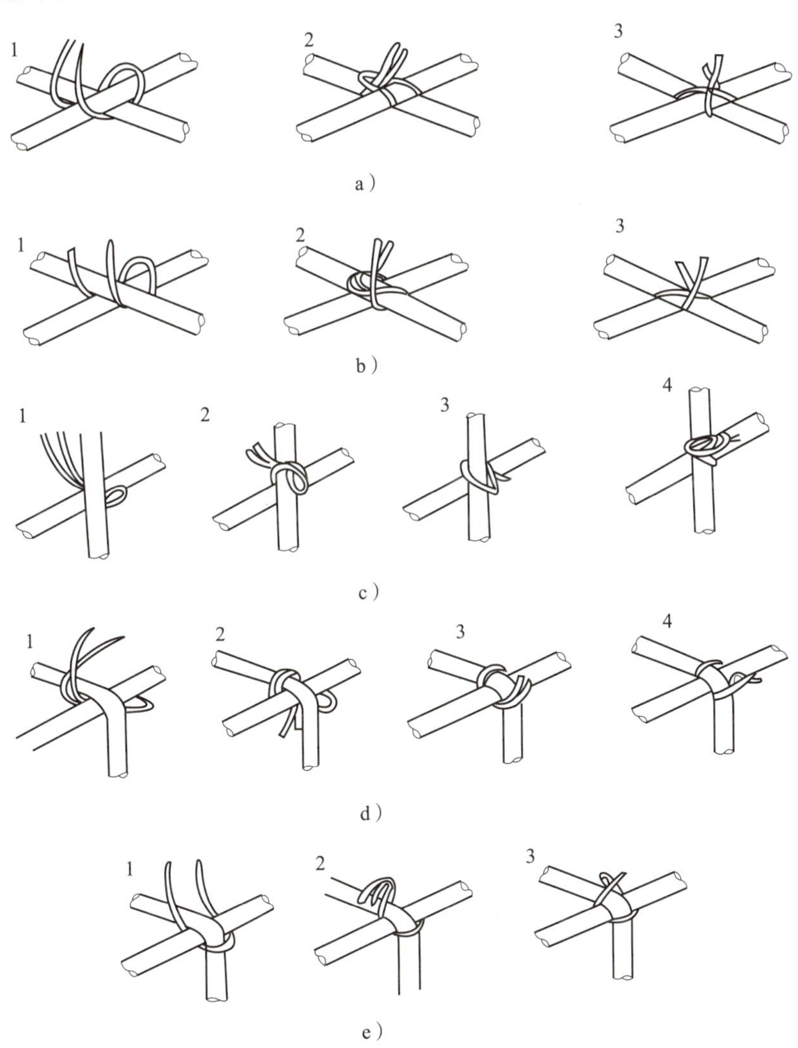

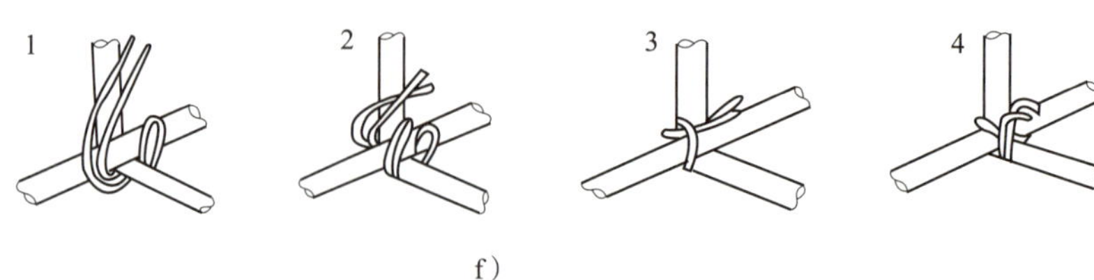

f）

图 6-7　钢筋的其他绑扎方法

a）兜扣　b）十字花扣　c）缠扣　d）反十字花扣　e）套扣　f）兜扣加缠

二、钢筋绑扎用铁丝

绑扎钢筋用铁丝的主要规格为 20 ~ 22 号的镀锌铁丝或绑扎钢筋专用的火烧丝。22 号铁丝宜用于绑扎直径 12 mm 以下的钢筋，绑扎直径 12 ~ 25 mm 钢筋时宜用 20 号铁丝。钢筋绑扎所需铁丝长度见表 6-1。

表 6-1　　钢筋绑扎所需铁丝长度　　单位：mm

钢筋直径	3 ~ 4	5	6	8	10	12	14	16	18	20	22	25	28	32
3 ~ 4	110	120	120	130	140	150	160	180	190					
5		120	130	130	140	160	170	180	200	210				
6			130	130	140	160	180	190	210	230	250	270	300	320
8				140	150	170	180	200	220	250	260	280	300	320
10				150	170	190	200	220	240	250	260	280	310	340
12					180	200	220	230	250	260	270	290	310	340
14							230	240	250	270	280	300	320	350
16								250	260	280	300	310	330	360
18									270	300	310	330	350	370
20										310	320	340	360	380
22											340	350	370	390

三、钢筋绑扎的一般规定

1. 板和墙的钢筋网

除靠近外圈两行的钢筋的相交点全部扎牢外，中间部分交叉点可相隔交错扎牢，

必须保证受力钢筋不产生位置偏移。双向受力的钢筋必须全部扎牢。

2. 梁和柱的箍筋

除设计有特殊要求外，箍筋应与受力钢筋垂直设置，箍筋弯钩叠合处应沿受力钢筋方向错开设置。

3. 钢筋的绑扎接头

钢筋的绑扎接头应符合以下规定：

（1）搭接长度的末端距钢筋弯折处不得小于钢筋直径的 10 倍。

（2）受拉区域内，HPB300 钢筋的末端应做成弯钩。

（3）直径不大于 12 mm 的受压 HPB300 钢筋以及轴心受压构件中任意直径的受力钢筋的搭接长度不应小于钢筋直径的 35 倍。

（4）钢筋搭接处应在中心和两端扎牢。

（5）受拉钢筋绑扎接头的搭接长度见表 6–2，受压钢筋绑扎接头的搭接长度应取受拉钢筋绑扎接头搭接长度的 0.7 倍。

表 6–2　受拉钢筋绑扎接头的搭接长度

钢筋类型		混凝土强度等级		
		C20 ~ C25	C30 ~ C35	C40
光圆钢筋	HPB300	35d	30d	25d
带肋钢筋	HRB400 HRB500	55d	40d	35d

注：1. 表中为纵向受力钢筋的绑扎接头面积百分率≤ 25% 时的最小搭接长度，d 为钢筋直径。

2. 两根直径不同的钢筋搭接长度按较细钢筋的直径计算。

3. 当纵向受力钢筋的绑扎接头面积百分率小于 25% 时，其最小搭接长度应按本表数值乘以 1.2 取用；当接头面积百分率大于 50% 时，应乘以 1.4 取用。

4. 当符合下列条件时，纵向受拉钢筋的最小搭接长度按上述规定取值后，应再按照下列规定进行修正：

（1）带肋钢筋的直径大于 25 mm 时，乘以系数 1.1。

（2）环氧树脂涂层带肋钢筋，乘以系数 1.25。

（3）在混凝土凝固过程中受力钢筋易受干扰，乘以系数 1.1。

（4）末端采用机械锚固措施的带肋钢筋，乘以系数 0.7。

（5）当带肋钢筋的混凝土保护层厚度大于搭接钢筋值的 3 倍且配有箍筋时，乘以系数 0.8。

（6）对有抗震设防要求的结构构件，其受力钢筋的最小搭接长度：一、二级抗震等级应乘以系数 1.15，三级抗震等级应乘以系数 1.05。

5. 在任何情况下，受拉钢筋的搭接长度不应小于 300 mm。

6. 纵向受拉钢筋搭接时，其最小搭接长度应根据上述规定确定相应数值后，乘以系数 0.7 取用，任何情况下受压钢筋的搭接长度不应小于 200 mm。

（6）绑扎和安装钢筋时一定要保证主筋的混凝土保护层厚度。

（7）绑扎的钢筋网或钢筋骨架不得有变形和松脱。

四、钢筋绑扎的操作要点

1. 划线时应划出主筋的间距及数量，并标明箍筋的加密位置。

2. 板类钢筋应先排主筋后排副筋；梁类钢筋一般先排纵筋。排筋时应注意按规定将受力钢筋的接头错开。

3. 受力钢筋接头在同一截面（35*d* 区段内，且不小于 500 mm），有接头的受力钢筋截面积占受力钢筋总截面积的百分率应符合相关规定。

4. 箍筋的转角与其他钢筋的交点均应绑扎，但箍筋的平直部分与钢筋的相交点可呈梅花式交错绑扎。箍筋的弯钩叠合处应交错绑扎在不同的架立钢筋上。

5. 绑扎钢筋网片采用一面顺扣绑扎法，相邻两个绑点应成八字形，不要互相平行，以防骨架歪斜变形，如图 6–8 所示。

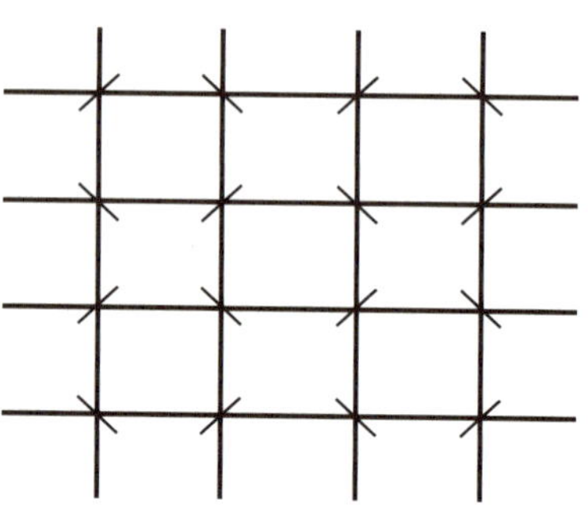
图 6–8　绑扎钢筋网片

6. 预制钢筋骨架绑扎时要注意保持外形尺寸正确，避免入模安装困难。

7. 在保证质量、提高工效、加快进度、减轻劳动强度的原则下，研究预制方案。方案应分为预制部分和模内绑扎部分，并做好两者的衔接，避免后续工序施工困难甚至造成返工现象。

五、钢筋检查

钢筋绑扎完毕，应检查以下内容：

1. 对照设计图样检查钢筋的钢号、直径、根数、间距、位置是否正确，应特别注意副筋的位置。

2. 检查钢筋的接头位置和搭接长度是否符合规定。

3. 检查混凝土保护层的厚度是否符合规定。

4. 检查钢筋是否绑扎牢固，有无松动变形现象。

5. 检查钢筋表面是否有油渍、漆污和片状铁锈。

6. 检查安装钢筋的允许偏差是否符合规范的要求。

六、现场钢筋绑扎的施工操作顺序

钢筋模内绑扎的一般顺序为划线→排筋→穿筋→绑扎→安放垫块等。不同结构的操作程序略有区别，下面介绍几种结构钢筋绑扎的施工操作顺序及要点。

1. 独立基础钢筋绑扎

（1）操作程序

划线→摆放钢筋→绑扎→放置垫块或马凳筋。

（2）操作时应注意的问题

1）绑扎基础钢筋网应遵守前面所讲的钢筋绑扎一般规定中的第 1 项。

2）相邻绑扎点的铁丝扣要成八字形，以免网片歪斜变形。

3）基础底盘采用双层钢筋网时，在上层钢筋网下每隔 80 ~ 100 cm 放置马凳筋，以保证钢筋位置正确。

4）钢筋的弯钩应朝上，不要倒向一边，但是双层钢筋网的上层钢筋的弯钩应朝下。

5）现浇柱与基础相连接用的插筋，其箍筋应比柱的箍筋缩小一个箍筋直径，以便连接。

2. 独立柱基础钢筋绑扎

（1）操作程序

基础钢筋网片→插筋→柱受力钢筋→柱箍筋。

（2）操作时应注意的问题

1）独立柱基础钢筋为双向弯曲钢筋，其底面短边钢筋应放在长边钢筋的上面。

2）钢筋网片绑扎时，要将钢筋的弯钩朝上，不要倒向一边。绑扎时，应先绑扎底面钢筋的两端，以便固定底面钢筋的位置。

3）柱钢筋与插筋绑扎接头的绑扣要向里，便于箍筋向上移动。

4）绑扎柱钢筋时，其纵向筋应使弯钩朝向柱心。

5）箍筋弯钩叠合处应错开。

6）插筋要用木条井字架固定在外模板上。

3. 现浇框架柱钢筋绑扎

（1）操作程序

1）将箍筋套入基础或楼板面伸出的插筋上。

2）立柱子四角主筋。

3）绑好插筋接头。

4）立其余主筋。

5）绑钢筋。

（2）操作时应注意的问题

1）对基础或下层伸出钢筋进行整理。如果有锈皮、水泥浆或污垢等要清理干净，并理直，若发现伸出钢筋位置与设计要求位置出入偏差大于允许偏差，应进行调整。

2）按图样要求计算好每根（段）柱子所需箍筋的数量，按照箍筋接头交错布置原则先埋好，一次套在伸出筋上，然后立竖筋。

3）受力钢筋的接头位置不宜位于最大弯矩处，应相互错开。绑扎接头任一搭接长度区段内的受力钢筋截面积占受力钢筋总截面积的百分率应符合受拉区不超过 25%、受压区不超过 50% 的规定。

4）绑扎接头长度应符合设计要求。设计无明确要求时，纵向受拉钢筋接头的搭接长度应按表 6–2 的规定采用，受压钢筋绑扎接头的搭接长度应按表 6–2 规定数值的 0.7 倍采用。

5）垫保护层。用砂浆垫块时，垫块应绑在箍筋外皮上，用塑料卡时，应卡在外排钢筋上，间距一般为 1 000 mm 左右，以保证主筋保护层厚度正确。

6）箍筋设拉筋时，设计要求拉筋应钩住箍筋，如图 6–9 所示。

7）当柱截面尺寸有变化时，柱钢筋收缩位置、尺寸应符合设计要求，收缩时宽高比为 1∶6。

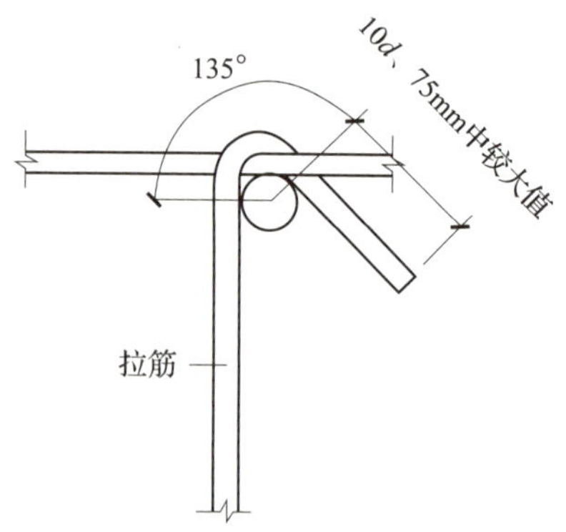

图 6–9　拉筋应钩住箍筋

4. 梁钢筋绑扎

（1）操作程序

支设绑扎架→划钢筋间距点→绑扎成形。

（2）操作时应注意的问题

1）底筋和支座加筋穿入与梁相邻的墙内备用。

2）将两侧柱子拉到位，面筋留够锚固长度，然后与柱子用双扎丝绑扎固定。

3）梁箍筋加密区为梁高的 1.5 倍，次梁交主梁处次梁不加密，主梁在两端加密 3 道。

4）采用八字扣的方法将箍筋与面筋绑扎固定，否则箍筋受踩踏后会逐渐扭转。

5）将底筋穿到合适的位置，然后和箍筋绑扎固定，最后再穿入支座加筋，否则手伸不进去，无法绑扎底部箍筋。

6）对于直径较小，且没有贯通筋的梁，应加强搭接区与支座处绑扎强度，避免受踩踏后面筋移动，带动箍筋倾倒，无特殊要求时，架立筋搭接长度为 150 mm。

7）腰筋分构造腰筋和抗扭腰筋，构造腰筋锚固 15 d，抗扭腰筋锚固 L_{aE}（L_{aE} 为抗震构件的钢筋锚固长度）。

8）悬挑梁伸出支点长度为 L，伸入支点长度大于等于 L 和 1/3 相邻净跨的较大值；作为其他梁支点时，梁两侧最边缘外面筋需做成牛头拐。

9）达到直锚长度的梁采用直锚，达不到直锚长度的梁采用弯锚。

5. 墙钢筋绑扎

（1）操作程序（单层网片 1 ~ 7，双层网片 1 ~ 10）

1）在立好的一面模板上划线。

2）立竖向钢筋（纵筋）。

3）纵筋与插筋绑扎连接。

4）绑扎水平钢筋（横筋）。

5）特殊部位（暗梁、洞口等）处理。

6）调整钢筋间距及固定。

7）设置保护层垫块。

8）绑扎外侧钢筋网片。

9）设置钢筋，固定位置。

10）设置撑铁，固定位置。

（2）操作时应注意的问题

1）垂直钢筋每段长度不宜超过 4 m（钢筋直径≤ 12 mm 时）或 6 m（钢筋直径 > 12 mm 时）。

2）水平钢筋每段长度不宜超过 8 m。

3）钢筋的弯钩应朝向混凝土。

4）采用双层钢筋网时，必须设置直径 6 ~ 12 mm 的钢筋撑铁，间距 80 ~ 100 cm，相互错开排列。

6. 楼板钢筋绑扎

（1）操作程序（以非悬挑楼板为例）

单层：板受力筋→分布筋→绑扎。

双层：下部受力筋→下部分布筋→上部分布筋→上部受力筋→绑扎。

（2）操作时应注意的问题

1）清理模板上的杂物，用墨斗在模板上弹好受力筋、分布筋间距线。

2）按划好的间距，先摆放受力筋、后摆放分布筋。预埋件、电线管、预留孔等及时配合安装。

3）现浇板中有板带梁时，应先绑板带梁钢筋，再摆放板钢筋。绑扎板钢筋时一般用一面顺扣或八字扣。除外围两根筋的相交点应全部绑扎外，其余各点可交错绑扎（双向板相交点须全部绑扎）。

4）如果板为双层钢筋，两层钢筋之间须加马凳筋，以确保上部钢筋的位置。负弯矩钢筋每个相交点均要绑扎。

5）在钢筋的下面垫好砂浆垫块，间距 1.5 m。垫块的厚度等于保护层厚度，应满足设计要求，设计无要求时，板的保护层厚度应为 15 mm。盖铁下部安装马凳筋，安装位置与垫块相同。

7. 楼梯钢筋绑扎

楼梯钢筋骨架采用模内安装绑扎的方法，即现场绑扎。绑扎前须仔细安排好穿筋顺序和绑扎次序。

（1）操作程序

模板上划线→钢筋入模→绑扎待弯钢筋和分布筋→弯制弯起钢筋→绑扎成骨架→检查。

（2）操作时应注意的问题

1）钢筋的弯钩应全部向内。

2）钢筋的间距及弯起位置应划在横板上。

3）弯起钢筋可采用起拱扳手弯制。具体做法是将待弯钢筋和分布钢筋绑扎牢固后，用起拱扳手一端将弯起钢筋的下部压住，另一端将起拱钢筋的上部勾起，而弯起钢筋的平直部分则用脚踏住。

4）不准踩在钢筋骨架上进行绑扎。

5）作业开始前，必须检查模板及支撑是否牢固。

第三节 钢筋网、架制作和安装

钢筋网、架制作分焊接和绑扎两种。小型预制构件的钢筋网、架一般采用点焊成形，而较大构件的钢筋网、架不便在点焊机上操作，宜采用绑扎成形。

为了缩短钢筋安装的工期，减少高空作业，在运输、起重条件允许的情况下，钢筋网、架应尽可能采用先预制、后安装的方法。焊接网、架制作可参见前面有关规定。预制绑扎钢筋网、架和现场绑扎的程序、方法基本一样，只是预制绑扎操作可以在室内进行，或在比较理想的条件下进行，并且不占主体工程施工的工期，是一种比较理想的钢筋绑扎安装方法。

一、预制钢筋网片绑扎

预制钢筋网片一般用于预制构件中，也有用于现浇独立柱基或带形基础中的。小型钢筋网片可在模架上绑扎。大型钢筋网片可先在地坪上划线，然后按划线位置摆好钢筋，按操作顺序绑扎。钢筋网片面积较大时，为了防止运输、安装过程中发生歪斜和变形，可采用细钢筋斜向拉结。当钢筋网片用于单向受力构件时，外围两行的交叉点须每点绑扎牢固，中间部分可每隔一根相互成梅花状绑扎。当用于双向构件时，必须将全部钢筋相交点绑扎牢靠。

二、预制钢筋骨架绑扎

预制钢筋骨架绑扎与现场绑扎的程序和方法相似，但效率高、进度快、质量好。

钢筋骨架预制绑扎可以在加工车间或安装现场附近的空地上进行。采用三支腿简易钢筋绑扎支架，在支架上搁置横杆，横杆间距视钢筋骨架的质量而定，一般不宜超过 4 m。横杆高度以操作者便于绑扎为宜。预制钢筋骨架绑扎顺序如下：

第一步，将梁的受拉钢筋和弯起钢筋搁置在横杆上，使受拉钢筋的弯钩和弯起钢筋的弯起部分朝下，按箍筋间距在受拉钢筋上划线，从中间向两边分，以保持端部箍筋均匀对称。

第二步，将箍筋从一端穿入，按划线位置摆开，并将受拉钢筋、弯起钢筋和箍筋绑扎完毕。

第三步，将架立钢筋从一端穿入，找正箍筋位置，然后逐点绑扎成形。

架立钢筋也可以在第一步时和受力钢筋等一起搁在横杆上，到第三步绑扎时，只需将架立钢筋落入箍筋内，然后即可绑扎成形。绑扎完毕后，抽掉横杆，骨架落地翻身，择地堆放，即完成骨架的全部绑扎工作。

三、焊接骨架、网片的安装

焊接骨架、网片等比较牢固，整体性好，便于运输和安装。对于单个钢筋骨架和网片，只需将其吊运就位，垫好保护层即可。多个钢筋骨架和网片的安装应遵守如下规定：

1. 光圆钢筋焊接骨架、网片的搭接长度，在受拉区不得小于受力钢筋直径的 25 倍，且不小于 250 mm；在受压区不小于受力钢筋直径的 15 倍，且不小于 200 mm。在搭接范围内，至少应有三根横向钢筋。

2. 螺纹钢筋骨架、网片，在搭接长度内可以不加焊横向钢筋，但搭接长度应为受力钢筋直径的 30 倍（受拉区）或 20 倍（受压区）。

3. 焊接钢筋骨架除应符合搭接长度外，在搭接范围内应加配箍筋或槽形焊接网。箍筋或焊接槽形网中的横向间距不得大于受力钢筋直径的 5 倍，对轴心和偏心受拉构件，不得大于受力钢筋直径的 10 倍。

4. 焊接钢筋骨架、网片的接头位置应错开，在一个截面内，其搭接面积不超过总面积的 50%。

5. 焊接钢筋骨架、网片的搭接接头应放在构件受力较小的部位。简支梁、板宜在跨度两端 1/4 的范围内。

6. 焊接钢筋网片沿分布钢筋搭接时，如果分布钢筋的直径为 4 mm，两钢筋网片的受力钢筋间距不得小于 50 mm；如果分布钢筋直径大于 4 mm，两钢筋网片的受力钢筋间距不得小于 100 mm。

7. 受力钢筋的直径在 16 mm 以上时，沿分布钢筋方向接头的钢筋网上宜铺附加钢筋网，其每边搭接长度为 15 倍分布钢筋的直径，但不得小于 100 mm。

8. 双向配置受力钢筋的焊接骨架不得采用搭接接头。

9. 轴心受拉构件和小偏心受拉构件不得采用搭接接头。

技能训练 11　钢 筋 绑 扎

一、训练目的

1. 熟悉钢筋的各种绑扎方法与要求。
2. 掌握一面顺扣绑扎法绑扎钢筋的操作步骤与方法。

二、训练准备

1. 材料准备

钢筋（ϕ6 mm、ϕ 8 mm、ϕ10 mm）若干根，铁丝（20 ~ 22 号）。

2. 机具准备

绑扎钩、90° 角尺、锤子等。

3. 场地准备

实训车间内或施工现场。

三、训练内容

两人一组，自行取材，使用一面顺扣绑扎法进行绑扎钢筋操作。

1. 操作步骤

如图 6–6 所示，将已切断的绑扎铁丝在中间折合成 180° 弯，并将铁丝整理整齐，使每根铁丝在操作时均容易抽出。绑扎时，拿在左手的铁丝靠近绑扎点的底部，右手拿绑扎钩，食指压在钩前部，用钩尖钩着铁丝底扣处，并紧靠铁丝开口端绕铁丝拧转两圈半。绑扎时铁丝扣伸出钢筋底部要短，并用钩尖将铁丝套紧。这样可使铁丝扎得紧，而且绑扎速度快。

绑扎楼板钢筋网片一般用单根铁丝；绑扎梁、柱钢筋骨架一般用双根铁丝。绑扎用的铁丝长度一般以用绑扎钩拧 2 ~ 3 圈后铁丝出头长度为 20 mm 左右为宜。

2. 注意事项

（1）根据被绑扎钢筋的直径选择铁丝规格及长度。

（2）根据被绑扎钢筋在构件中的不同作用和位置选择相应的绑扎方法。

（3）注意操作安全。

四、评分标准

钢筋绑扎评分标准见表 6–3。

表 6–3　　钢筋绑扎评分标准

项次	项目	检查方法	评分标准	应得分	实得分
1	绑扎方法正确	目测	绑扎不正确，每处扣 5 分，扣完为止	40	
2	绑扎牢固	目测、手感	绑扎不牢固，每处扣 5 分，扣完为止	20	
3	绑扎熟练	目测	视具体情况酌情扣分	20	
4	安全操作	目测	有事故时此项无分，有事故苗头扣 1 ~ 9 分	10	
5	文明施工	目测	未达到活完料清扣 5 分	5	
6	综合印象	目测	—	5	

技能训练 12　钢筋网片绑扎

一、训练目的

1. 用一面顺扣绑扎法进行钢筋网片绑扎。
2. 通过练习，基本掌握钢筋网片的绑扎方法。

二、训练准备

1. 材料准备

准备 Φ6 mm 和 Φ8 mm 钢筋，20 号铁丝。

2. 机具准备

钢筋钳、绑扎钩、90° 角尺、钢卷尺、锤子等。

3. 场地准备

实训车间内或施工现场。

三、训练内容

两人一组，按图 6–10 所示进行钢筋网片的下料、绑扎练习。

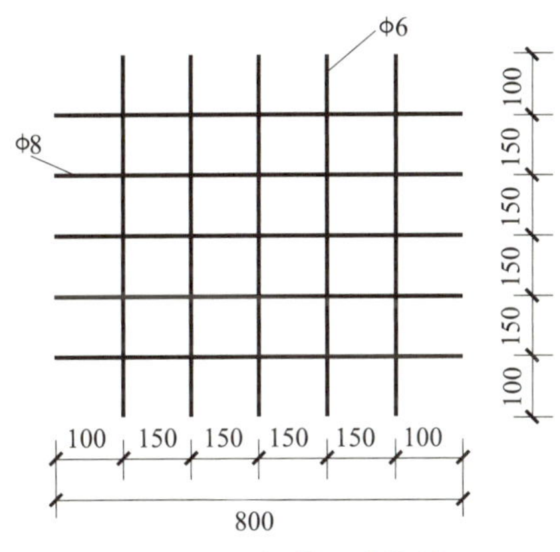

图 6–10　钢筋网片绑扎

绑扎钢筋网片采用一面顺扣绑扎法。每个绑扎点进丝方向（缠绕方向）要互相变换、互相垂直。这样绑扎出的钢筋网片整体性好，不易发生歪斜变形。绑扎钢筋网片所用的铁丝长度可取 150 mm。

实训中需要注意以下问题：

1. 绑扎前核对成品钢筋的型号、直径、形状、尺寸和数量是否与配料单相符，如有错漏，应及时更正及补增。

2. 钢筋接头的位置应根据钢筋规格、结合规范，按有关接头位置、数量的规定，使其错开。

四、评分标准

钢筋网片绑扎评分标准见表 6–4。

表 6–4　　钢筋网片绑扎评分标准

项次	项目	检查方法	评分标准	应得分	实得分
1	绑扎顺序	目测	顺序不正确扣 2～10 分	15	
2	绑扎方法	目测	方法不正确扣 2～10 分	15	
3	绑扎固定	目测、手感	检测 4 处，每处不合要求扣 5 分	20	
4	网片尺寸	尺测	每超过 5 mm 扣 4 分，扣完为止	20	
5	安全操作	目测	有事故时此项无分，有事故苗头扣 1～9 分	10	
6	文明施工	目测	未达到活完料清扣 2～8 分	10	
7	工作效率	计时	超时酌情扣 2～8 分	10	

技能训练 13　框架柱钢筋骨架绑扎

一、训练目的

1. 进行框架柱钢筋的下料、弯曲与绑扎。
2. 通过练习，基本掌握框架柱钢筋骨架的绑扎方法。

二、训练准备

1. 材料准备

准备 Φ 8 mm、⏀16 mm 和 ⏀18 mm 钢筋，20 号铁丝。

2. 机具准备

钢筋钳、钢锯、绑扎钩、卡盘、钢筋扳手、角尺、钢卷尺、撬棍等。

3. 场地准备

实训车间内或施工现场。

三、训练内容

1. 钢筋下料及弯制

钢筋下料及弯制过程中，应按照图纸尺寸重点加工好箍筋，以提高框架柱钢筋骨架的绑扎质量。

2. 框架柱纵筋的固定

在绑扎框架柱箍筋前固定框架柱纵筋时，常用方法是用电锤在混凝土地面打孔（比植入纵筋的直径大 2 mm）或者采用铁板焊接长套筒作为固定基座。

3. 框架柱钢筋绑扎顺序

柱钢筋位置定位放线→竖立柱纵向受力筋→标出箍筋间距→套箍筋→绑扎箍筋→校正柱垂直度→检查验收。

4. 注意事项

（1）按已划好的箍筋位置线将已套好的箍筋向上移动，由上向下绑扎，宜采用缠扣法绑扎。

（2）箍筋与主筋要垂直，箍筋转角处与主筋交点均要绑扎，主筋与箍筋非转角部分的相交点成梅花交错绑扎。

（3）箍筋的弯钩叠合处应沿柱子纵筋交错布置，并绑扎牢固。

（4）有抗震要求的，柱箍筋端头应弯成 135°，平直部分长度不小于 10d（d 为箍筋直径）。

（5）柱上下两端箍筋应加密，加密区长度及加密区内箍筋间距应符合设计图纸要求。

四、训练作业与评分标准

1. 训练作业

四人一组进行框架柱钢筋骨架下料、弯曲及绑扎练习，如图 6–11 所示。

2. 评分标准

框架柱钢筋骨架绑扎评分标准见表 6–5。

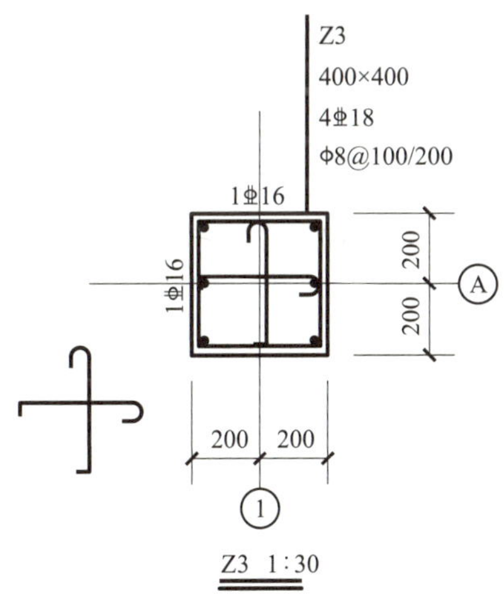

图 6–11　框架柱钢筋骨架绑扎

注：柱总高 3 m，保护层厚度 25 mm。

表 6–5 框架柱钢筋骨架绑扎评分标准

项次	项目	检查方法	评分标准	应得分	实得分
1	安装顺序	目测	顺序不正确扣 2 ~ 10 分	15	
2	绑扎方法	目测	方法不正确扣 2 ~ 10 分	15	
3	绑扎牢固	目测、手感	检测 4 处，每处不合要求扣 5 分	20	
4	骨架尺寸	尺测	每超 5 mm 扣 4 分，扣完为止	20	
5	安全操作	目测	有事故时此项无分，有事故苗头扣 1 ~ 9 分	10	
6	文明施工	目测	未达到活完料清扣 2 ~ 8 分	10	
7	工作效率	计时	超时酌情扣 2 ~ 8 分	10	
总分				100	

技能训练 14　简支梁钢筋骨架绑扎

一、训练目的

1. 进行简支梁钢筋骨架的下料、弯曲与绑扎。
2. 通过练习，基本掌握简支梁钢筋骨架的绑扎方法。

二、训练准备

1. 材料准备

准备 Φ6 mm、Φ12 mm 和 Φ16 mm 钢筋，20 号铁丝。

2. 机具准备

钢筋钳、钢锯、绑扎钩、绑扎架、卡盘、钢筋扳手、90° 角尺、钢卷尺、撬棍等。

3. 场地准备

实训车间内或施工现场。

三、训练内容

四人一组进行简支梁钢筋骨架下料、弯制及绑扎练习，如图 6–12 所示。

1. 钢筋下料长度及弯制

钢筋下料及弯制完成后，重点加工好箍筋，提高骨架的绑扎质量。

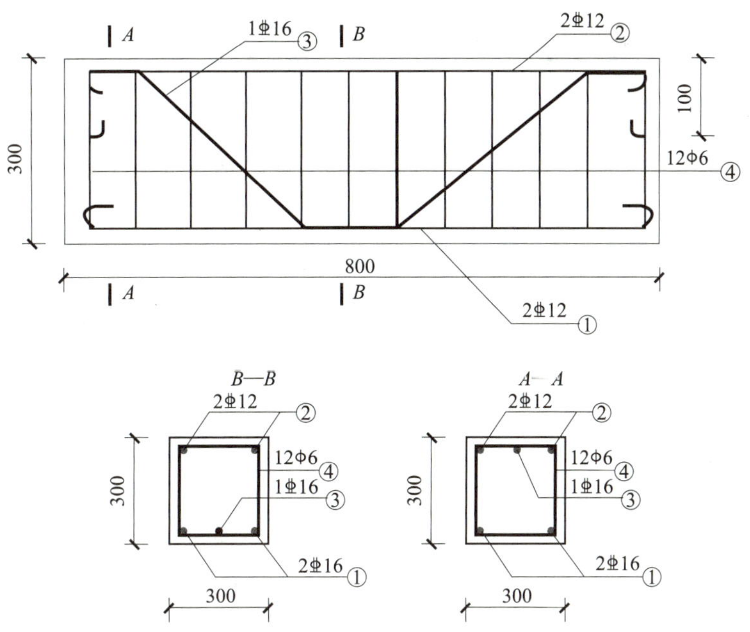

图 6–12　简支梁钢筋骨架绑扎

2. 钢筋绑扎架的选用

绑扎钢筋骨架必须使用钢筋绑扎架，选用的钢筋绑扎架是否合适对提高绑扎效率有一定的影响。绑扎轻型骨架（如过梁骨架等）一般选用单面或双面悬挑的钢筋绑扎架，这种绑扎架对钢筋和钢筋骨架的穿、取、放、绑扎都比较方便。

3. 简支梁钢筋骨架绑扎顺序

简支梁钢筋骨架绑扎一般分为三步进行：第一，将梁的受拉钢筋和弯起钢筋放在横杆上，并将钢筋一端平齐摆放；第二，将所需的箍筋整理后，全部从钢筋的一端套入，并按划线间距将箍筋摆开，然后将受拉钢筋、弯起钢筋和箍筋在一个面全部绑扎完毕；第三，在绑扎架立钢筋时，为了有一个合适的操作高度，可将钢筋骨架随横杆向上抬高一些，而后穿入架立钢筋，并将其与箍筋一起绑扎。

4. 注意事项

（1）绑扎时，纵向钢筋间距可标记在两端绑扎架的横杆上，箍筋间距可标记在两侧的纵向钢筋上。

（2）箍筋弯钩的叠合处应交错绑扎在不同的架立钢筋上，箍筋与钢筋的交接点均应绑扎，绑扎后的箍筋应与梁内主筋垂直。

（3）在相邻的两个绑扎点上，骨架的绑扎应成八字形，不要互相平行，以防止骨架发生歪斜。

四、评分标准

简支梁钢筋骨架绑扎评分标准见表 6–6。

表 6-6 简支梁钢筋骨架绑扎评分标准

项次	项目	检查方法	评分标准	应得分	实得分
1	安装顺序	目测	顺序不正确扣 2 ~ 10 分	15	
2	绑扎方法	目测	方法不正确扣 2 ~ 10 分	15	
3	绑扎牢固	目测、手感	检测 4 处，每处不合要求扣 5 分	20	
4	骨架尺寸	尺测	每超过 5 mm 扣 4 分，扣完为止	20	
5	安全操作	目测	有事故时此项无分，有事故苗头扣 1 ~ 9 分	10	
6	文明施工	目测	未达到完活料清扣 2 ~ 8 分	10	
7	工作效率	计时	超时酌情扣 2 ~ 8 分	10	

技能训练 15 剪力墙钢筋骨架绑扎

一、训练目的

1. 进行剪力墙钢筋骨架的下料、弯曲与绑扎。
2. 通过练习，基本掌握剪力墙钢筋骨架的绑扎方法。

二、训练准备

1. 材料准备

准备 Φ6 mm、Φ8 mm、⏀10 mm 和 ⏀16 mm 钢筋，20 号铁丝。

2. 机具准备

钢筋钳、钢锯、绑扎钩、卡盘、钢筋扳手、角尺、钢卷尺、撬棍等。

3. 场地准备

实训车间内或施工现场

三、训练内容

1. 钢筋下料及弯制

钢筋下料及弯制过程中，重点加工好剪力墙柱箍筋、水平钢筋，提高剪力墙钢筋骨架的绑扎质量。

2. 剪力墙竖向钢筋的固定

在绑扎剪力墙水平钢筋前进行竖向钢筋的固定，常用方法是在混凝土地面用电锤打孔（比植入纵筋的直径大 2 mm），或者采用铁板焊接长套筒作为竖向钢筋的固定基座。

3. 剪力墙钢筋骨架绑扎顺序

柱钢筋位置定位放线→剪力墙柱钢筋绑扎（具体步骤参考框架柱钢筋绑扎顺序）→

竖立纵向受力筋→标出水平钢筋间距→绑扎水平钢筋→校正柱垂直度→检查验收。

4. 注意事项

（1）剪力墙柱钢筋的绑扎方法参照框架柱钢筋绑扎，剪力墙身钢筋为双向受力钢筋，所有钢筋交点应逐点绑扎牢固，绑扎时相邻绑扎点的铁丝扣成八字形，以免钢筋网变形。钢筋的锚固长度、搭接长度及错开要求要符合设计及规范要求。

（2）双排钢筋之间应绑扎间距支撑或拉筋，以固定双排钢筋的骨架间距。支撑用直径 10 ~ 14 mm 的钢筋制作，拉筋可用直径 6 mm 或 8 mm 的钢筋制作，加工要准确，不要顶模露筋，尽量满足保护层厚度的要求，间距 1 m 左右，布置成梅花形。

（3）在墙筋外侧应绑上带有铁丝的砂浆垫块或塑料卡，保证保护层的厚度，钢筋保护层垫块不要绑在钢筋十字交叉点上。

（4）剪力墙水平分布钢筋的搭接长度不小于 1.2 L_a（L_a 为钢筋锚固长度）。同排水平分布筋的搭接接头之间及上下相邻水平分布钢筋的搭接接头之间沿水平方向的净间距不宜小于 500 mm。

（5）配合其他工种安装预埋管件、预留洞等，其位置、标高均应符合设计要求。

四、训练作业与评分标准

1. 训练作业

四人一组进行剪力墙钢筋骨架下料、弯曲及绑扎练习，如图 6–13 所示。

2. 评分标准

剪力墙钢筋骨架绑扎评分标准见表 6–7。

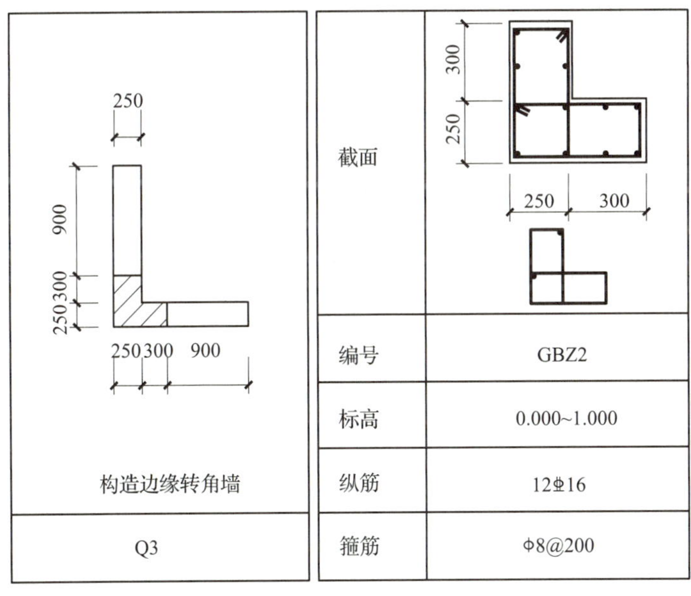

备注 1.剪力墙Q1~Q10统一为厚250，水平分布筋与垂直分布筋均为⌀10@200，拉筋（双向）为⌀6@400@400。
2.工作条件均为一级抗震，混凝土强度统一为C30。
3.剪力墙实训时高度为1 m，注意接头的错开。

图 6–13　剪力墙钢筋骨架绑扎

表 6–7 剪力墙钢筋骨架绑扎评分标准

项次	项目	检查方法	评分标准	应得分	实得分
1	安装顺序	目测	顺序不正确扣 2 ~ 10 分	15	
2	绑扎方法	目测	方法不正确扣 2 ~ 10 分	15	
3	绑扎牢固	目测、手感	检测 4 处，每处不合要求扣 5 分	20	
4	骨架尺寸	尺测	每超过 5 mm 扣 4 分，扣完为止	20	
5	安全操作	目测	有事故时此项无分，有事故苗头扣 1 ~ 9 分	10	
6	文明施工	目测	未达到活完料清扣 2 ~ 8 分	10	
7	工作效率	计时	超时酌情扣 2 ~ 8 分	10	
总分				100	

技能训练 16　楼梯钢筋骨架绑扎

一、训练目的

1. 进行楼梯钢筋骨架的下料、弯曲与绑扎。
2. 通过练习，基本掌握楼梯钢筋骨架的绑扎方法。

二、训练准备

1. 材料准备

准备 Φ8 mm、Φ10 mm、Φ12 mm 和 Φ16 mm 钢筋，20 号铁丝。

2. 机具准备

钢筋钳、钢锯、绑扎钩、卡盘、钢筋扳手、角尺、钢卷尺、撬棍、门式脚手架、楼梯模板等。

3. 场地准备

实训车间内或施工现场。

三、训练内容

1. 钢筋下料及弯制

钢筋下料及弯制过程中，重点加工好楼梯上下端梁箍筋，提高楼梯钢筋的绑扎质量。

2. 支撑楼梯脚手架和底模板架设

在绑扎楼梯箍筋前需要架设支撑楼梯钢筋脚手架和安装楼梯底模板。脚手架可采用高 1.2 m 快拆门式脚手架，楼梯底模板需要按实际使用下料和安装。

3. 板式楼梯钢筋绑扎顺序

楼梯平面构造定位放线→架设支撑脚手架→铺设楼板底模板→绑扎高端、低端楼梯梁钢筋（方法同简支梁）→划楼梯钢筋摆放位置线→摆放并绑扎楼梯受力筋→摆放并绑扎楼梯分布筋→摆放钢筋保护层垫块→检查验收。

4. 注意事项

（1）按图纸在楼梯模板上下处画出楼梯下部纵向钢筋间距线，楼梯两边第一根纵向钢筋距边缘 5 cm。

（2）为了方便固定纵向钢筋，先在高端楼梯梁上固定一根水平筋，穿入楼梯下部纵向钢筋，按画好的间距线摆放正确并与水平筋固定。

（3）纵向钢筋固定好后，在两侧的纵向钢筋上画出横向分布筋的间距线位置，高低端第一道横向分布筋距梯梁 50 mm。

（4）在楼梯梁和楼梯下部钢筋上放置保护层垫块。

（5）验收时要检查楼梯钢筋位置、间距和保护层厚度，以及箍筋间距和位置、相邻钢筋错开情况。

四、训练作业与评分标准

1. 训练作业

四人一组进行楼梯钢筋骨架下料、弯曲及绑扎练习，如图 6–14 所示。

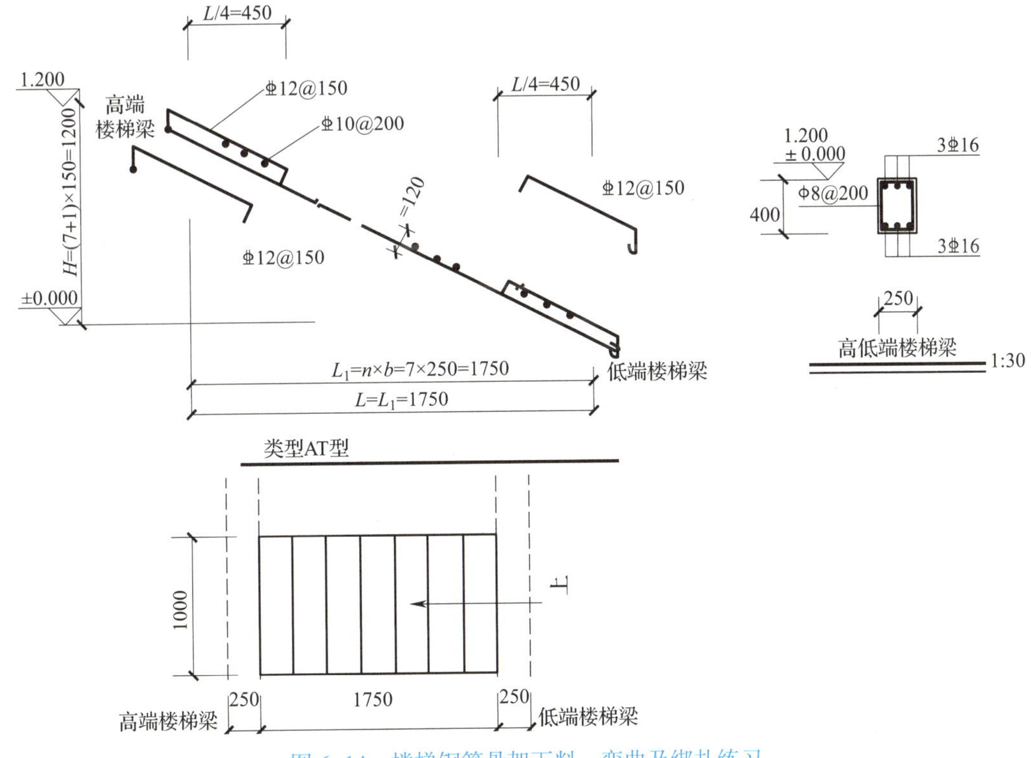

图 6–14　楼梯钢筋骨架下料、弯曲及绑扎练习

2. 评分标准

楼梯钢筋骨架绑扎评分标准见表 6-8。

表 6-8　　楼梯钢筋骨架绑扎评分标准

项次	项目	检查方法	评分标准	应得分	实得分
1	安装顺序	目测	顺序不正确扣 2 ~ 10 分	15	
2	绑扎方法	目测	方法不正确扣 2 ~ 10 分	15	
3	绑扎牢固	目测、手感	检测 4 处，每处不合要求扣 5 分	20	
4	骨架尺寸	尺测	每超过 5 mm 扣 4 分，扣完为止	20	
5	安全操作	目测	有事故时此项无分，有事故苗头扣 1 ~ 9 分	10	
6	文明施工	目测	未达到活完料清扣 2 ~ 8 分	10	
7	工作效率	计时	超时酌情扣 2 ~ 8 分	10	
总分				100	

技能训练 17　钢 筋 放 样

一、训练目的

1. 对构件复杂钢筋进行放样练习。
2. 通过练习基本掌握钢筋的放样步骤和方法。

二、训练准备

1. 材料准备

Φ6 mm 和 Φ8 mm 钢筋。

2. 工具准备

90° 角尺、钢卷尺、铅笔、墨斗、样板等。

3. 场地准备

实训车间内或施工现场。

三、训练内容

按操作练习要求，在绘图纸上按 1∶5 的比例对弯起钢筋和箍筋放小样。

钢筋的形状在配筋图中一般已表达清楚，如果配筋较复杂，钢筋重叠无法看清时，可在配筋图外增加钢筋大样图，如图 6–15 所示。

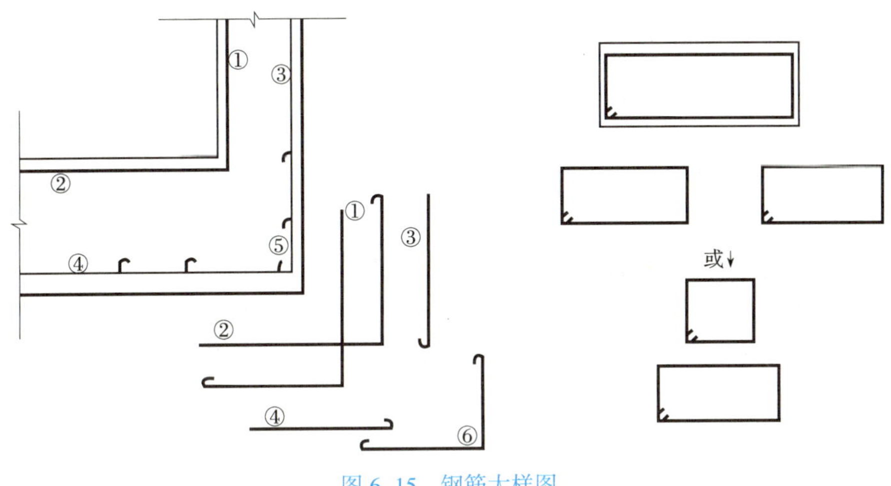

图 6–15 钢筋大样图

如果构件外形比较复杂，用手工计算方法计算钢筋尺寸难度较大，误差也较大，可用放大样的方法确定钢筋尺寸。放样时，一般用 1∶1 比例放样，也可用 1∶5 或 1∶10 比例放小样。其步骤是：先划出构件的外形尺寸，再划出纵向线，然后分段截取长度，最后确定斜长和弯钩。

1. 实训过程

（1）准备工作

在进行钢筋放样之前，首先要查看施工图纸和相关设计文件，了解钢筋构造要求和钢筋的种类、规格、数量等信息。然后根据施工图纸和设计文件确定标高线和布置线，明确放样的位置和方向。

（2）钢筋加工

根据结构设计和放样要求进行钢筋加工和制作。钢筋加工主要包括调直、剪切和弯曲等工序。钢筋加工时，要注意保持加工的精确度，确保其在实际施工中的质量和稳定性。

（3）地基处理

进行钢筋放样之前，需要对地基进行处理，包括除草、平整或打桩等工作。地基处理的目的是保证钢筋的正确布置和施工的顺利进行。

（4）杆件布置

根据设计要求，将已加工好的钢筋按照放样标高和线路进行布置。在布置过程中，要注意保持钢筋稳定和位置正确。每根杆件都应该按照设计要求严格放置，避免出现错位现象。

（5）固定连接

钢筋放置完毕后，需要进行固定连接工作，包括钢筋之间的连接和钢筋与混凝土的连接。钢筋之间的连接可以采用焊接、扎带等方式进行。钢筋与混凝土的连接通常使用钢筋穿透混凝土或使用连接件进行固定。

（6）检查验收

钢筋放样完成后，需要进行检查验收工作，检查钢筋的质量、规格和放置位置是否符合设计要求。同时，还要检查连接部位是否稳固可靠，确保钢筋放样质量符合标准和规范要求。

2. 注意事项

（1）放样应在平坦的水泥砂浆地面上或胶合板上进行，构件尺寸及钢筋角度应划准确。

（2）下料时需要考虑钢筋保护层，内、外壁钢筋不要配错。

（3）根据设计要求和施工图纸进行钢筋放样，不得随意更改放样位置和方向。

（4）加工钢筋时要使用标准的工具和设备，保证加工的精确度和稳定性。

（5）钢筋放样时要注意施工安全，保护好自己和他人。

四、评分标准

钢筋放样评分标准见表 6–9。

表 6–9　钢筋放样评分标准

项次	项目	检查方法	评分标准	应得分	实得分
1	放样方法	目测	不正确扣 2 ~ 15 分	20	
2	尺寸确定	尺测	每超差 5 mm 扣 5 分，超差 30 mm 不得分	30	
3	编配料单	目测	视错误多少扣 5 ~ 20 分	20	
4	清晰程度	目测	不清晰扣 5 ~ 15 分	20	
5	工作效率	计时	超时酌情扣 2 ~ 10 分	10	

技能训练 18　梁柱节点钢筋配制与绑扎

一、训练目的

1. 熟悉梁柱节点钢筋的构造与要求。

2. 掌握梁柱节点钢筋的配制与绑扎方法。

二、训练准备

1. 材料准备

钢筋（ϕ6 mm、ϕ8 mm、Φ16 mm、Φ18 mm、Φ22 mm）；铁丝（20 号）。

2. 机具准备

钢筋剪、绑扎钩、卡盘、钢筋扳手、卷尺、90° 角尺、钢筋切断机等。

3. 场地准备

实训车间内或施工现场。

三、训练内容

四人一组，按图 6–16 所示进行梁柱节点钢筋配制与绑扎（梁的跨度为 4.5 m、柱高为 3 m）。

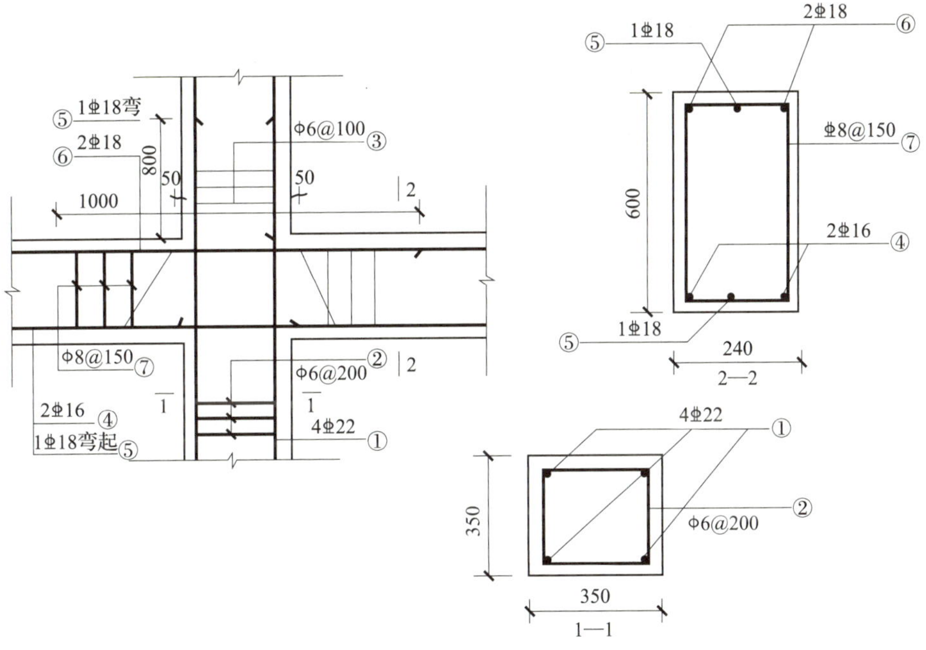

图 6–16　梁柱节点钢筋配制与绑扎

如图 6–16 所示，梁是断面尺寸为 240 mm × 600 mm 的矩形梁，柱是断面尺寸为 350 mm × 350 mm 的方形柱。梁的下部受力筋为 2Φ16 mm 和 1Φ18 mm 弯起筋，上部受力筋为 3Φ18 mm，其中一根由邻跨弯起。底部 1ϕ18 mm 筋在近柱子处，按 45° 弯起，上弯点离柱边缘 50 mm，弯起筋延伸到邻跨距柱边缘 1 000 mm 处；梁内箍筋为 ϕ8@150，一直排列到柱边缘 50 mm。柱子受力筋为 4Φ22 mm，下层钢筋伸出上层楼面 800 mm，即与上层柱钢筋搭接 800 mm；柱子箍筋为 ϕ6@200，在上下柱受力筋搭接范

围内为 φ6@100。梁柱节点钢筋配制与绑扎的顺序如下：

1. 支设模板。
2. 在弯钩叠合处将下柱所需箍筋错开。
3. 立好下柱钢筋，按箍筋间距划线，然后套入箍筋，并与受力筋绑扎牢固。
4. 将上柱钢筋与下柱钢筋绑扎牢固，并按箍筋间距划线。
5. 在弯钩叠合处将上柱所需箍筋错开，套入上柱箍筋，并与受力筋绑扎牢固。
6. 将梁的上部钢筋和弯起筋从柱子的主筋内侧穿过，并按箍筋间距划线。
7. 将梁的箍筋在弯钩叠合处错开并套入。
8. 将梁的底部钢筋穿入，然后绑扎牢固。

需要注意的是：柱的纵向钢筋弯钩应朝向柱心；箍筋的接头应交错布置在柱子四个角的纵向钢筋上；箍筋转角与纵向钢筋交叉点均应绑扎牢固，并且绑扎扣应成八字形；梁的纵向钢筋应放在柱的纵向钢筋内侧。

四、评分标准

梁柱节点钢筋配制与绑扎评分标准见表 6–10。

表 6–10　　梁柱节点钢筋配制与绑扎评分标准

项次	项目	检查方法	允许偏差	评分标准	应得分	实得分
1	下料计算	计算	± 5 mm	不符合要求，每处扣 3 分，扣完为止	20	
2	弯筋制作	尺测	± 20 mm	不符合要求，每处扣 2 分，扣完为止	10	
3	箍筋制作	尺测	± 5 mm	不符合要求，每处扣 3 分，扣完为止	20	
4	安装正确	目测	—	位置、间距正确	10	
5	绑扎牢固	目测、手感	—	无松动、缺口，松扣数不超过总数 10%	20	
6	安全操作	目测	—	有事故无分，有事故苗头扣 1 ~ 9 分	10	
7	文明施工	目测	—	活完场地未清理扣 5 分	5	
8	工作效率	计时	—	超时酌情扣分	5	

思考练习题

1. 钢筋绑扎和安装的施工准备要求有哪些?
2. 钢筋绑扎的操作方法有哪些?
3. 钢筋绑扎的一般规定是什么?
4. 简述现场钢筋绑扎的施工操作顺序。
5. 简述钢筋网架的制作和安装方法。

第七章 预应力钢筋施工

普通钢筋混凝土结构中混凝土的极限拉应变较低，在使用荷载作用下，构件中钢筋的应变大大超过混凝土的极限拉应变，钢筋混凝土构件中的钢筋强度得不到充分利用。因此，普通钢筋混凝土结构采用高强度钢筋是不合理的。为了充分利用高强度材料，弥补混凝土与钢筋拉应变之间的差距，人们把预应力运用到钢筋混凝土结构中，即在外荷载作用到构件上之前，预先用某种方法，在构件上（主要在受拉区）施加压力，构成预应力钢筋混凝土结构。当构件承受由外荷载产生的拉力时，首先抵消混凝土中已有的预压力，然后随荷载增加，才能使混凝土受拉而后出现裂缝，延迟了构件裂缝的出现和扩展。

第一节 先张法施工

先张法是在浇筑混凝土前张拉预应力筋，并将张拉的预应力筋临时锚固在台座或钢模上，然后浇筑混凝土，待混凝土养护达到不低于混凝土设计强度值的 75%，保证预应力筋与混凝土有足够的黏结时，放松预应力筋，借助于混凝土与预应力筋的黏结，对混凝土施加预应力的施工工艺，如图 7–1 所示。先张法一般仅适用于在固定的预制厂生产中小型构件。

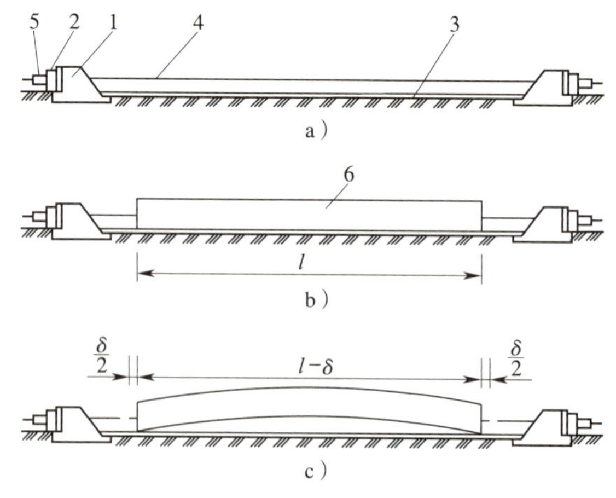

图 7–1　先张法

1—台座　2—横梁　3—台面　4—预应力筋　5—夹具　6—混凝土构件

先张法生产构件可采用长线台座法，一般台座长度为 50 ~ 150 m，或在钢模中采用机组流水法生产构件。下面分别介绍台座、张拉机具和夹具及先张法施工工艺。

一、台座

台座在先张法构件生产中是主要的承力构件，必须具有足够的承载能力、刚度和稳定性，以免因变形、倾覆和滑移而引起预应力的损失，以确保先张法生产构件的质量。

台座的形式繁多，因地制宜，但一般可分为墩式台座和槽式台座两种。

1. 墩式台座

墩式台座由承力台墩、台面与横梁三部分组成，其长度宜为 50 ~ 150 m。台座的承载力可按 200 ~ 500 kN/m 设计。

（1）承力台墩

承力台墩一般埋置在地下，由现浇钢筋混凝土制作而成，应具有足够的承载力、刚度和稳定性。承力台墩的稳定性验算包括抗倾覆验算和抗滑移验算。

承力台墩的抗倾覆验算简图如图 7-2 所示，按式（7-1）计算：

$$K_1=\frac{M_1}{M}=\frac{GL+E_{\mathrm{P}}l_2}{P_{\mathrm{j}}l_1}\geqslant 1.5 \tag{7-1}$$

式中　K_1——抗倾覆安全系数，应不小于 1.50；

M_1——抗倾覆力矩，由台墩自重和主动土压力等产生，N · m；

M——倾覆力矩，由预应力筋的张拉力产生，N · m；

G——台墩的自重，N；

L——台墩重心至倾覆点的力臂；

E_{p}——台墩左侧面主动土压力的合力，当台墩埋置深度很浅时可忽略不计，N；

l_2——主动土压力合力重心至倾覆点的力臂，m；

P_{j}——预应力筋的张拉力，N；

l_1——预应力筋的张拉力作用点至倾覆点的力臂，m。

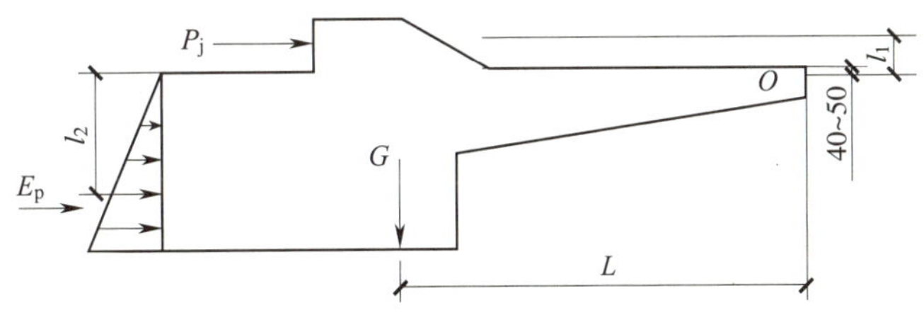

图 7-2　承力台墩的抗倾覆验算简图

对于台墩与台面共同作用的台座，按实际情况，倾覆点应在混凝土台面的表面处，但考虑到台墩倾覆趋势使得台面端部顶点处有可能出现应力集中和混凝土面层施工质量的影响，倾覆点宜取在混凝土台面往下 40 ~ 50 mm 处。

承力台墩的抗滑移验算简图如图 7-3 所示，按式（7-2）计算。

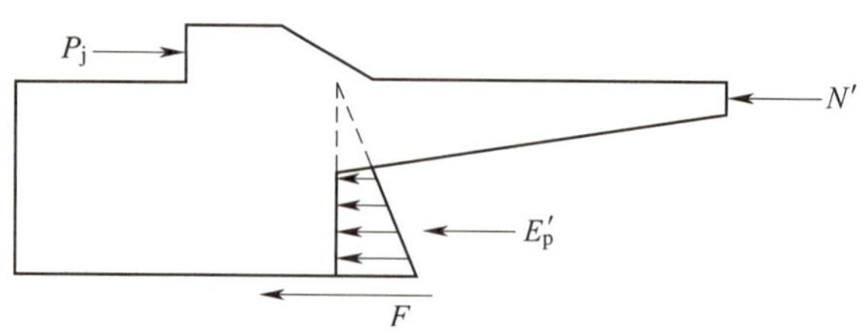

图 7-3　承力台墩抗滑移验算简图

$$K_2=\frac{N_1}{P_j}\geqslant 1.30 \tag{7-2}$$

式中　K_2——抗滑移安全系数，应不小于 1.30；

N_1——抗滑移力。

抗滑移力一般应由台面的水平承载力 N'、台面右侧面的被动土压力的合力 E'_p 和台墩自重产生的摩阻力 F 组成，其中以 N' 为主要抗滑移力，提供以下数据供参考：当台面采用 C10 ~ C15 混凝土时，厚 60 mm，台面每米宽抵抗能力取 150 ~ 250 kN；当台面采用 C10 ~ C15 混凝土时，厚 80 mm，台面每米宽抵抗能力取 200 ~ 250 kN；当台面采用 C10 ~ C15 混凝土时，厚 100 mm，台面每米宽抵抗能力取 250 ~ 300 kN；当采用混凝土台面，并与台墩共同工作时，一般可不进行抗滑移验算，而应验算台面的承载能力。

（2）台面

台面一般是在夯实的碎石垫层上浇筑一层厚度为 60 ~ 100 mm 的混凝土而成。其水平承载力 N' 可按式（7-3）计算：

$$N'=\frac{\varphi A_c f_c}{K_1 K_2} \tag{7-3}$$

式中　φ——轴心受压纵向弯曲系数，取 $\varphi=1$；

A_c——台面截面积，m^2；

f_c——混凝土轴心抗压强度计算值，MPa；

K_1——台面承载力超载系数，取 1.2；

K_2——考虑台面不均匀和其他影响因素的附加完全系数，取 1.5。

台面伸缩缝可根据当地温差和经验设置，一般为 10 m 设置一道。也可采用预应力滑动台面，不留伸缩缝。在原有的混凝土台面或新浇筑的混凝土基层上刷隔离剂，张拉预应力钢丝后，浇筑混凝土面层，待混凝土达到放张强度后，切断钢丝台面就发生滑动，这种台面称为预应力滑动台面，使用效果良好。

（3）横梁

台座的两端设置固定预应力钢丝的钢制横梁，一般用型钢制作。设计横梁时，除考虑在张拉力的作用下有一定的强度外，应特别注意其变形，以减少预应力损失。

2. 槽式台座

槽式台座由钢筋混凝土压杆、上横梁、下横梁等组成，如图 7-4 所示。槽式台座的

长度一般不超过 50 m，承载力可达 1 000 kN 以上。为了便于浇筑混凝土和蒸汽养护，槽式台座一般低于地面。在施工现场，还可利用已预制的柱、桩等构件装配成简易的槽式台座。

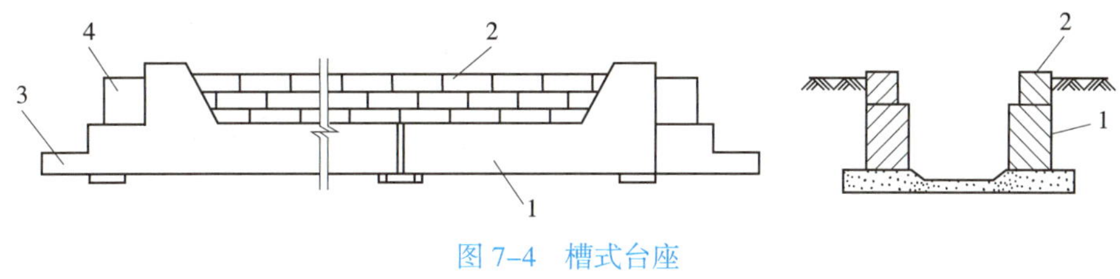

图 7–4 槽式台座

1—钢筋混凝土压杆 2—砖墙 3—下横梁 4—上横梁

二、张拉机具和夹具

先张法构件生产中常采用的预应力筋有钢丝或钢筋两种。张拉预应力钢丝时，一般直接采用卷扬机。张拉预应力钢筋时，在槽式台座中常采用四横梁式成组张拉装置（见图 7–5），用千斤顶张拉。

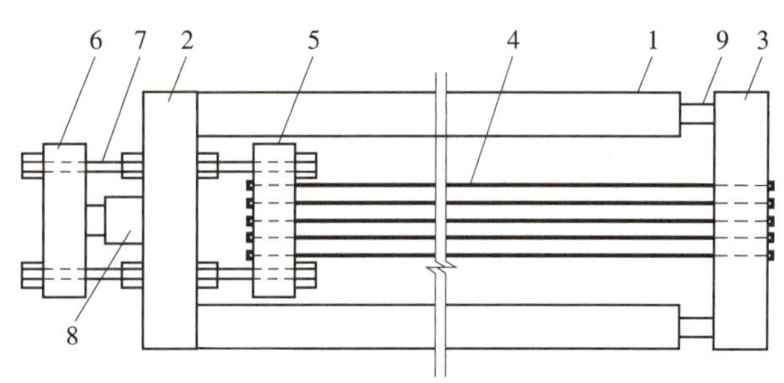

图 7–5 四横梁式成组张拉装置

1—台座 2—前横梁 3—后横梁 4—钢筋

5、6—拉力架横梁 7—螺杆 8—千斤顶 9—放张装置

预应力筋张拉后，用锚固夹具将其直接锚固于横梁上，锚固夹具可以重复使用，要求工作可靠、加工方便、成本低或多次周转使用。预应力钢丝的锚固夹具常采用圆锥齿板式锚固夹具，预应力钢筋常采用螺纹端杆锚固。

三、先张法施工工艺

先张法预应力混凝土构件在台座上生产时，其工艺流程一般如图 7–6 所示。

预应力混凝土先张法施工工艺的特点是：预应力筋在浇筑混凝土前张拉，预应力的传递依靠预应力筋与混凝土之间的黏结力。为了获得质量良好的构件，在整个生产过程中，除确保混凝土质量以外，还必须确保预应力筋与混凝土之间的良好黏结，使预应力混凝土构件获得符合设计要求的预应力值。

碳素钢丝强度高，表面光滑，与混凝土的黏结力较差。因此，必要时可采取刻痕和压波措施，提高钢丝与混凝土的黏结力。压波一般分为局部压波和全部压波两种，由施工经验可知波长取 39 mm、波高取 1.5 ~ 2.0 mm 比较合适。

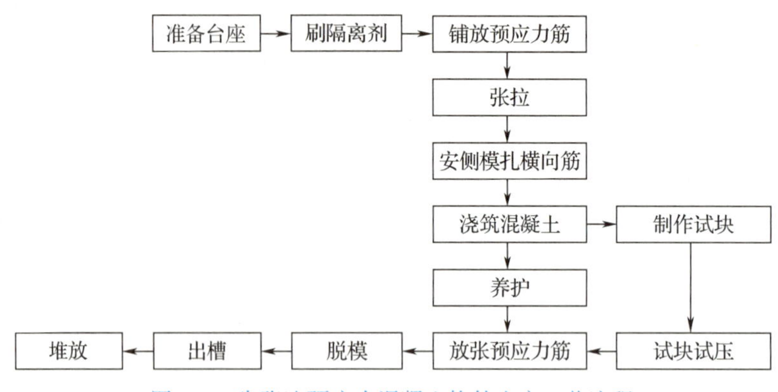

图 7-6　先张法预应力混凝土构件生产工艺流程

为了便于脱模，铺放预应力筋前，应先在台面及模板上刷隔离剂，并采取措施，防止隔离剂污损预应力筋，影响黏结。

1. 预应力筋张拉

预应力筋张拉应根据设计要求，采用合适的张拉方法、张拉顺序和张拉程序进行，并应有可靠的质量保证措施和安全技术措施。

预应力筋的张拉可采用单根张拉或多根同时张拉，当预应力筋数量不多、张拉设备拉力有限时常采用单根张拉。当预应力筋数量较多且密集布筋，张拉设备拉力较大时，可采用多根同时张拉。在确定预应力筋张拉顺序时，应考虑尽可能减少台座的倾覆力矩和偏心力，先张拉靠近台座截面重心处的预应力筋。此外，为了在施工中提高构件的抗裂性或部分抵消由于应力松弛、摩擦、钢筋分批张拉以及预应力筋与张拉台座之间温度因素产生的预应力损失，张拉应力可按设计值提高 5%。

预应力筋的张拉方法有超张拉法和一次张拉法两种。采用超张拉工艺的目的是减少预应力筋的松弛应力损失。所谓“松弛”即钢材在常温、高应力状态下具有不断产生塑性变形的特性。松弛的数值与张拉控制应力和延续时间有关，控制应力高，松弛也大，钢丝、钢绞线的松弛损失比冷拉热轧钢筋大，松弛损失还随着时间的延续而增加，但在第 1 min 内可完成损失总值的 50%，24 h 内则可完成 80%。因此，采用超张拉工艺，先超张拉 5% 再持荷 2 min，可减少 50% 以上的松弛应力损失。采用一次张拉工艺，因松弛损失大，故张拉应力比原设计控制应力提高 3%。

长线台座生产过程中，构件的预应力筋为钢筋时，常用弹簧测力计直接测定钢丝的张拉力，伸长值可不作校核，钢丝张拉锚固后，应采用钢丝测力仪检查钢丝的预应力值。

多根预应力筋同时张拉时，应预先调整初应力，使其相互之间的应力一致。预应力筋张拉锚固后，实际预应力值与工程设计规定检验值的相对允许偏差应在 5% 以内。在张拉过程中，预应力筋断裂或滑脱的数量严禁超过结构同一截面预应力筋总根数的 5%，且严禁相邻两根预应力筋同时断裂或滑脱。浇筑混凝土前发生断裂或滑脱的预应力筋必须予以更换。预应力筋张拉锚固后，要填写施加预应力记录表，以便参考。

张拉时，正对钢筋两端禁止站人。敲击锚具的锥塞或楔块时，不应用力过猛，以

免损伤预应力筋而断裂伤人，但又要确保锚固可靠。冬期张拉预应力筋时，其温度不宜低于 −15 ℃，且应考虑预应力筋容易脆断的危险。

2. 预应力筋放张

预应力筋放张过程是预应力的传递过程，是保证先张法构件质量的一个重要环节，应根据放张要求，确定合适的放张方法、放张顺序及相应的技术措施。

（1）放张要求

放张预应力筋时，混凝土强度必须符合设计要求，当设计无专门要求时，不得低于设计的混凝土强度标准值的 75%。如果放张过早，由于强度不足，混凝土会产生较大的弹性回缩，引起较大的预应力损失或钢丝滑动。放张过程中，应使预应力构件自由压缩，避免过大的冲击与偏心。

（2）放张方法

当预应力混凝土构件用钢丝配筋时，若钢丝数量不多，钢丝放张可采用剪切、锯削或氧乙炔焰熔断的方法，并应从靠近生产线中间处剪断，这样回弹减小，且有利于脱模。若钢丝数量较多，所有钢丝应同时放张，不允许采用逐根放张的方法，否则，最后几根钢丝将承受过大的应力而突然断裂，导致构件应力传递长度骤增，或使构件端部开裂。预应力筋可采用放张横梁实现放张。横梁可用千斤顶或预先设置在横梁支点处的放张装置（砂箱或楔块等）实现放张。

粗钢筋预应力筋应缓慢放张。当钢筋数量较少时，可逐根加热熔断或借预先设置在钢筋锚固端的楔块或穿心式砂箱等单根放张。当钢筋数量较多时，所有钢筋应同时放张。

采用湿热养护的预应力混凝土构件宜热态放张，不宜降温后放张。

用楔块放张预应力筋如图 7-7 所示。在台座与横梁间设置楔块，放张时旋转螺母，使螺杆向上移动，而使楔块退出，达到同时放张预应力筋的目的。

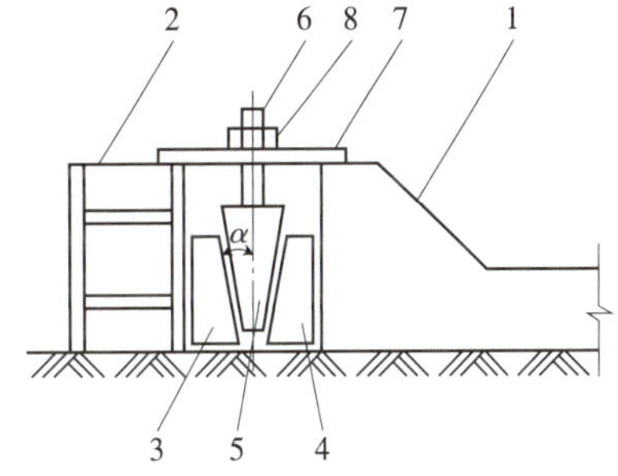

图 7-7　用楔块放张预应力筋

1—台座　2—横梁　3、4—钢块　5—楔块　6—螺杆　7—平台　8—螺母

楔块坡角 α 应选择恰当，α 过大，则张拉时容易滑出，α 过小，则放张时楔块不易拔出。α 的正切值应略小于楔块与钢块之间的摩擦系数 μ。

若张拉后横梁对钢块的正压力为 N，放张时拔出楔块所需的竖向力（即螺杆所受的轴向力）为 Q，则：

$$Q=N(\mu+\mu\cos2\alpha-\sin2\alpha) \tag{7-4}$$

根据 Q 值的大小，即可选择螺杆及螺母。

楔块放张装置宜用于张拉力不大的情况，一般以不大于 300 kN 为宜。当张拉力较大时，可采用砂箱放张。图 7-8 所示的砂箱是按 1 600 kN 设计的，它由套箱及活塞（套箱内径比活塞外径大 2 mm）等组成，内装石英砂或铁砂。张拉钢

筋时，箱内砂被压实，承担着横梁的反力。放松钢筋时，将出砂口打开，使砂缓慢流出，从而达到缓慢放张的目的。采用砂箱放张，能控制放张速度，工作可靠，施工方便。箱中应采用干砂，并有一定级配，这样既能保证砂子不易压碎造成流不出的现象，又可降低砂的空隙率，从而降低使用时砂的压缩值，减小预应力损失。

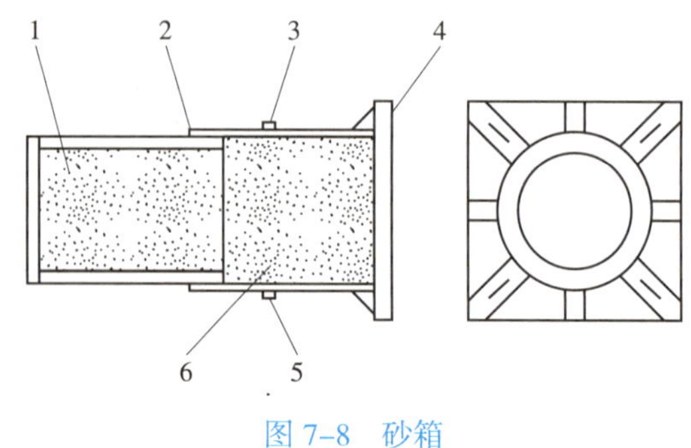

图 7–8　砂箱

1—活塞　2—套箱　3—进砂口　4—套箱底板　5—出砂口　6—砂

（3）放张顺序

预应力筋的放张顺序应符合设计要求，当设计无专门要求时应符合下列规定：

1）对承受轴心预压力的构件（如压杆、桩等），所有预应力筋应同时放张。

2）对承受偏心预压力的构件，应先同时放张预压力较小区域的预应力筋，再同时放张预压力较大区域的预应力筋。

3）当不能按上述规定放张时，应分阶段、对称、相互交错地放张，防止构件在放张过程中产生弯曲、裂纹及预应力筋断裂等现象。

放张后预应力筋的切断顺序宜由放张端开始，逐渐切向另一端。

第二节　后张法施工

制作构件或块体时，在放置预应力筋的部位留设孔道，待混凝土达到设计规定的强度后，将预应力筋穿入预留孔道内，用张拉机具将预应力筋张拉到规定的控制应力，然后借助锚具把预应力筋锚固在构件端部，最后进行孔道灌浆（也有不灌浆的），这种预加应力的方法称为后张法。后张法的生产过程如图 7–9 所示。

后张法的特点是直接在构件上张拉预应力筋，构件在张拉过程中受到预压力而完成混凝土的弹性压缩，因此，混凝土的弹性压缩不直接影响预应力筋有效预应力值的建立。后张法适于在施工现场制作大型构件（如屋架等），避免大型构件长途运输的麻烦。后张法除作为预加应力的工艺方法外，还可以作为预制构件的拼装手段。大型构件（如拼装式大跨度屋架）可以预制成小型块体，运至施工现场后，通过预加应力方法拼装成整体；也可以在各种构件安装就位后，通过预加应力方法拼装成整体预应力结构。后张法预应力的传递主要依靠预应力筋两端的锚具，锚具作为预应力筋的

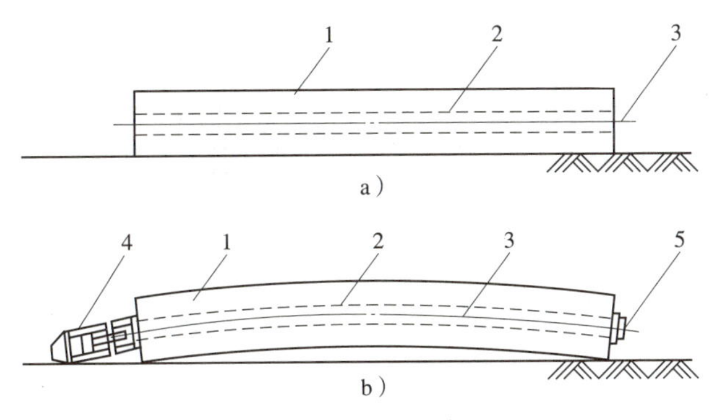

图 7-9　后张法的生产过程

a）制作混凝土构件　b）锚固和孔道灌浆

1—混凝土构件　2—预留孔道　3—预应力筋　4—千斤顶　5—锚具

组成部分，永远留置在构件上，不能重复使用，这样不仅耗用的钢材多，而且锚具加工要求高，费用昂贵，加上后张法工艺本身要预留孔道、穿筋、张拉、灌浆等，故施工工艺较复杂，成本也较高。

预应力后张法构件的生产分为两个阶段：第一阶段为构件的生产；第二阶段为施加预应力，包括预应力筋制作、预应力筋张拉和孔道灌浆等工艺。本节主要叙述第二阶段的施工工艺。

一、锚具和预应力筋制作

在后张法构件生产中，锚具、预应力筋和张拉机具是配套使用的，目前我国在后张法构件生产中采用的预应力筋钢材主要是冷拉 HRB400、HRB500、HRB600 钢筋，以及热处理钢筋、精轧螺纹钢筋、碳素钢丝和钢绞线等，可以归纳成三种类型的预应力筋，即单根粗钢筋（包括精轧螺纹钢筋）、钢筋束（或钢绞线束）和钢丝束。下面分别叙述三种类型预应力钢筋锚具及制作。

1. 单根粗钢筋（包括精轧螺纹钢筋）预应力筋锚具及制作

单根粗钢筋预应力筋主要采用直径 12 ~ 40 mm 的冷拉 HRB400、HRB500、HRB600 钢筋或精轧螺纹钢筋及与其钢筋配套的锚具制作而成。

（1）锚具

单根粗钢筋预应力筋根据构件长度和张拉工艺要求，可以在一端张拉或两端张拉。锚具与预应力筋的基本配套组合有以下几种：两端张拉时，预应力筋两端均采用螺纹端杆锚具；一端张拉一端固定时，张拉端采用螺纹端杆锚具，固定端则采用帮条锚具或镦头锚具，如图 7-10 所示。

1）螺纹端杆锚具。螺纹端杆锚具由螺纹端杆、螺母和垫板三部分组成，适用于锚固冷拉 HRB400、HRB500 钢筋，构造如图 7-11 所示。

螺纹端杆用冷拉 45 钢或与预应力筋同品种的冷拉钢材制作时，应冷拉后再进行切削加工，冷拉后的力学性能应不低于冷拉后预应力筋的性能指标。当采用热处理 45 钢制作螺纹端杆时，应先粗加工至接近设计尺寸（即留 1 ~ 2 mm 加工余量），再

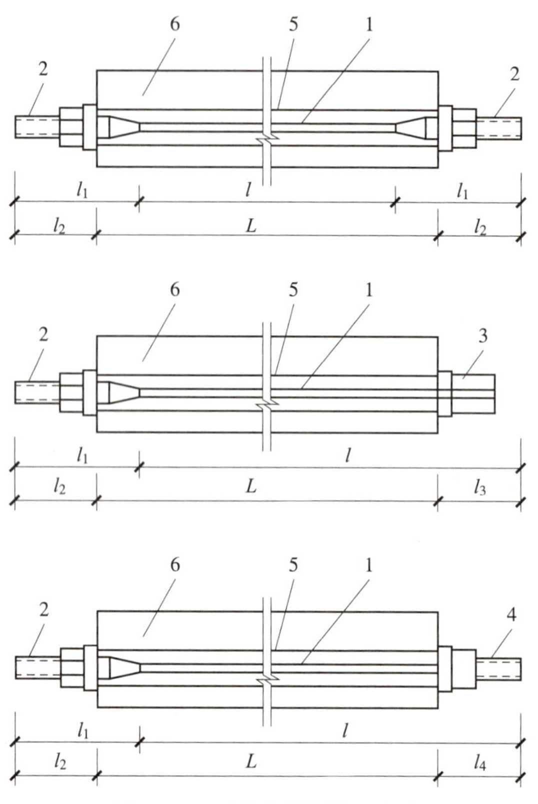

图 7-10　预应力筋与锚具连接

1—预应力筋　2—螺纹端杆锚具　3—帮条锚具　4—镦头锚具　5—孔道　6—混凝土构件

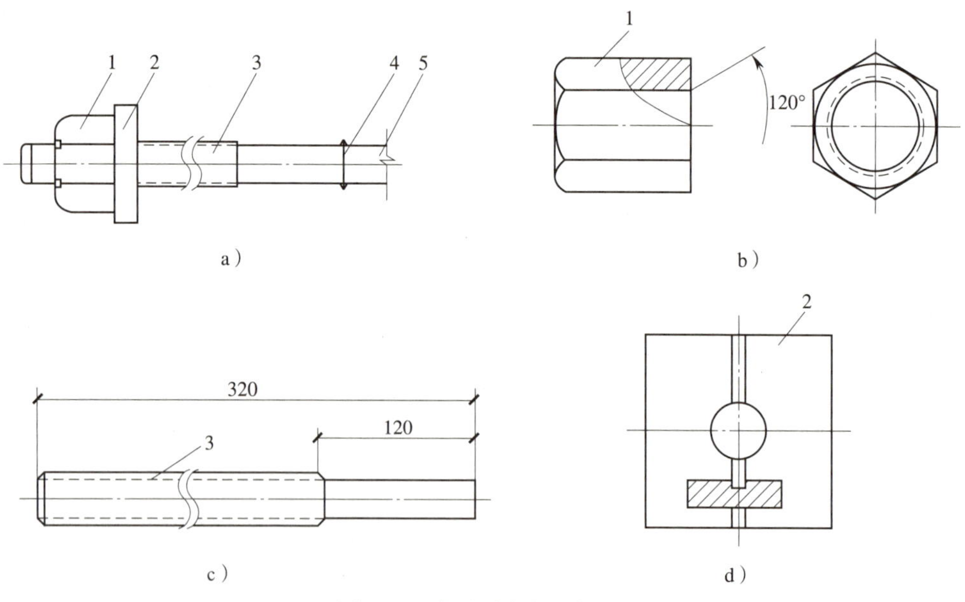

图 7-11　螺纹端杆锚具构造

a）螺纹端杆锚具　b）螺母　c）螺纹端杆　d）垫板

1—螺母　2—垫板　3—螺纹端杆　4—焊接接头　5—预应力筋

调质处理，然后精加工至设计尺寸。45 钢经热处理后不得有裂纹和伤痕，其硬度应为 251 ~ 283 HBW，同时要求抗拉强度不得小于 700 MPa，伸长率大于 14%。螺纹端杆与预应力筋的焊接应在预应力筋冷拉之后进行。螺纹端杆长度一般为 320 mm，当为一端张拉或预应力筋长度较长时，螺纹端杆应增长 30 ~ 50 mm。

2）帮条锚具。帮条锚具由帮条和衬板组成，构造如图 7–12 所示。

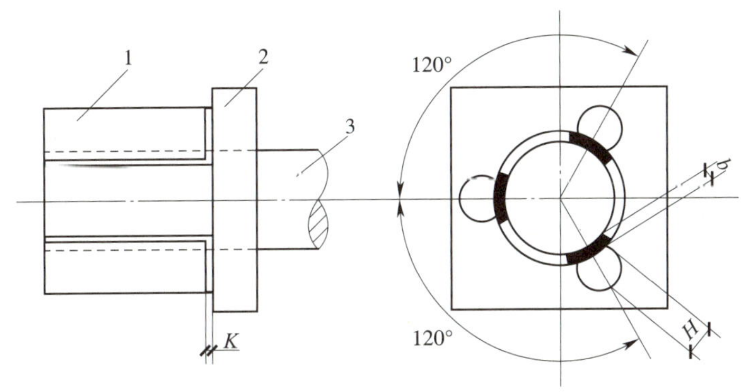

图 7–12　帮条锚具构造

1—帮条　2—衬板　3—预应力筋

帮条锚具的帮条采用与预应力筋同级别的钢筋，衬板采用普通低碳钢板。帮条锚具的三根帮条应成 120° 均匀布置，并垂直于衬板，以免受力时发生扭曲。帮条焊接应在钢筋冷拉前进行，并应防止烧伤预应力筋。

3）镦头锚具。镦头锚具的镦头一般直接在预应力筋端部热镦、冷镦或锻打成形，其形式如图 7–13 所示。

以上三种锚具与预应力筋焊接时，对焊接头的抗拉强度不应低于预应力筋的抗拉强度，凡是锚具所用的垫板或衬板，在贴紧构件的一面应开有槽口，以便孔道灌浆时作排气孔用。

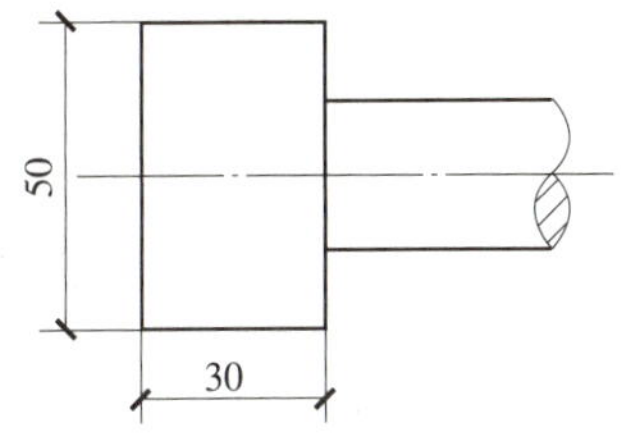

图 7–13　镦头锚具

（2）预应力筋制作

单根预应力筋的制作一般包括配料、对焊、冷拉等工序。预应力筋的下料长度应由计算确定，计算时应考虑结构的孔道长度、锚具厚度、千斤顶长度、焊接接头或镦头的预留量、冷拉伸长值、弹性回缩值、张拉伸长值等。

为了保证预应力筋下料准确，应实际测定钢筋的冷拉率，作为计算钢筋下料长度的依据。当测得的钢筋冷拉率比较分散时，应对钢筋逐根取样并分别编组，即把钢筋冷拉率相差 0.5% 以内的钢筋对焊在一起，确保冷拉完成后的预应力筋具有所要求的强度和长度，预应力筋经冷拉后，钢筋的弹性回缩率一般在 0.3% 左右。

钢筋与钢筋、钢筋与螺纹端杆对焊接头的压缩量，应根据连续闪光对焊工艺所需的闪光留量和顶锻留量而定，一般每个对焊接头的压缩量约等于钢筋的直径。

螺纹端杆露在构件孔道外的长度，应根据垫板厚度、螺母高度和拉伸机与螺纹端杆连接所需长度确定，一般可选用 120 ~ 150 mm。固定端用帮条锚具或镦头锚具时，其长度视锚具尺寸而定。

两端采用螺纹端杆锚具的预应力筋，其下料长度可按下列方法计算。

包括锚具在内的预应力筋全长：

$$L=l_1+2l_2 \tag{7-5}$$

预应力筋中的钢筋冷拉完成后的长度：

$$l_4=L-2l_5 \tag{7-6}$$

预应力筋中的钢筋下料长度：

$$l=\frac{l_4}{(1+\delta)(1-\delta_1)}+nd \tag{7-7}$$

或可近似地采用：

$$l=\frac{l_4}{1+\delta}+nd \tag{7-8}$$

式中 L——包括锚具在内的预应力筋全长；

l——预应力筋中的钢筋下料长度；

l_1——构件孔道长度；

l_2——螺纹端杆在构件外的外露长度；

l_4——预应力筋中的钢筋冷拉完成后的长度；

l_5——螺纹端杆长度；

n——钢筋对焊接头数；

δ——钢筋的冷拉率；

δ_1——钢筋冷拉后的弹性回缩率。

下面以 24 m 预应力屋架为例，计算预应力筋的下料长度。设屋架下弦孔道长度 l_1 为 23 800 mm，配置的预应力筋为 4Φ25 mm，实测钢筋的冷拉率 δ 为 3.5%，取钢筋冷拉后的弹性回缩率 δ_1 为 0.3%。预应力筋两端均采用螺纹端杆锚具，螺纹端杆长度 l_5 为 320 mm，其露在构件外的长度 l_2 为 120 mm，现场钢筋长度为 9 m，预应力筋用三根钢筋对焊而成，两端对焊螺纹端杆，则对焊接头数 n=4。

包括锚具在内的预应力筋全长：$L=23\,800+2\times120=24\,040$ mm

预应力筋中的钢筋冷拉完成后的长度：$l_4=24\,040-2\times320=23\,400$ mm

预应力筋中的钢筋下料长度：

$$l=\frac{23\,400}{(1+0.035)(1-0.003)}+4\times25\approx22\,670+100=22\,770\text{ mm}$$

从以上计算可知：三根加起来总长为 22 770 mm 的钢筋对焊完成后，由于接头的烧化顶压，其实际长度为 22 670 mm，再焊上两根长 320 mm 的螺纹端杆，经冷拉完成后，即可获得 24 040 mm 长的预应力筋。按以上计算可知，预应力筋对焊完成未冷拉之前的长度为：

$$22\,670+(2\times320)=23\,310\text{ mm}$$

钢筋冷拉用冷拉率控制，则其拉长值为：

$$23\,310 \times 3.5\% \approx 816 \text{ mm}$$

钢筋冷拉完成后的弹性回缩值则为：

$$(23\,310+816) \times 0.3\% \approx 72 \text{ mm}$$

理论上，预应力筋冷拉完成后的实际长度应为冷拉前的长度加上拉长值减去弹性回缩值，即：

$$23\,310+816-72 \approx 24\,054 \text{ mm}$$

它接近于要求的预应力筋全长 L 为 24 040 mm 的要求（注意：计算值比理论值长 14 mm，其原因是螺纹端杆对焊时有对焊接头的压缩量，此处未考虑）。以上仅为理论计算，在实际操作中的影响因素较多，还应在冷拉过程中视具体情况加以调整，以确保单根预应力筋的长度既不影响施工，又保证质量。

2. 钢筋束（或钢绞线束）预应力筋锚具及制作

钢筋束由 3 ~ 6 根直径为 12 mm 的 HRB600 钢筋组成；钢绞线束通常由 3 ~ 7 根公称直径为 15.2 mm 或 12.7 mm 的钢绞线组成，1 × 7 钢绞线由 7 根钢丝捻制而成，6 根外层钢丝围绕着一根中心钢丝（直径加大不小于 2.0%）。根据国家标准《预应力混凝土用钢绞线》（GB/T 5224—2023）的规定，其规格及材料性能见表 7–1。由于钢绞线的强度高、柔性好，而且盘卷成 1 000 mm 左右的盘径便于运输到现场，所以钢筋束已逐渐被钢绞线束取代。

表 7–1　　1 × 7 钢绞线规格及材料性能

钢绞线公称直径（mm）	直径允许偏差（mm）	钢绞线公称截面积（mm²）	每米理论质量（g/m）	强度级别（MPa）	整根最大负荷（kN）	屈服负荷（kN）	伸长率（%）$L_0 \geq 500$ m
					不小于		
9.50	+0.30 −0.15	54.8	430	1 860	102	89.8	3.5
11.10		74.2	582		138	121	
12.70	+0.40 −0.15	98.7	775		184	162	
15.20		140	1 101		260	229	
15.70		150	1 178		279	246	
17.80		191	1 500		355	311	
18.90		220	1 727		409	360	
21.60		285	2 237		530	466	

注：屈服负荷应为整根钢绞线公称最大负荷的 88% ~ 95%；弹性模量为（1.90 ~ 2.00）× 10^5 MPa。

（1）锚具

由于钢筋束和钢绞线束使用较广泛，其锚具的形式也日益增多。下面主要介绍常

用的几种锚具。

1）JM 型锚具。JM 型锚具由锚环和夹片组成。根据夹片数量和锚固钢筋的根数，其型号分别有 JM12-3、JM12-4、JM12-5、JM12-6、JM15-4、JM15-5、JM15-6 几种，可分别锚固 3、4、5、6、4、5、6 根预应力筋。JM12-6 型锚具如图 7-14 所示。

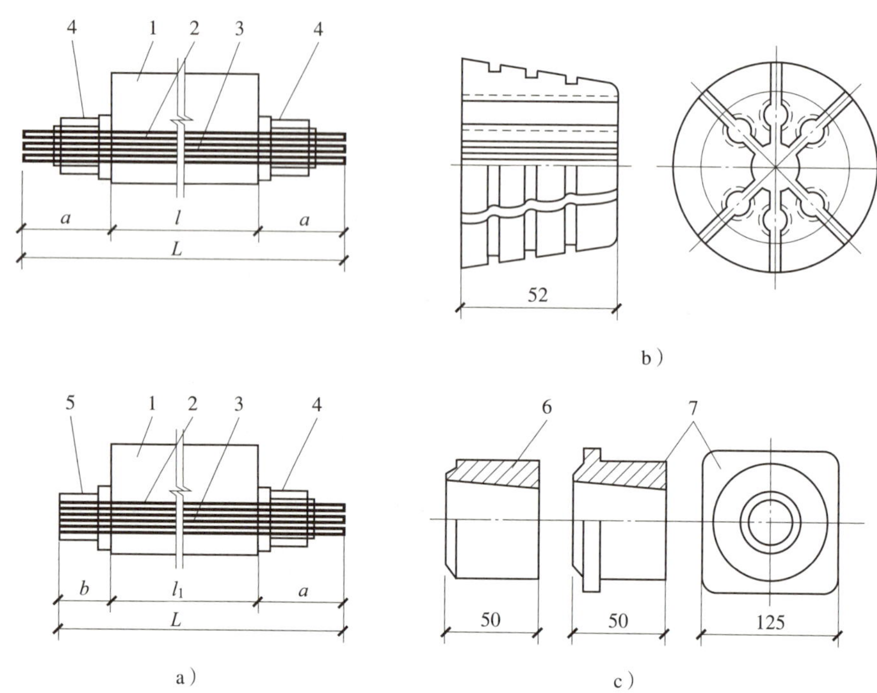

图 7-14 JM12-6 型锚具

a）预应力筋与锚具的连接 b）JM12-6 型夹片 c）JM12-6 型锚环

1—混凝土构件 2—孔道 3—钢筋束 4—JM12-6 型锚具 5—镦头锚具 6—甲型锚环 7—乙型锚环

JM 型锚具夹片呈扇形，依靠两侧的半圆槽锚固预应力筋，为增加夹片与预应力筋之间的摩擦力，在夹片半圆槽内刻有截面为梯形的齿槽，夹片背面坡度与锚环内圈坡度一致。锚环分甲型和乙型两种。甲型锚环为一个具有锥形内孔的圆柱体，外形比较简单，使用时直接放置在构件端部的垫板上，由于其加工和使用较为方便，故多用于施工现场。锚环和夹片均用 45 钢制作，夹片经热处理后硬度为 48 ~ 52 HRC，锚环经热处理后硬度为 32 ~ 37 HRC。

2）XM 型锚具。XM 型锚具是近年来随着预应力结构工程和无黏结预应力平板结构的发展而研制的一种新型锚具，如图 7-15 所示。它既可用于锚固钢绞线束，又可用于锚固钢丝束；既可锚固单根预应力筋，又可锚固多根预应力筋。当用于锚固多根预应力筋时，既可单根张拉、逐根锚固，又可成组张拉、成组锚固；既可用作工作锚，又可用作工具锚。实践证明，XM 型锚具具有通用性强、锚固性能可靠、施工方便、便于高空作业等优势。

XM 型锚具的锚板用 45 钢制作，经热处理提高其强度和硬度。夹片采用 120° 均分的三片式夹片，夹片的开缝沿轴向有倾斜角，倾斜角的方向与钢绞线的扭角相反，

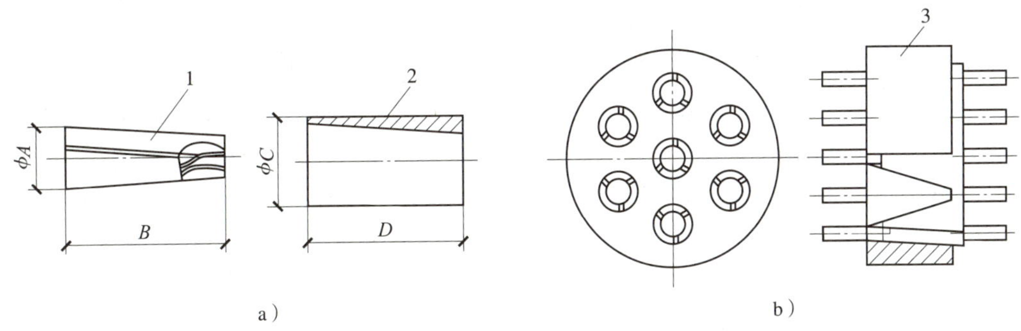

图 7-15　XM 型锚具

a）单根 XM 型锚具　b）多根 XM 型锚具

1—夹片　2—锚环　3—锚板

以确保夹片能夹紧钢绞线或钢丝束中每一根外围钢丝，形成可靠的锚固。夹片开缝宽度一般平均为 1.5 mm，夹片的齿形为“短牙”管螺纹，是一种齿顶较宽、齿高较矮的特殊螺纹。这种齿形的机械加工要求低，热处理脱碳影响小，淬火质量容易保证，强度高，耐磨性好，夹片与预应力筋之间的摩擦力大，形成机械啮合快，自锚性能好。

（2）预应力筋制作

钢筋束所用的钢筋一般成盘圆状供应，长度较长，无须对焊接长。钢筋束预应力筋的制作工序一般是开盘冷拉→下料→编束。

热处理钢筋、冷拉 HRB600 钢筋及钢绞线下料切断时，宜采用砂轮锯削或切断机切断，不得采用电弧切割。因为预应力筋一般为高强钢材，如果局部加热或冷却，将引起该部位材料脆性变态而易脆断。钢绞线切断前，切口两侧各 50 mm 处应用铁丝绑扎，以免钢绞线松散。

制作钢筋束或钢绞线束时，为了避免穿入构件孔道时发生扭结，必须逐根理顺，每隔 1 m 左右绑扎成束，不得紊乱，穿束时宜采用束网套。

预应力筋下料长度主要与张拉设备和选用的锚具有关。当采用 YC-60 型千斤顶张拉，用 JM 型、XM 型锚具锚固时，预应力筋的下料长度应等于构件孔道长度加上两端为张拉、锚固所需的外露长度（即张拉千斤顶的长度和千斤顶尾部锚固钢筋的锚固长度）。

3. 钢丝束预应力筋的锚具及制作

预应力筋的钢丝为碳素钢丝，用优质高碳钢盘条经热处理、酸洗、镀铜或磷化后冷拔而成。碳素钢丝的品种有冷拉钢丝、消除应力钢丝、刻痕钢丝、低松弛钢丝和镀锌钢线等。

（1）锚具

钢丝束预应力筋常用锚具有镦头锚具和锥形螺杆锚具，下文主要介绍镦头锚具。

钢丝束镦头锚具是利用钢丝本身的镦头锚固钢丝的一种锚具，可以锚固任意根数直径为 5 ~ 7 mm 的碳素钢丝束，张拉时需配置工具式螺杆。

这种锚具加工简单，锚固性能好，张拉操作方便，成本较低，适用性广，但对钢丝下料的等长要求较高。

镦头锚具有张拉端和固定端两种形式。张拉端用锚环式镦头锚具（见图 7–16），由锚环和螺母组成。固定端用锚板式镦头锚具（见图 7–17），它的成本比张拉端用的锚环式镦头锚具低廉。

锚环与锚板均采用 45 钢制作，螺母用 30 钢或 15 钢制作。制作锚环与锚板时，应先将 45 钢粗加工至接近设计尺寸，再调质处理，然后精加工至设计尺寸。碳素钢丝的镦头可采用 LD–10 型液压冷镦器加工，镦头强度不得低于钢丝标准抗拉强度的 98%，镦头外形尺寸如图 7–18 所示，外形不得偏歪。

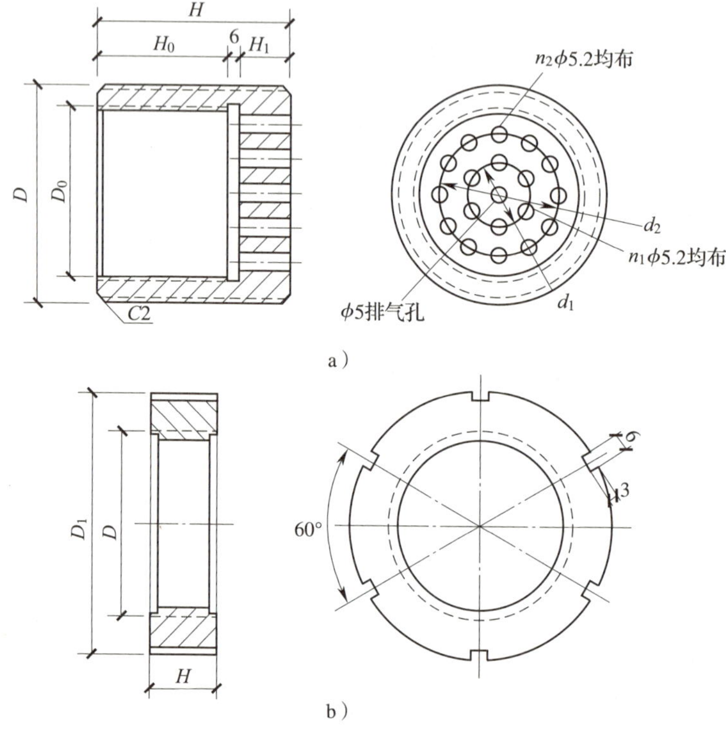

图 7–16　锚环式镦头锚具

a）锚环　b）螺母

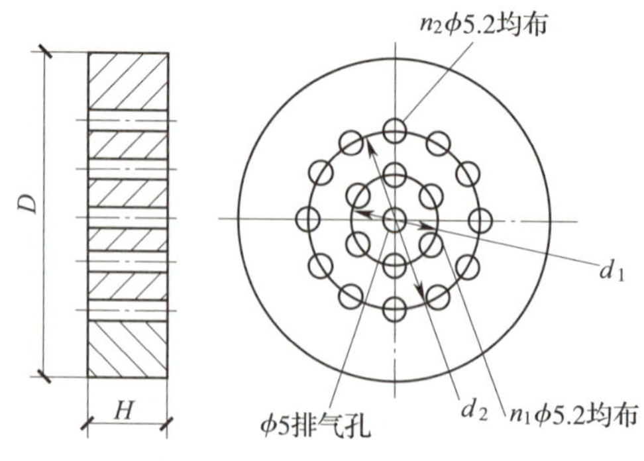

图 7–17　锚板式镦头锚具

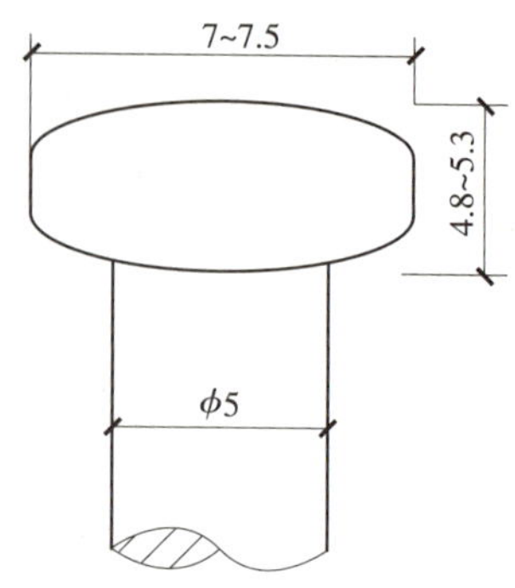

图 7–18　镦头外形尺寸

（2）钢丝束的制作

钢丝束随着选用的锚具形式不同，制作方法有很大差异。一般需经下料、编束和组装锚具等工序。

当采用钢质锥形锚具和 XM 型锚具时，预应力钢丝束的制作和下料长度计算与预应力钢筋束（钢绞线束）基本相同。

当钢丝束采用镦头锚固时，钢丝束下料长度计算如图 7–19 所示，用式（7–9）计算，主要考虑构件孔道长度、锚板厚度、钢丝镦头留量、锚环高度、螺母高度，以及预应力钢丝张拉伸长值和构件混凝土的弹性压缩值。预应力钢丝束张拉完成后，要确保锚环能拉出构件，并能拧上螺母。

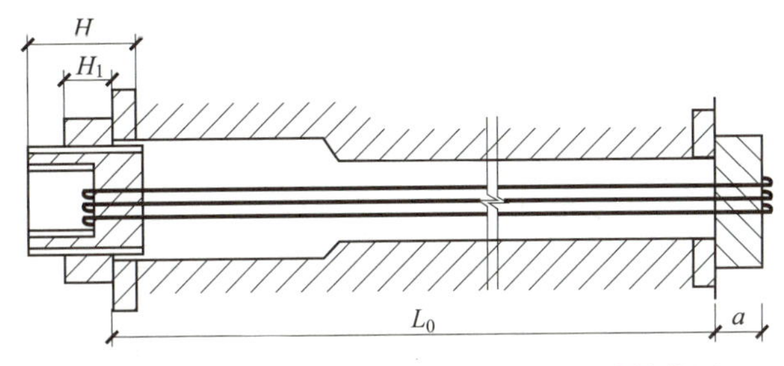

图 7–19　用镦头锚具时钢丝束下料长度计算简图

$$L=L_0+2a+2\delta-0.5(H-H_1)-\Delta L-C \tag{7–9}$$

式中　L——钢丝束下料长度；

L_0——构件孔道长度；

a——锚板厚度；

H——锚环高度；

H_1——螺母高度；

ΔL——预应力钢丝束张拉伸长值；

C——构件混凝土的弹性压缩值（当其值较小时可略去不计）。

当钢丝束两端均用镦头锚具时，为了保证同一束钢丝中每根钢丝的张拉应力值均匀一致，钢丝必须等长下料，同一束中各根钢丝下料长度的相对差值应不大于钢丝束长度的 1/5 000，且不得大于 5 mm。为了保证上述的下料精度，一般有两种方法：一种方法是应力下料法，即将钢丝拉到 300 MPa 应力状态下，划定长度，放松后剪切下料；另一种方法是钢管限位法，即将钢丝通过小直径钢管（钢管内径略粗于钢丝直径），调直后固定于工作台上等长下料。钢丝通过钢管时，钢管限制钢丝左右摆动弯曲，这样可以提高钢丝下料的精度。后一种方法简单易行，采用比较广泛。组装锚环式镦头锚具时，首先将钢丝穿入锚环后镦头，然后理顺钢丝（内圈与外圈分别用铁丝绑扎），待钢丝穿入构件孔道中后（此时锚环进入构件张拉端的大尺寸孔道中），在固定端穿入锚板再进行镦头。

二、张拉机具和设备

预应力筋的张拉工作必须配置成套的张拉机具设备。后张法用的张拉机具设备主要由液压千斤顶、电动高压油泵和外接油管三部分组成，下文主要介绍液压千斤顶和电动高压油泵。

1. 液压千斤顶

常用的预应力液压千斤顶有拉杆式千斤顶（代号为 YL）、穿心式千斤顶（代号为 YC）和锥锚式千斤顶（代号为 YZ）三种。液压千斤顶的额定张拉力一般为 180 ~ 5 000 kN。

（1）拉杆式千斤顶

拉杆式千斤顶主要用于张拉采用螺纹端杆锚具（或装有工具式螺杆的锚环式镦头锚具）的粗钢筋预应力筋或钢丝束预应力筋，其构造如图 7-20 所示。

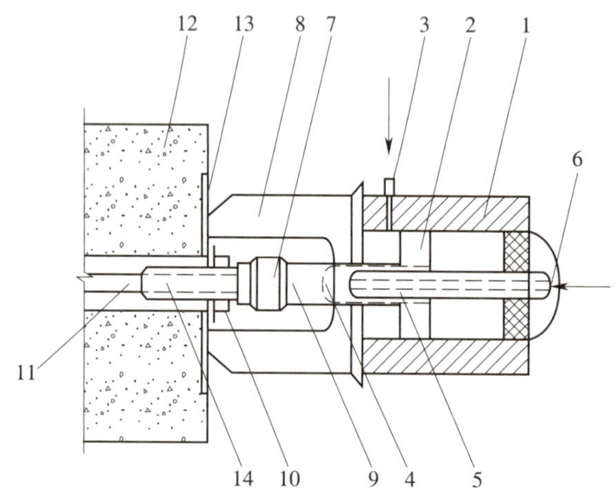

图 7-20　拉杆式千斤顶构造

1—主缸　2—主缸活塞　3—主缸油嘴　4—副缸　5—副缸活塞
6—副缸油嘴　7—连接器　8—顶杆　9—拉杆　10—螺母
11—预应力筋　12—混凝土构件　13—预埋钢板　14—螺纹端杆锚具

拉杆式千斤顶张拉预应力筋时，组装在构件端部，撑脚顶住构件，连接器与预应力筋的螺纹端杆锚具相连接，则千斤顶拉住预应力筋，撑住构件而固定于构件端部，此时，主缸油嘴出油，副缸油嘴回油，单向阀关闭，活塞杆右移张拉预应力筋，副缸油嘴中的油液流回油箱。当预应力筋张拉完毕并锚固后，即可进行差动回程，拆除千斤顶。

（2）穿心式千斤顶

穿心式千斤顶是一种适应性很强的千斤顶，它适用于张拉采用 JM12 型和 XM 型锚具的预应力钢丝束、钢筋束和钢绞线束，配置撑脚和拉杆等附件后，又可作为拉杆式千斤顶使用。穿心式千斤顶的张拉力一般有 180 kN、200 kN、600 kN、1 200 kN、1 500 kN 和 3 000 kN，张拉行程为 150 ~ 800 mm，已形成各种张拉力和不同张拉行程的系列。下面以 YC-60 型千斤顶为例，说明其工作原理。

YC-60 型千斤顶主要由张拉油缸、顶压油缸、顶压活塞、穿心套、保护套、端盖堵头、连接套、撑套、回程弹簧等部件组成，其构造如图 7-21 所示。

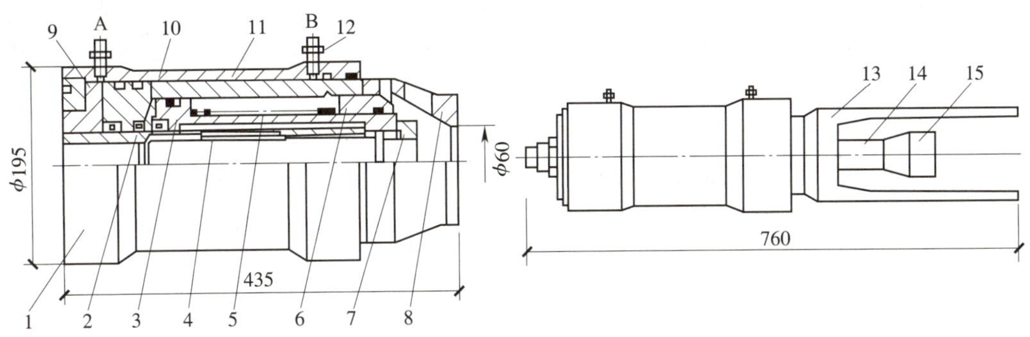

图 7-21　YC-60 型千斤顶构造

1—张拉油缸　2—穿心套　3—顶压活塞　4—保护套　5—回程弹簧　6—连接套　7—顶压套　8—撑套
9—端盖堵头　10—密封圈　11—顶压油缸　12—油嘴　13—撑脚　14—拉杆　15—连接套筒

YC-60 型千斤顶的工作原理是：当油嘴 A 进油时，顶压油缸、连接套和撑套连成一体顶住锚环，而张拉油缸、端盖螺母及端盖堵头和穿心套连成一体，拉动工具锚向反方向移动，从而张拉预应力筋。顶压锚固时，在保持张拉力稳定的条件下，油嘴 B 进油，则顶压活塞、保持套和顶压套连成一体进行顶压，将锚塞或夹片强力推入锚环内，锚固预应力筋。张拉锚固完毕后，油嘴 A 回油，油嘴 B 进油，在张拉油缸的液压作用下回程。当油嘴 A、B 同时回油时，顶压活塞在弹簧力的作用下回油复位。

（3）锥锚式千斤顶

锥锚式千斤顶主要用于张拉采用钢质锥形锚具的钢丝束预应力筋，其构造如图 7-22 所示。

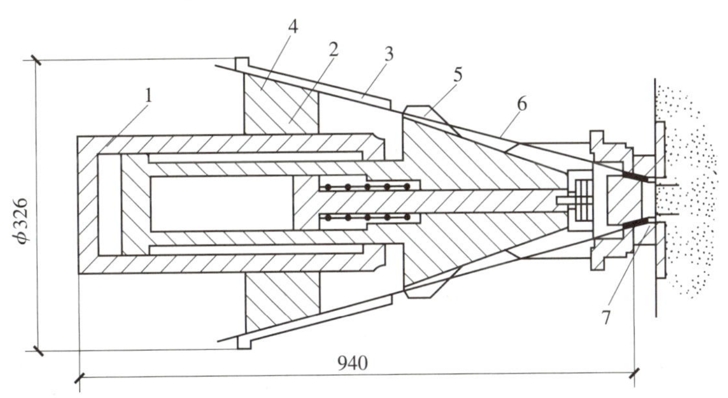

图 7-22　锥锚式千斤顶构造

1—主缸　2—副缸　3—楔块　4—锥形卡环　5—退楔翼片　6—钢丝　7—锥形锚头

锥锚式千斤顶主要由主缸、主缸活塞、主缸拉力弹簧、副缸、副缸活塞、副缸压力弹簧以及锥形卡环等部件组成。张拉预应力筋前，首先将预应力筋固定在锥形卡环上，然后主缸油嘴进油，主缸向左移动，张拉预应力筋。张拉完成后，主缸稳压，副缸进油，则副缸活塞及顶压头向右移动，将锚塞推入锚环而锚固预应力筋。顶锚完成后，主、副缸同时回油，主缸及副缸活塞在弹簧力作用下复位。

锥锚式千斤顶在使用过程中，松楔的劳动强度大，且不安全。因此，可在千斤顶上增设退楔翼片，使其具有张拉、顶锚和退楔三种功能，从而提高工作效率，降低劳动强度。

2. 电动高压油泵

电动高压油泵主要与各类千斤顶配套，提供高压油液，其类型较多，性能不一。图 7–23 所示为 ZB4/500 型电动高压油泵，它由电动机、控制阀、压力表、油箱小车等部件组成。

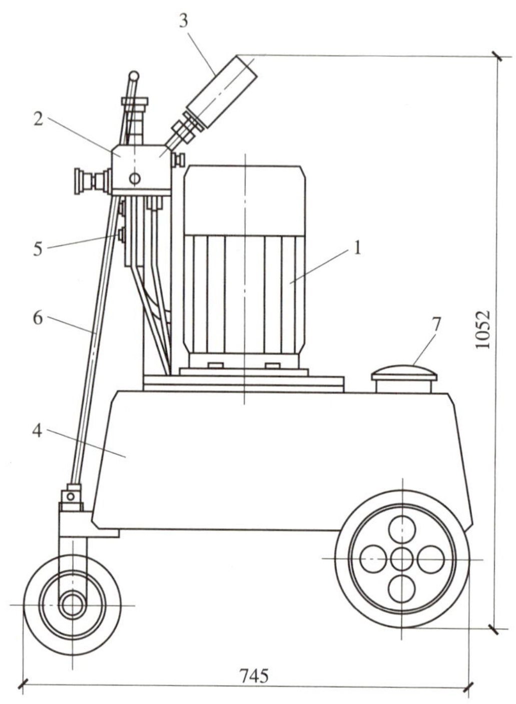

图 7–23　ZB4/500 型电动高压油泵

1—电动机　2—控制阀　3—压力表　4—油箱小车　5—电气开关　6—拉手　7—加油口

3. 千斤顶校验

用千斤顶张拉预应力筋时，张拉力的大小主要由电动高压油泵上的压力表读数来表达。压力表的读数表示千斤顶主缸活塞单位面积上的压力值。理论上，将压力表读数乘以活塞面积，即可求得张拉力。设预应力筋的张拉力为 N，千斤顶的活塞面积为 F，压力表读数为 P，则理论张拉力 N 可用下列公式计算：

$$N=FP \tag{7-10}$$

但是，实际张拉力往往比计算值小，其主要原因是一部分力被活塞与油缸之间的摩擦阻力所抵消，而摩擦阻力的大小又与许多因素有关，具体数值很难通过计算确定。因此，施工中常采用张拉设备配套校验（尤其是千斤顶和压力表必须配套）的方法，直接测定千斤顶的实际张拉力与压力表读数之间的关系，制成表格或绘制 P 与 N 的关系曲线，供施工中直接查用。压力表的精度不宜低于 1.5 级，校验张拉设备的试验机

或测力计精度不得低于 2%，张拉设备的校验期限不宜超过半年，如果使用过程中张拉设备出现反常现象或千斤顶刚检修完，应重新校验。

三、后张法施工工艺

后张法构件制作的工艺流程如图 7-24 所示，下面主要介绍孔道留设、预应力筋张拉和孔道灌浆三部分内容。

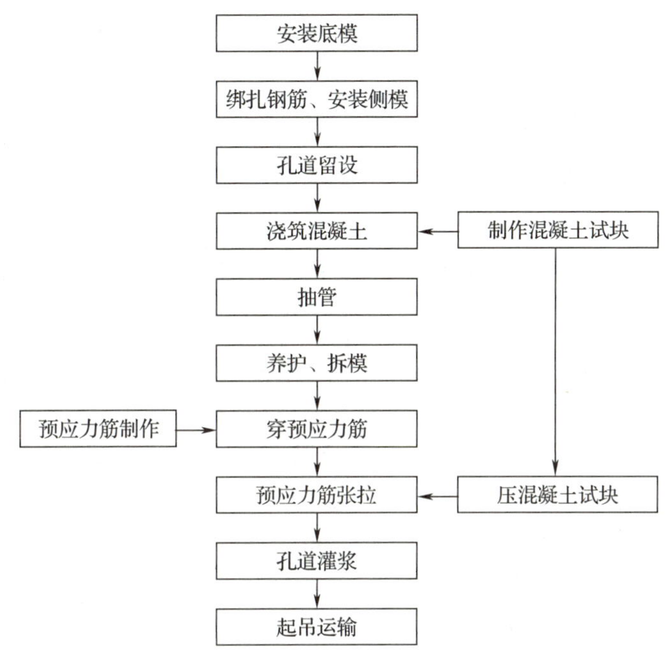

图 7-24　后张法构件制作的工艺流程

1. 孔道留设

孔道留设是预应力后张法构件制作中的关键流程之一。所留设的孔道尺寸与位置应正确，孔道要平顺，端部的预埋钢板应垂直于孔道中心线。孔道直径一般应比预应力筋的外径（包括钢筋对焊接头的外径或需穿入孔道的锚具外径）大 10 ~ 15 mm，以利于预应力筋的穿入。孔道留设方法有钢管抽芯法、胶管抽芯法和预埋波纹管法等。

（1）钢管抽芯法

构件的模板和钢筋安装完成以后，在需要留设孔道的部位预埋钢管，在混凝土浇筑和养护过程中，每间隔一定时间要慢慢转动钢管一次，防止混凝土与钢管黏结，待混凝土终凝前，抽出钢管，即在构件中形成孔道。这种方法适于留设直线孔道。为了保证预留孔道的质量，施工时应注意以下几点：

1）钢管应平直、光滑，预埋前应除锈、刷油，安放位置要准确。如果钢管不直，则在转动和抽管时易将混凝土管壁挤裂。钢管位置的固定一般采用钢筋井字架，间距一般在 1 ~ 2 m，浇筑混凝土时，应防止振动器直接接触钢管，以免产生变形和位移。

2）每根钢管长度一般不超过 15 m，以便于旋转和抽管，钢管两端应各伸出构件 500 mm 左右。较长的构件留孔可采用两根钢管，中间用套管连接，如图 7–25 所示。白铁皮套管直径不宜太大，长度不宜太短。如果直径太大，则在混凝土浇筑时，水泥砂浆容易流进套管中，使转管和抽管困难；如果长度太短，则在钢管旋转时，钢管接头容易脱出套管，严重者可能导致水泥砂浆堵塞孔道。

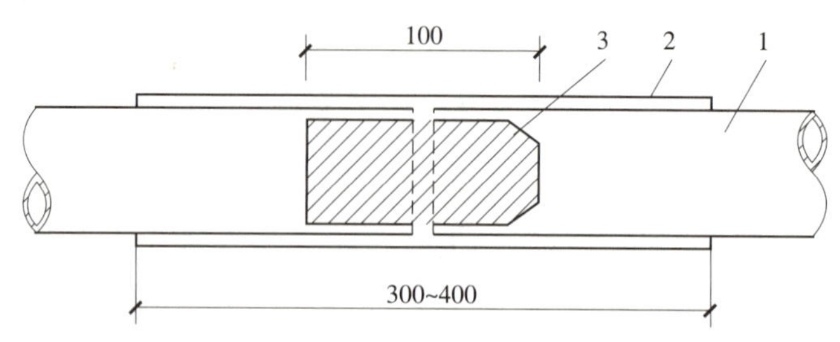

图 7–25　钢管连接方式

1—钢管　2—白铁皮套管　3—硬木塞

3）掌握好抽管时间。抽管过早，会造成塌孔；抽管太晚，混凝土与钢管黏结牢固，摩擦阻力增大，抽管困难，严重时甚至有可能抽不出钢管。具体的抽管时间与混凝土的性质、气温和养护条件有关，一般掌握在混凝土初凝以后终凝以前，手指按压混凝土表面不粘浆又无明显手指印痕时。常温下，抽管时间为混凝土浇筑后 3 ~ 6 h。

为了保证顺利抽管，混凝土浇筑顺序应合理安排。以预应力屋架为例，若在气温较高的季节施工，混凝土的浇筑应从上弦开始，然后自屋架两端向中间一起浇筑下弦混凝土，保证在整榀屋架浇筑完混凝土后不长的时间内抽管；反之，在气温较低的季节施工时，混凝土浇筑完成后需较长的时间才能抽管，则其浇筑顺序应从下弦开始，在上弦中间汇合，待下弦混凝土养护较长时间后抽管。

4）抽管宜先上后下进行。抽管时，必须速度均匀，边抽边转，并与孔道保持在一条直线上。抽管后，应及时检查孔道，并做好孔道的清理工作，以免孔道中有水泥浆等导致以后穿筋困难。

由于孔道灌浆的需要，每个构件在与孔道垂直的方向应留设若干个灌浆孔和排气孔，孔距一般不大于 12 m，孔径为 20 mm。留设灌浆孔或排气孔时，可用木塞或铁皮管成孔。

（2）胶管抽芯法

胶管有五层或七层夹布胶管及预应力混凝土专用的钢丝网胶皮管两种。前者质软，必须在管内充气或充水后，才能使用。后者质硬，且有一定的弹性，预留孔道时与钢管一样使用，所不同的是浇筑混凝土后无须转动。抽管时可利用其有一定弹性的特点，在拉力作用下断面缩小，即可把管抽出。

胶管用钢管井字架固定，直线孔道每隔 400 ~ 500 mm 一道，曲线孔道应适当加密。对于充气或充水的胶管，在浇筑混凝土前，胶管中应充入压力为 0.6 ~ 0.8 MPa 的压缩空气或压力水，此时胶管直径可增大约 3 mm，当抽管时，放出压缩空气或压力水，胶管孔径缩小，与混凝土脱开，随即抽出胶管，形成孔道。在没有充气或充水设

备的单位或地区，也可在胶管中充满冷拔钢丝，对胶管进行处理，抽管时先抽出钢丝，然后抽出胶管，也能收到同样效果。胶管抽芯留孔与钢管抽芯相比，其弹性好，便于弯曲，因此，它不仅可留设直线孔道，也能留设曲线孔道。

用胶管留孔时，构件长度在 20 ~ 30 m 时可用整接头。对于充气或充水胶管，其接头处应做好密封，防止漏气或漏水，如图 7-26 所示。胶管的抽管顺序应先上后下、先曲后直。

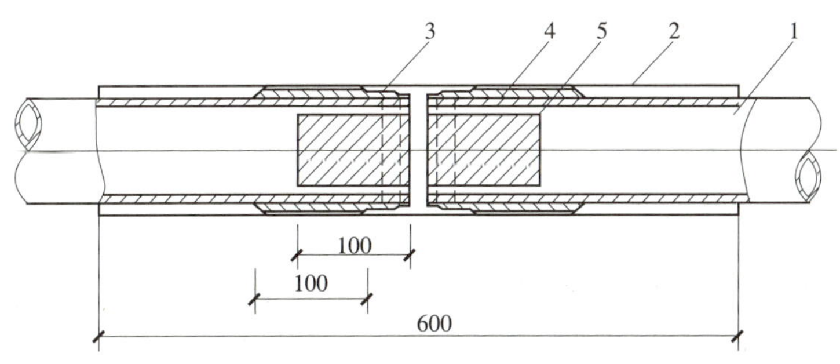

图 7-26　胶管接头

1—胶管　2—白铁皮套管　3—钉子　4—厚 1 mm 的钢管　5—硬木塞

（3）预埋波纹管法

孔道留设除上述两种方法以外，也可采用预埋波纹管法，波纹管直接埋设在构件中而不再抽出。这种方法适用于曲线孔道的留设。

2. 预应力筋张拉

预应力筋张拉是预应力构件制作过程的关键，预应力筋的应力控制更是其中的核心问题，必须按照相关国家标准的规定进行施工，确保工程质量。

（1）对混凝土块体的要求。预应力筋张拉时，构件的混凝土强度应符合设计要求，设计无要求时，混凝土强度不应低于设计强度标准值的 75%，确保混凝土在张拉过程中不至于受压而破坏。

（2）预应力筋的张拉顺序和张拉程序。合理选择张拉顺序和张拉程序，是施工中贯彻设计意图、保证预应力构件质量的重要环节。预应力筋的张拉顺序应按设计的有关规定进行，设计无规定或受张拉设备限制时，则可分批、分阶段、对称地张拉，以免构件承受过大的偏心压力。当构件同一截面有多根预应力筋须分批张拉时，则应考虑混凝土弹性压缩对预应力筋的有效预应力值的影响。所以，先一批张拉的预应力筋，其张拉力应加上由于后几批预应力筋张拉时所产生的混凝土弹性压缩造成的预应力损失值，使分批张拉完成后，每根预应力筋的张拉基本相等。如果分两批张拉，则第一批张拉的预应力筋的张拉控制应力 σ'_{con} 应为：

$$\sigma'_{con}=\sigma_{con}+\alpha_E\sigma_{pc} \tag{7-11}$$

式中　σ'_{con}——第一批预应力筋的张拉控制应力；

σ_{con}——设计控制应力，即第二批预应力筋的张拉控制应力；

α_E——钢筋与混凝土的弹性模量比值；

σ_{pc}——第二批预应力筋张拉时，在已张拉预应力筋重心处产生的混凝土法向应力。

预应力筋张拉应符合设计要求，设计无具体要求时，应符合下列规定：当孔道为抽芯成型时，曲线预应力筋和长度大于 24 m 的直线预应力筋应在两端张拉，长度不大于 24 m 的直线预应力筋可在一端张拉；当孔道为预埋波纹管时，曲线预应力筋和长度大于 30 m 的直线预应力筋宜在两端张拉，长度不大于 30 m 的直线预应力筋可在一端张拉。

当同一截面中有多根一端张拉的预应力筋时，张拉端宜分别设置在结构构件的两端。

当两端同时张拉一根预应力筋时，宜先在一端锚固，再在另一端补足张拉力后进行锚固。预应力筋的张拉程序与先张法施工工艺中的规定相同。

（3）张拉平卧重叠浇筑构件时，宜先上后下逐层进行张拉，为了减少上下层构件之间的摩擦阻力引起的预应力损失，可采用逐层加大张拉力的方法。对碳素钢丝、钢绞线和热处理钢筋，底层张拉力不宜比顶层张拉力大 5% 以上；对于冷拉 HRB400、HRB500、HRB600 钢筋，底层张拉力不宜比顶层张拉力大 9% 以上，但也不得大于预应力筋的最大超张拉力。若构件之间隔离层的隔离效果较好（例如用塑料薄膜作隔离层或用砖作隔离层。当用砖作隔离层时，大部分砖在张拉预应力筋时取出，仅有局部的支撑点，构件之间基本上架空），也可自上而下采用同一张拉力值张拉。

（4）预应力筋的张拉一般采用应力控制方法，但应校核预应力筋的伸长值。预应力筋的实际伸长值宜在初应力约为 10% 时开始测量，但必须加上初应力以下的推算伸长值，并扣除混凝土构件在张拉过程中的弹性压缩值。如果实际伸长值与计算伸长值的比值大于 10% 或小于 5%，应暂停张拉，采取措施予以调整后，方可继续张拉。

（5）预应力筋在锚固过程中，应检查张拉端预应力筋的内缩量，内缩量的数值规定见表 7–2。

表 7–2　锚固阶段张拉端预应力筋的内缩量允许值

锚具类别	内缩量允许值（mm）
支撑式锚具（镦头锚具、带有螺纹端杆的锚具等）	1
锥塞式锚具	5
夹片式锚具	5
每块后加的锚具垫板	1

注：1. 内缩量是指预应力筋锚固过程中，由于锚具零件之间和锚具与预应力筋之间的相对移动和局部塑性变形造成的回缩量。

2. 当设计对内缩量允许值有专门规定时，可按设计规定确定内缩量。

预应力筋张拉、锚固完毕，须割去锚具外露出的预应力筋时，则留在锚具外的预应力筋长度不得小于 30 mm，锚具应用封端混凝土保护，长期外露时，应采用防止锈蚀的措施。

（6）后张法张拉过程中，预应力筋（钢丝、钢绞线或钢筋）断裂或滑脱的数量严禁超过结构同一截面预应力筋总根数的 3%，且一束钢丝只允许断裂或滑脱一根。

3. 孔道灌浆

预应力筋锚固张拉后，应进行孔道灌浆，其主要作用是保护预应力筋，防止其锈蚀，并使预应力筋与结构混凝土形成整体。因此，孔道灌浆宜在预应力筋张拉锚固后尽早进行。

孔道灌浆用的砂浆除应满足强度和黏结力要求外，应具有较大的流动性和较小的干缩性、泌水性。因此，孔道灌浆应采用标号不低于 42.5 的普通硅酸盐水泥配制的水泥浆。孔道空隙大时，可采用水泥砂浆灌浆，水泥浆及砂浆强度均不应小于 20 MPa。水泥浆的水灰比宜在 0.4 左右，搅拌后 3 h 泌水率宜控制在 2% 左右，最大不得超过 3%。当需要增加孔道灌浆的密实性时，水泥浆中可掺入对预应力筋无腐蚀作用的外加剂。

灌浆前，混凝土孔道应用压力水冲刷，确保孔道混凝土湿润和洁净。孔道灌浆可采用电动灰浆泵。水泥浆倒入灰浆泵时，必须过筛，以免水泥块或其他杂物进入泵体或孔道，影响灰浆泵正常运动或堵塞孔道。在孔道灌浆过程中，灰浆泵内应始终保持一定的灰浆量，以免空气进入孔道而形成空腔。

灌浆应缓慢均匀地进行，并确保排气通畅，不得中断，在灌满孔道并封闭排气孔后，宜再继续加至 0.5 ~ 0.6 MPa，并稳定一定时间，再封闭灌浆孔，确保孔道灌浆的密实性。用不加外加剂的水泥浆灌浆时，必要时可采用二次灌浆法。

灌浆顺序应先下后上，以避免上层孔道灌浆时把下层孔道堵塞。曲线孔道灌浆时，宜由低点压入水泥浆，至最高点排气孔中排出空气及溢出浓浆为止。为确保曲线孔道最高处或锚具端部灌浆密实，宜在曲线孔道最高处设立泌水竖管，使水泥浆下沉，泌水上升到泌水竖管内排出，并利用压入竖管内的水泥浆回流，保证曲线孔道最高处和锚固区的灌浆密实。

1. 什么是先张法施工工艺？什么是后张法施工工艺？
2. 钢丝常用的张拉机具、锚固夹具有哪些？
3. 后张法构件预留孔道的方法有哪些？
4. 什么叫无黏结预应力施工？
5. 绘图说明先张法和后张法的施工工艺流程。

第八章 钢筋工程质量验收规定和安全技术要求

钢筋工的作业要严格按照相关规范标准和安全操作规程的要求进行。钢筋工程施工质量直接关系建筑整体质量和使用安全，所以一名合格的钢筋工要掌握有关钢筋工程质量控制和安全操作的知识，保证工程质量。

第一节 钢筋工程质量验收规定

一、钢筋质量标准及检查方法

1. 检查项目和方法

（1）主控项目

1）钢筋进场时，应按国家标准规定抽取试件进行力学性能检验，其质量必须符合有关标准的规定。

检查数量：按进场的批次和产品的抽样检验方案确定。

检验方法：检查产品合格证、出厂检验报告和进场复验报告。

2）有抗震设防要求的框架结构，其纵向受力钢筋的强度应满足设计要求。当设计无具体要求时，对一、二级抗震等级，检验所得的强度实测值应符合下列规定：

①钢筋的抗拉强度实测值与屈服强度实测值的比值不应小于 1.25。

②钢筋的屈服强度实测值与屈服强度标准值的比值不应大于 1.3。

检查数量：按进场的批次和产品的抽样检验方案确定。

检验方法：检查产品合格证、出厂检验报告和进场复验报告。

3）当发现钢筋脆断、焊接性能不良或力学性能显著不正常时，应对该批钢筋进行化学成分检验或其他专项检验。

（2）一般项目

钢筋应平直无损伤，表面不得有裂纹、油污、颗粒状或片状老锈。

检查数量：进场时和使用前全数检查。

检查方法：观察。

2. 热轧钢筋检验

当热轧钢筋进场时，应按批次进行检查和验收。每批由同一牌号、同一炉罐号、同一规格的钢筋组成。质量不大于 60 t，允许由同一牌号、同一冶炼方法、同一浇注

方法、不同炉罐号的钢筋组成混合批，但各炉罐号钢筋中碳的质量分数之差不得大于0.02%，锰的质量分数之差不得大于0.15%。

（1）外观检查

从每批钢筋中抽取5%进行外观检查。钢筋表面不得有裂纹、结疤和折叠，允许有凸块，但不得超过横肋的高度。钢筋表面上其他缺陷的深度和高度不得大于所在部位尺寸的允许偏差。

钢筋可按实际质量或公称质量交货。当钢筋按实际质量交货时，应随机抽取10根（6 m长）钢筋称重，如果质量偏差大于允许偏差，则应与生产厂交涉，以免损害用户利益。

（2）力学性能试验

从每批钢筋中任选两根钢筋，每根取两个试件分别进行拉伸试验（包括屈服强度、抗拉强度和伸长率）和冷弯试验。

如果有一项试验结果不符合要求（见表8-1），则从同一批中另取双倍数量的试件重做各项试验。如果仍有一个试件不合格，则该批钢筋为不合格品。

表8-1　热轧钢筋的力学性能要求

牌号	下屈服强度 R_{CL}（MPa）	抗拉强度 R_m（MPa）	断后伸长率 A（%）	最大力总延伸率 A_{gt}（%）	R^o_m/R^o_{CL}	R^o_{CL}/R_{CL}
	不小于					不大于
HRB400 HRBF400	400	540	16	7.5	—	—
HRB400E HRBF400E			—	9.0	1.25	1.30
HRB500 HRBF500	500	630	15	7.5	—	—
HRB500E HRBF500E			—	9.0	1.25	1.30
HRB600	600	730	14	7.5	—	—

注：R^o_m 为钢筋实测抗拉强度，R^o_{CL} 为钢筋实测下屈服强度。

对热轧钢筋的质量有疑问或类别不明时，在使用前应做拉伸和冷弯试验，根据试验结果确定钢筋的类别后，才允许使用。抽样数量应根据实际情况确定。这种钢筋不宜用于主要承重结构的重要部位。

余热处理钢筋的检验同热轧钢筋。

3. 成型钢筋等钢筋应用新技术的验收规定

成型钢筋进场时，应抽取试件作屈服强度、抗压强度、伸长率和质量偏差检验，检验结果应符合相关标准规定。对于由热轧钢筋制成的成型钢筋，当有施工方或监理方的代表驻厂监督加工过程，并提供原材钢筋力学性能检验报告时，可仅进行质量偏差检验。

检查数量：同一工程、同一类型、同一原材来源、同一组生产设备生产的成型钢筋，检验批量不应大于 30 t。每批抽取 3 个试件进行质量偏差检验，再取其中 2 个试件进行拉伸屈服强度、抗拉强度、伸长率检验。

检验方法：检查质量证明文件和抽样复验报告。

说明：

（1）成型钢筋的类型包括箍筋、纵筋、焊接网、钢筋笼等。

（2）对冷轧钢筋组成的成型钢筋，应抽取试件作屈服强度、抗压强度、伸长率和质量偏差检验。

（3）成型钢筋同样适用检验批容量扩大的相关规定。

（4）每车进场的成型钢筋包括不同类型时，可将多车的同类型钢筋合并为一个检验批进行验收；不同时间进场的同批成型钢筋为同一企业生产时，可按一次进场的成型钢筋验收。

二、钢筋加工质量标准及检查方法

1. 主控项目

（1）受力钢筋的弯钩和弯折应符合下列要求：

1）HPB300 钢筋末端应制作 180° 弯钩，其弯弧内直径不应小于钢筋直径的 2.5 倍，弯钩的弯后平直部分长度不应小于钢筋直径的 3 倍，如图 8–1 所示。

2）当设计要求钢筋末端需制作 135° 弯钩时，HRB400 钢筋的弯弧内直径 D 不应小于钢筋直径的 4 倍，如图 8–2a 所示。弯钩的弯后平直部分长度应符合设计要求。

3）钢筋制作不大于 90° 的弯折时，弯折处的弯弧内直径不应小于钢筋直径的 5 倍，如图 8–2b 所示。

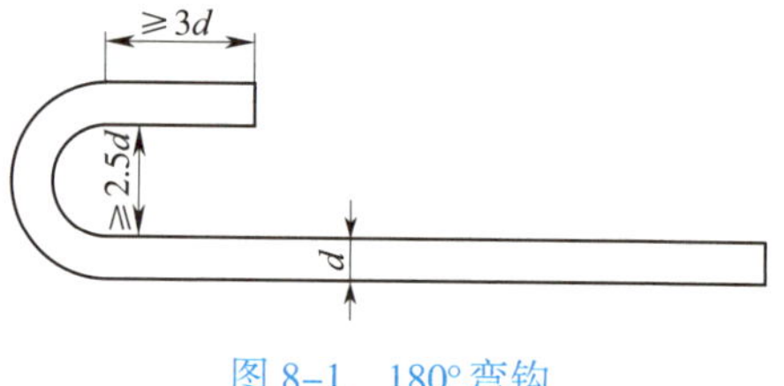

图 8–1　180° 弯钩

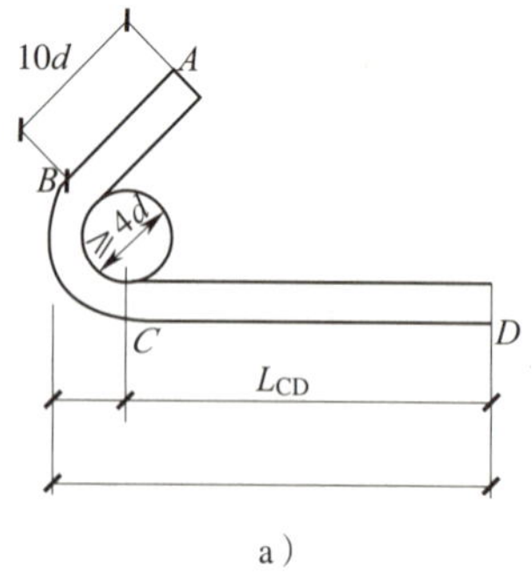

a）

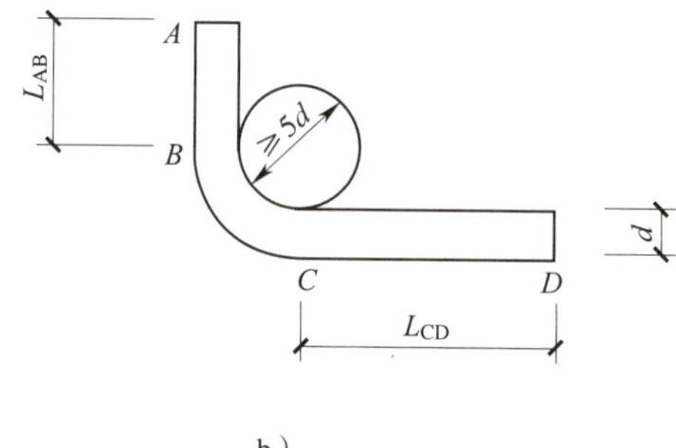

b）

图 8–2　受力钢筋分析

a）135°　b）90°

（2）箍筋弯钩的弯弧内直径、弯折角度、平直段长度应符合以下要求：

1）箍筋弯钩的弯心直径除应满足前文要求外，尚应不小于受力钢筋的直径。

2）箍筋弯钩的弯折角度：对一般结构，不应小于 90°；对有抗震等要求的结构，应为 135°。

3）箍筋弯后的平直部分长度：对一般结构，不应小于箍筋直径的 5 倍；对有抗震等要求的结构，不应小于箍筋直径的 10 倍。

检查数量：按每工作班同一类型钢筋、同一加工设备抽查不应小于 3 件。

检查方法：钢尺检查。

2. 一般项目

（1）钢筋调直冷拉率应符合下列要求。采用冷拉方法调直钢筋时，HPB300 钢筋冷拉率不宜大于 4%，HRB400 钢筋冷拉率不宜大于 1%，一般至少要拉到钢筋表面浮皮脱落为止。在不得采用冷拉钢筋的结构中，钢筋调直冷拉率不得大于 1%。

（2）钢筋加工的形状与尺寸应符合设计要求，其偏差应符合表 8–2 的规定。

（3）一般项目的检查数量和方法与主控项目相同。

表 8–2　　钢筋加工的允许偏差

项目	允许偏差（mm）
受力钢筋顺长度方向全长的净尺寸	± 10
弯起钢筋的弯折位置	± 20
箍筋内的净尺寸	± 5

三、钢筋焊接质量标准及检查方法

1. 对焊接头质量检验

（1）取样数量

同一台班内，由同一焊工按同一焊接参数完成的 300 个同类型接头作为一批。一周内连续焊接时，可以累计计算。一周内累计不足 300 个接头时，也按一批计算。

检查钢筋闪光对焊接头的外观时，每批抽查 10% 的接头，且不得少于 10 个。

钢筋闪光对焊接头的力学性能试验包括拉伸试验和弯曲试验，应从每批成品中切取 6 个试件，3 个进行拉伸试验，3 个进行弯曲试验。

（2）外观检查

钢筋闪光对焊接头的外观检查应符合下列要求。

1）对焊接头表面应光滑、无毛刺，不得有肉眼可见的裂纹。

2）与电极接触处的钢筋表面不得有明显的烧伤。

3）对焊接头弯折角度不得大于 2°。

4）对焊接头钢筋轴线偏移（a）不得大于钢筋直径的 0.1 倍，且不得大于 1 mm，测量方法如图 8–3 所示。当有一个接头不符合要求时，应对全部接头进行检查，剔除不合格接头，切除热影响区后重新焊接。

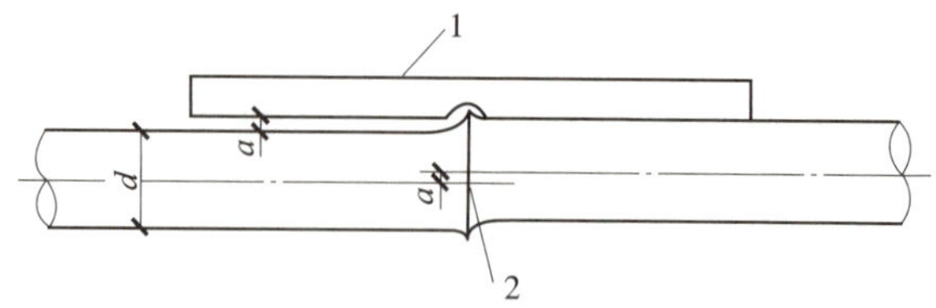

图 8–3 对焊接头钢筋轴线偏移（a）的测量方法

1—测量尺 2—对焊接头

（3）拉伸试验

钢筋焊接接头的拉伸试验应符合下列要求。

1）3 个试件的抗拉强度均不得低于该级别钢筋的抗拉强度标准值。

2）至少有 2 个试件断于焊缝之外，并呈塑性断裂。

当有 1 个试件的抗拉强度低于规定指标，或有 2 个试件在焊缝或热影响区发生脆性断裂时，应取双倍数量的试件进行复验。若复验仍有 1 个试件的抗拉强度低于规定指标，或有 3 个试件呈脆性断裂，则该批接头即为不合格品。

模拟试件的检验结果不符合要求时，复验应从成品中切取试件，其数量和要求与初次试验时相同。

（4）弯曲试验

钢筋闪光对焊接头弯曲试验时，应将受压面的金属毛刺和镦粗变形部分去掉，与母材的外表齐平。

弯曲试验可在万能试验机、手动或电动液压弯曲机上进行，焊缝应处于弯曲的中心点。钢筋对焊接头弯曲试验指标见表 8–3，弯曲至 90° 时，至少有 2 个试件不得发生破断。

表 8–3 钢筋对焊接头弯曲试验指标

钢筋级别	弯曲直径	弯曲角
HPB300	$2d$	90°
HRB400	$4d$	90°
HRB500	$5d$	90°

注：1. d 为钢筋直径。

2. 直径大于 25 mm 的钢筋对焊接头，做弯曲试验时弯曲直径应增加一个钢筋直径。

当有 2 个试件发生破断时，应再取 6 个试件进行复验。复验仍有 3 个试件发生破断时，应确认该批接头为不合格品。

2. 钢筋焊接网质量检验

成品钢筋焊接网进场时，应按批抽样检查。

（1）取样数量

每批应由同一厂家生产的，受力主筋为同一直径、同一级别的焊接网组成，质量不应大于 20 t。

对每批焊接网的外观质量和几何尺寸进行检验时，应抽取 5% 的网片，且不得少

于 3 片。钢筋焊接网的焊点应做力学性能试验。每批焊接网中应随机抽取一张网片，在纵、横向钢筋上各截取 2 根试件，分别进行拉伸和冷弯试验，并在同一根非受拉钢筋上随机截取 3 个抗剪试件，如图 8–4 所示。试件应从成品中切取，切取过试件的制品应补焊同级别、同直径钢筋，其每边搭接长度不应小于 2 个孔格的长度。

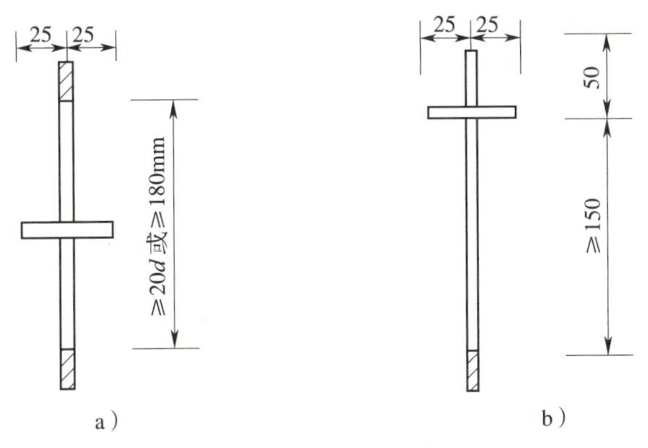

图 8–4　钢筋焊接网试件

a）拉伸试件　b）抗剪试件

（2）外观检查

钢筋焊接网外观质量检查结果应符合下列要求。

1）钢筋交叉点开焊数量不得超过整个网片交叉点总数的 1%，并且任一根钢筋上开焊点数不得超过该根钢筋上交叉点总数的 50%。焊接网最外边钢筋上的交叉点不得开焊。

2）焊接网表面不得有油渍及其他影响使用的缺陷，可允许有毛刺、表面浮锈。

3）焊接网几何尺寸的允许偏差：网片的长度、宽度允许偏差为 ±25 mm，网格的长度、宽度允许偏差为 ±10 mm。当需方有要求时，经供需双方协商，焊接网片长度允许偏差可取 ±10 mm。

3. 电弧焊接头质量检验

（1）取样数量

电弧焊接头外观检查，应清渣后逐个进行目测或量测。当进行力学性能试验时，应按下列规定抽取试件：

1）在现浇混凝土结构中，应以 300 个同牌号钢筋、同形式接头作为一批；在房屋结构中，应在不超过连续二楼层中取 300 个同牌号钢筋、同形式接头作为一批；每批随机切取 3 个接头，做拉伸试验。

2）在装配式结构中，可按生产条件制作模拟构件。

（2）外观检查

钢筋电弧焊接头外观检查结果应符合下列要求。

1）焊缝表面应平整，不得有凹陷或焊瘤。

2）焊接接头区域不得有肉眼可见的裂纹。

3）焊接接头尺寸的允许偏差及缺陷允许值应符合表 8–4 的规定。

表 8-4　　焊接接头尺寸的允许偏差及缺陷允许值

名称		接头形式		
		帮条焊	搭接焊、钢筋与钢板搭接焊	坡口焊、窄空间焊、熔槽帮条焊
帮条沿接头中心线的纵向偏移		$0.5d$	—	—
接头处弯折角		4°	4°	4°
接头处钢筋轴线的偏移		$0.1d$	$0.1d$	$0.1d$
		3 mm	3 mm	3 mm
焊缝厚度		$0.05d$ 0	$0.05d$ 0	—
焊缝宽度		$0.1d$ 0	$0.1d$ 0	—
焊缝长度		$-0.5d$	$-0.5d$	—
咬边深度		0.5 mm	0.5 mm	0.5 mm
在长 $2d$ 焊缝表面上的气孔及夹渣	数量	2 个	5 个	—
	面积	6 mm^2	6 mm^2	—
在全部焊缝表面上的气孔及夹渣	数量	—	—	2 个
	面积	—	—	6 mm^2

注：d 为钢筋直径。

4）焊缝余高应为 2 ~ 4 mm。

5）预埋件 T 形接头的钢筋对钢板的直角偏差不得大于 2°。

（3）拉伸试验

钢筋电弧焊接头拉伸试验结果应符合下列要求。

1）3 个热轧钢筋接头试件的抗拉强度均不得小于该级别钢筋规定的抗拉强度。

2）3 个接头试件均应断于焊缝之外，并应至少有 2 个试件呈塑性断裂；当有 1 个试件的抗拉强度小于规定值，或有 1 个试件断于焊缝，或有 2 个试件发生脆性断裂时，应再取 6 个试件进行复验。复验后，当有 1 个试件抗拉强度小于规定值，或有 1 个试件断于焊缝，或有 3 个试件呈脆性断裂时，应确认该批接头为不合格品。模拟试样试验结果不符合要求时，复验应再从成品中切取，其数量和要求应与初始试验相同。

4. 电渣压力焊接头质量检验

（1）取样数量

电渣压力焊接头应逐个进行外观检查。当进行力学性能试验时，应从每批接头中随机切取 3 个试件做拉伸试验，且应按下列规定抽取试件。

1）在一般构筑物中，应以 300 个同级别钢筋接头作为一批。

2）在房屋结构中，应在不超过连续二楼层中取 300 个同牌号钢筋、同形式接头作为一批。

3）每批随机切取 3 个接头，做拉伸试验。

（2）外观检查

电渣压力焊接头外观检查结果应符合下列要求。

1）四周焊包凸出钢筋表面的高度，当钢筋直径为 25 mm 及以下时，不得小于 4 mm；当钢筋直径为 28 mm 及以上时，不得小于 6 mm。

2）钢筋与电极接触处应无烧伤缺陷。

3）接头处的弯折角不得大于 2°。

4）接头处的轴线偏移不得大于 1 mm。

外观检查不合格的接头应切除重焊，或采用补强焊接措施。

（3）拉伸试验

电渣压力焊接头拉伸试验结果，3 个试件的抗拉强度均不得小于该级别钢筋规定的抗拉强度。如果有 1 个试件的抗拉强度低于规定值，应再取 6 个试件进行复验。复验后，如果仍有 1 个试件的抗拉强度小于规定值，应确认该批接头为不合格品。

5. 气压焊接头质量检验

（1）取样数量

气压焊接头应逐个进行外观检查。当进行力学性能试验时，应从每批接头中随机切取 3 个接头做拉伸试验；在梁、板的水平钢筋连接中，应另切取 3 个接头做弯曲试验，且应按下列规定抽取试件：

1）在一般构筑物中，以 300 个接头作为一批。

2）在现浇钢筋混凝土房屋结构中，同一楼层中应以 300 个接头作为一批，不足 300 个接头仍应作为一批。

（2）外观检查

气压焊接头外观检查结果应符合下列要求。

1）偏心量 e 不得大于钢筋直径的 0.1 倍，且不得大于 1 mm，如图 8-5a 所示。当不同直径钢筋焊接时，偏心量应按较小钢筋直径计算。当偏心量大于规定值，但在钢筋直径 0.3 倍以下时，可加热矫正；当偏心量大于钢筋直径 0.3 倍及以上时，应切除重焊。

2）接头处表面不得有肉眼可见的裂纹。

3）两钢筋轴线弯折角不得大于 2°，当大于规定值时，应重新加热矫正。

4）固态气压焊接头镦粗直径 d_c 不得小于钢筋直径，熔态气压焊接头镦粗直径 d_c 不得小于 1.2 倍钢筋直径，如图 8-5b 所示。当小于此规定值时，应重新加热镦粗。

5）镦粗长度 l_c 不得小于钢筋直径，且凸起部分应平缓圆滑，如图 8-5c 所示。当小于此规定值时，应重新加热镦长。

6）压焊面偏移 d_n 不得大于钢筋直径的 0.2 倍，如图 8-5d 所示。

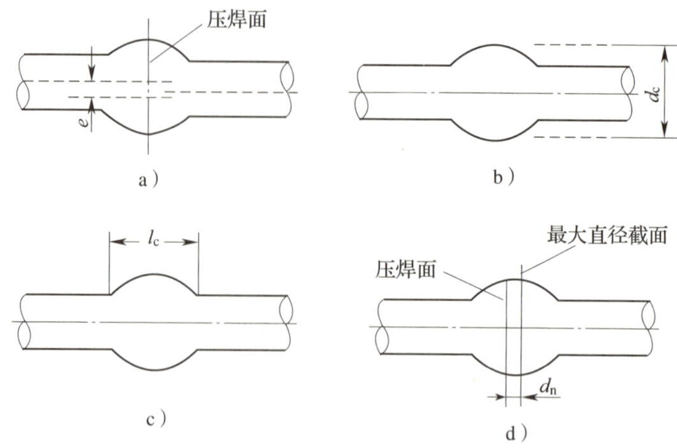

图 8–5　钢筋气压焊接头外观质量图解

a）偏心量　b）镦粗直径　c）镦粗长度　d）压焊面偏移

（3）拉伸试验

气压焊接头拉伸试验结果，3 个试件的抗拉强度不得小于该级别钢筋规定的抗拉强度，并应断于压焊面之外，呈延性断裂。当有一个试件不符合要求时，应切取 6 个试件进行复验。复验结果，当仍有 1 个试件不符合要求，应确认该批接头为不合格品。

（4）弯曲试验

气压焊接头进行弯曲试验时，应将试件受压面的凸起部分消除，并应与钢筋外表面齐平。弯心直径应比原材料弯心直径增加 1 倍钢筋直径，弯曲角度均为 90°。

弯曲试验可在万能试验机、手动或电动液压弯曲实验器上进行；压焊面应外在弯曲中心点，弯至 90°，3 个试件均不得在压焊面发生破断。当试验结果有一个不符合要求，应再切取 6 个试件进行复验。复验结果，当仍有 1 个试件不符合要求，应确认该批接头为不合格品。

6. 预埋件钢筋 T 形接头质量检验

（1）取样数量

预埋件钢筋 T 形接头的外观检查，应从同一台班内完成的同一类型预埋件中抽查 5%，且不得少于 10 件。

当进行力学性能试验时，应以 300 件同类型预埋件作为一批。一周内连续焊接时，可累计计算。当不足 300 件时，也应按一批计算。应从每批预埋件中随机切取 3 个试件进行拉伸试验。

试件尺寸如图 8–6 所示。如果从成品中切取的试件尺寸大小不能满足试验要求时，可按生产条件制作模拟试件。

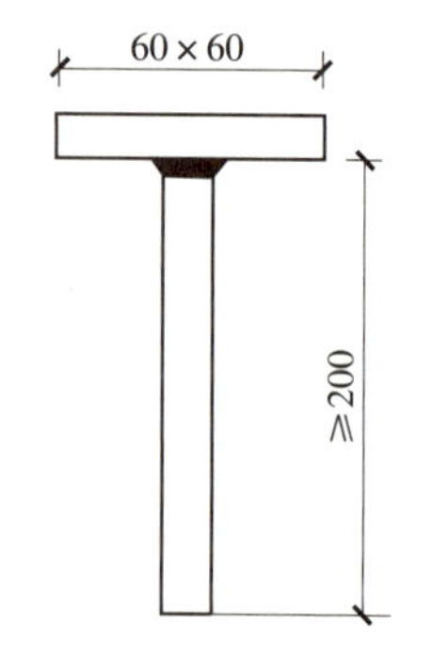

图 8–6　预埋件 T 形接头拉伸试件尺寸

（2）外观检查

埋弧压力焊接头外观检查结果应符合下列要求。

1）埋弧压力焊或埋弧螺柱焊时，如果钢筋直径为 18 mm 及以下，四周焊包凸出钢筋表面的高度不得小于 3 mm，如果钢筋直径为 20 mm 及以上，四周焊包凸出钢筋表面的高度不得小于 4 mm。

2）焊缝表面不得有气孔、夹渣和肉眼可见裂纹。

3）钢筋咬边深度不得超过 0.5 mm。

4）与电极接触处钢筋表面应无明显烧伤。

5）钢板应无焊穿，根部应无凹陷现象。

6）钢筋相对钢板的直角偏差不得大于 2°。

（3）拉伸试验

拉伸试件预埋件 T 形接头 3 个试件进行拉伸试验，其抗拉强度应符合下列要求。

1）HPB300 钢筋接头均不得小于 400 MPa。

2）HRB400 钢筋接头均不得小于 520 MPa。

当有 1 个试件的抗拉强度小于规定值时，应再取 6 个试件进行复验。复验仍有 1 个试件的抗拉强度小于规定值时，应该确认该批接头为不合格。对不合格品采取补强焊接后，可提交二次验收。

四、钢筋安装质量标准及检查方法

钢筋安装完成之后。在浇筑混凝土之前，应进行钢筋隐蔽工程验收，其内容包括：纵向受力钢筋的品种、规格、数量、位置等，连接方式、接头位置、接头数量、接头面积百分率等，箍筋、横向钢筋的品种、规格、数量、间距等，预埋件的规格、数量、间距等。

钢筋隐蔽工程验收前，应提供钢筋出厂合格证、检验报告、进场复验报告，以及钢筋焊接接头和机械连接接头力学性能试验报告。

1. 主控项目

（1）钢筋安装时，受力钢筋的品种、级别、规格和数量必须符合设计要求。

检查数量：全数检查。

检查方法：观察、钢尺检查。

（2）钢筋应安装牢固，受力钢筋的安装位置、锚固方式应符合设计要求。

检查数量：全数检查。

检查方法：观察、钢尺检查。

2. 一般项目

（1）钢筋接头位置、接头面积百分率、绑扎搭接长度等应符合设计或构造要求。

（2）箍筋、横向钢筋的品种、规格、数量、间距等应符合设计要求。

（3）钢筋安装位置的允许偏差和检查方法见表 8–5。

表 8–5　钢筋安装位置的允许偏差和检查方法

项目		允许偏差（mm）	检查方法
绑扎钢筋网	长、宽	± 10	钢尺检查
	网眼尺寸	± 20	钢尺连续量三处，取最大值
绑扎钢筋骨架	长	± 10	钢尺检查
	宽、高	± 5	钢尺检查

续表

项目			允许偏差（mm）	检查方法
受力钢筋	锚固长度		-20	钢尺检查
	间距		± 10	钢尺量两端、中间各一点，取最大值
	排距		± 5	
	保护层厚度	基础	± 10	钢尺检查
		柱、梁	± 5	钢尺检查
		板、墙、壳	± 3	钢尺检查
绑扎钢筋、横向钢筋间距			± 20	钢尺连续量三处，取最大值
钢筋弯起点位置			20	钢尺检查
预埋件	中心线位置		5	钢尺检查
	水平高差		± 3	钢尺和塞尺检查

检查数量：在同一检验批内，对梁、柱和独立基础，应抽查构件数量的 10%，且不少于 3 件；对墙和板，应按有代表性的自然间抽查 10%，且不少于 3 间；对大空间结构，墙可按相邻轴数间高度 5 m 左右划分检查面，板可按纵、横轴线划分检查面，抽查 10%，且均不少于 3 面。

检查方法：观察、钢尺检查。

五、质量保证措施

1. 原材料的质量问题及防止办法

（1）钢筋原材料等级混淆不清

原因：钢筋原材料入库时，材料管理员未严格把关，或材料管理制度不严等，引起钢筋原材料等级、规格的混杂。

防止方法：材料管理员首先应认真做好钢筋的验收工作，仓库内应按进场的先后、品种、规格划分不同的堆放区域，并挂上钢筋料牌，以便提取和查找。

（2）长钢筋发生局部慢弯或弯折

原因：运输时车辆过短或装车时不小心，造成条状钢筋弯折过度。另外，卸车时吊点不准或堆放场地不平整、堆垛过重等，均会引起长钢筋局部慢弯或弯折。

防止方法：采用车身较长的运输车辆，尽量采用吊架装车和卸车。堆放的高度不能太高，场地要平整，且不能在钢筋上面堆放重物。

已弯折的钢筋可用手工机械调直。HRB400 钢筋等调整不直或有裂纹的钢筋不能用作受力钢筋。

（3）钢筋成形后弯折处有裂纹

原因：材料冷弯性能不好，钢筋加工场地气温太低。

防止方法：取样复查钢筋的冷弯性能，并分析其化学成分。钢筋加工场所冬季应

采取保温措施，环境温度保持在 0 ℃以上。

（4）钢筋纵向裂纹

原因：钢筋的轧制工艺错误。

防止方法：切取钢筋实样送生产厂家，由厂家采取补救措施或调换合格钢筋，不得使用不合格钢筋。

2. 钢筋加工的质量问题及防止方法

（1）钢筋表面损伤过度

原因：钢筋在调直过程中，调直机上下压辊间隙太小，调直模安装位置不合适，被调直模擦伤的钢筋表面伤痕使钢筋的截面积减小 5% 以上。

防止方法：钢筋在调直机中穿过压辊之后，应保证上下辊间隙为 2~3 mm，调直时可以根据调直模的磨损情况及钢筋的性质，通过试验确定调直模的偏移量，保证调直模安装位置的准确性。

（2）钢筋切断尺寸有误

原因：定尺板不稳或刀片间隙过大。

防止方法：拧紧定尺板的紧固螺钉。调整钢筋切断机的固定刀片与冲切刀片间的水平间隙，一般以 0.5~1 mm 为宜。

（3）钢筋连切现象

原因：钢筋切断机的弹簧压力不足或送压辊压力过大，钢筋下降阻力过大。

防止方法：钢筋切断机出现钢筋连切现象后，应立即停电中止工作，查出原因并及时修理。

（4）钢筋切断时被顶弯

原因：切断机的弹簧预压力过大，钢筋顶不动定尺板。

防止方法：调整切断机弹簧的预压力，并事先试验合格后，再进行后续工序。已切下顶弯的钢筋可以用锤子敲打平直后使用。

（5）加工的箍筋不规范

原因：箍筋边长的成形尺寸与设计要求偏差过大，弯曲角度超差。

防止方法：操作时先试弯，待成形尺寸准确后再成批弯制；一次弯曲多根钢筋时应逐根对齐。如果箍筋已出现超差，HPB300 钢筋可以重新调直后再弯一次，而 HRB400 等其他规格的钢筋不得再重新弯曲。

（6）钢筋成形的尺寸不准

原因：由于划线方法不正确或误差过大，而使下料尺寸有误；采用手工弯曲时，板距选择不当，角度控制不准确。

防止方法：根据实际情况和经验预先确定钢筋的下料长度调整值。为了保证下料划线的准确性，应制订切实可行的划线程序，并严格按程序划线。手工弯曲操作时，按规定合理地选择板距，确保弯曲角度的准确性。形状较为复杂的钢筋或大批量加工成形的钢筋必须试弯，确定合适的板距和划线程序后，再进行成批量弯曲。

（7）钢筋弯曲成形后又出现变形

原因：成形钢筋搬运时动作过大或堆放场地不平整，成形钢筋堆放过高而压弯或搬动过于频繁等。

防止方法：成形钢筋堆放时应轻抬轻放；堆放场地应平整；钢筋应按施工顺序堆放，避免不必要的重复搬运。已变形的钢筋可以放到成形台上矫正，变形太大的钢筋应视情况具体处理。

3. 钢筋绑扎与安装的质量问题及防治办法

（1）钢筋的混凝土保护层厚度偏差

原因：水泥砂浆垫块的厚度不准确或垫块的数量和位置不符合要求。

防止方法：根据工程情况，分门别类地制作各种规格的水泥砂浆垫块，其厚度应严格控制，使用时应对号入座。

水泥砂浆垫块的搁置数量和位置应符合施工规范的要求。竖立钢筋可采用埋有铁丝的垫块，绑在钢筋骨架外侧，为使保护层厚度准确，可用铁丝把钢筋骨架拉向模板，将垫块挤牢。

（2）钢筋骨架外形尺寸不准确

原因：绑扎时多根钢筋端部未对齐或有些钢筋偏离规定的位置。

防止方法：绑扎时将多根钢筋端部对齐，防止钢筋绑扎偏斜或骨架扭曲。骨架尺寸不准时，可将导致尺寸不准的个别钢筋松绑，重新绑扎。切忌用锤子敲击，以免导致其他部位的钢筋发生松动或变形。

（3）拆模后露筋

原因：水泥砂浆垫块垫得太稀或脱落；钢筋骨架外形尺寸不准而局部挤触模板；振捣器碰撞钢筋，使钢筋位移、松绑而挤靠模板；漏振而造成漏筋。

防止方法：相隔 1 m 左右加绑带铁丝的水泥砂浆垫块，避免钢筋靠紧模板而露筋。在钢筋骨架安装尺寸有误差的地方，应用铁丝将钢筋骨架拉向模板，将垫块挤牢。

已产生露筋的地方面积较小时，可采用水泥砂浆堵抹；露筋部位混凝土有麻面的，应錾除浮渣，清洗基面，用水泥砂浆分层抹平压实。重要受力部位及较大范围的露筋，应会同设计单位经技术鉴定后，再确定补救办法。

（4）墙柱外伸钢筋位移

原因：模板固定不牢固、箍筋制作与绑扎不精确、保护层垫块设置不当、梁柱节点钢筋密集以及混凝土浇筑过程中的碰撞和振捣等多种因素综合作用的结果。

防止方法：加强模板的固定，确保箍筋制作精确且绑扎牢固，规范保护层垫块的设置，优化梁柱节点的设计以减少钢筋的相互挤压，以及加强混凝土浇筑过程中的管理，确保钢筋位置在浇筑过程中稳定。

当钢筋发生明显的位移时，处理方法必须经设计人员同意。墙体钢筋按 1：6 坡度进行调整。柱竖向钢筋采用垫筋焊接调整法，HPB300 钢筋垫筋的焊缝长度不少于 $4d$（d 为柱竖向钢筋直径），HRB400 钢筋垫筋的焊缝长度不少于 $5d$。

（5）钢筋接头过多或位置错误

原因：不熟悉有关钢筋绑扎接头和焊接接头的规定，另外，钢筋配料时如果未分清钢筋是位于受拉区还是受压区，也会造成同截面钢筋接头太多。

防止方法：钢筋配料时，应根据库存钢筋的情况，结合设计要求，决定钢筋的搭

配方案。

当梁、柱、墙钢筋的接头较多时，应注明钢筋的搭配顺序，并由受拉区和受压区确定钢筋接头数量和接头位置。

如果绑扎好钢筋后发现接头位置或接头数目不符合规范要求，一般情况下应拆除钢筋骨架，重新确定搭配方案再行绑扎。若只是个别钢筋的接头位置有误，可只将有误的钢筋抽出，重新配置接头位置。

（6）箍筋的间距不等

原因：施工图中所注的箍筋间距不准确，按此近似值绑扎，则使箍筋的间距和根数与实际不符。如果绑扎人员在绑扎前不放线，按估计尺寸进行绑扎，也会造成箍筋间距不等。

防止方法：绑扎操作前应根据配筋图先计算好箍筋的实际间距，并以划线作为绑扎时的依据，才能进行绑扎。

已绑扎好的钢筋骨架如果发现箍筋的间距不等，只允许局部调整或增加 1~2 根箍筋。

（7）钢筋的搭接长度不够

原因：操作人员对钢筋搭接长度的有关规定不清楚，且不了解钢筋搭接长度在构件中的作用。

防止方法：提高操作人员的专业水平，使他们掌握有关规范和钢筋搭接长度的标准，认识搭接长度的重要性。在进行钢筋绑扎时，应逐个度量每个接头，认真检查钢筋的实际搭接长度是否符合设计和规范要求。

（8）梁的箍筋被压弯

原因：当梁的高度很大时，箍筋被钢筋骨架的自重或施工荷载压弯，而图样上也未设置纵向构造钢筋或拉筋。

防止方法：当钢筋混凝土梁的高度大于 450 mm 时，在梁的两侧设置纵向构造钢筋，用拉筋连接。如果箍筋已被压弯，可将箍筋压弯的钢筋骨架临时支上，补设纵向构造钢筋和拉筋。

（9）钢筋网主、次钢筋位置放错

原因：操作人员缺乏必要的结构知识，钢筋绑扎中分不清主、次钢筋的位置，不加区别地随意放置。

防止方法：进行此类结构布置或构件绑扎钢筋时，要求直接操作者务必弄清主、次钢筋的位置。

如果主、次钢筋已经放错位置，未浇筑混凝土的要取出钢筋重新绑扎，已浇筑混凝土的必须通过设计单位复核后，再决定是否采取加固措施或减轻外加荷载。

（10）弯起钢筋的放置方向错误

原因：没有认真对绑扎人员交底，操作时未注意钢筋的形状不对称，造成钢筋方向放错或上下颠倒。

防止方法：事先应对绑扎人员作详细交底，并加强检查与监督，还可以在钢筋骨架或模板上加以标注，提醒绑扎人员。

发现弯起钢筋放置错误，必须坚决拆除改正。如果构件已浇筑混凝土，一般情况下应报废或降级使用。

（11）构件中预埋件遗漏或错位

原因：操作者不熟悉图样中预埋件的位置和数量，或安放预埋件时未加固放稳。

防止方法：要求操作者明确安放预埋件的品种、规格、位置、数量，并事先确定放稳预埋件的加固措施。浇筑混凝土时，振捣器不要碰撞预埋件。施工中发现预埋件遗漏、错位等情况，应及时纠正或补救。

（12）钢筋遗漏

原因：钢筋施工管理不严，钢筋绑扎前未按钢筋配料表核对配料单和料牌，也未做出钢筋绑扎、安装顺序的要求。

防止方法：绑扎钢筋前，应熟悉图样和钢筋配料表，并检查钢筋的规格、数量等是否齐全、准确。在熟悉图样的基础上，仔细研究钢筋绑扎、安装顺序和步骤，确保操作者按钢筋绑扎安装的顺序进行操作。钢筋绑扎完毕后，一定要认真检查、核对，不得有漏绑和遗留现场的钢筋。

如果发现构件中有漏绑的钢筋，必须设法全部补上。

4. 低温条件下钢筋施工的质量问题及防止办法

在钢筋工程中，施工人员除必须按常规冬季施工安全操作规程做好防滑、保温、防火等措施外，还应了解低温导致的质量问题和负面影响，以便在施工中积极采取预防措施，保证低温条件下钢筋施工的质量。

（1）低温对钢筋性能的影响

原因：在低温条件下，钢筋的性能随温度的下降而有不同程度的变化，主要反映在力学性能方面，出现强度增加、塑性或韧性下降，降低了钢筋在构件中抵抗裂纹产生和扩展的能力，直接影响构件的安全性。

防止方法：为了确保钢筋混凝土结构的使用安全，要保证钢筋在低温条件下具有一定的塑性和韧性，增强抗脆断能力。

（2）低温对钢筋焊接的影响

原因：低温下的钢筋冷脆性较大，且易断裂。进行低温焊接时，保温措施不得力，再加上焊接时间、焊接温度、焊接参数等控制不好，就非常容易产生夹渣、气孔、咬边、烧穿等焊接缺陷，这些缺陷还会使钢筋接头脆断，严重影响构件的安全质量。

防止方法：在寒冷季节，应尽量安排钢筋在室内焊接。如果必须在室外焊接，操作环境应有防雪、防风措施。焊成的钢筋接头必须采取必要的缓冷、保温措施，如立即用炉火灰烬覆盖焊好的接头。进行低温焊接时，除了应遵守常温焊接的有关规定外，还应调整焊接参数，使焊缝和热影响区缓慢冷却。

（3）低温对钢筋加工的影响

原因：钢筋加工过程经常会在钢筋表面造成缺陷，而这些缺陷对冷脆性特别敏感，其缺陷处更容易使钢筋发生脆断。

防止方法：在低温下进行钢筋加工，除了加强各工序的工艺质量外，还要特别注意做好钢筋的搬运和堆置工作，防止碰撞损伤。

第二节 钢筋工程安全技术要求

一、钢筋加工的安全技术

1. 钢筋调直的安全技术

（1）用卷扬机拉直钢筋或钢丝时，操作前必须检查所用机具及平直设备是否完好、正常，冷拉区域内有无障碍物。操作时为防止张拉滑头，应设置挡板。在缺少安全挡板的情况下，操作人员应站在离钢筋两侧 2 m 以外，不准在两端停留。

（2）使用绞盘拉直钢筋时，应事先检查地锚的牢固程度是否符合要求；展直盘条时，应一头夹住，防止钢筋回弹；剪断钢筋时，应先用脚踩住，以免钢筋伤人。

2. 钢筋切断的安全技术

（1）施工前应对工作环境和工具设备进行检查，确保工具和设备符合使用要求，刀片锋利，夹具固定可靠。

（2）在人工截短料时，不准用手扶，要用 1 m 以上的套管压住钢筋后才可断料。

（3）使用钢筋切断机切断钢筋时，应首先检查机械的各部件是否完好，所切钢筋的规格、品种是否与机械的性能一致。操作中，应握紧钢筋，防止钢筋末端摆动伤人。严禁在机械运转时用手清除刀口附近的断头或杂物。在钢筋摆动范围内和切刀附近，非操作人员不得停留。

（4）发现机械运转不正常，有异响或切刀歪斜等情况，应立即停机检修。

3. 钢筋弯曲成形的安全技术

（1）采用人工弯曲时，首先要检查扳手卡口是否方正，以及卡盘、扳柱是否牢固。操作时要放平并压住扳手，防止扳手滑脱伤人。

（2）使用弯曲机时，应先检查机械是否完好，机械技术性能是否与所弯钢筋一致，检查合格后才能起弯。

（3）弯曲机操作过程中，严禁超过本机规定的钢筋直径、根数及机械转速，也不得在弯曲机运转过程中更换心轴、销子，以及变换角度和调速。

（4）操作过程中要注意互相配合一致。弯曲钢筋的作业半径内和机身不设固定销的一侧严禁站人。弯曲好的半成品应堆放整齐，弯钩不得朝上。

二、钢筋焊接的安全技术

1. 电焊安全技术

（1）焊接电源的安全技术

1）焊接机械的电源部分要妥善保护，防止因操作不慎使钢筋与电源接触。不允许两台焊机使用同一个电源刀开关。

2）焊接电源的控制装置（如熔断器或自动断电装置等）必须是独立的，容量应符合焊接电源的要求，以防发生触电安全事故。

3）电动机的所有外露带电部分必须有完好绝缘。

（2）电焊设备的安全技术

1）电动机的结构必须牢固和便于维修。焊机各接触点和连接件应连接牢固，不得出现松动现象。

2）焊机应安设空载自动断电保护装置，使焊机的空载电压降至安全电压范围内。

3）焊钳和焊枪应有良好的绝缘性能和隔热能力，以防触电及发热烫手。

4）焊接电缆应具有良好的导电能力和绝缘外层，以及较好的抵抗机械损伤能力，长度取 20~30 m 为宜。

5）焊接机械必须装接地线，其入土深度应在冻土线以下并不少于 1 m，地线电阻不应大于 4 Ω，接地体与建筑物的距离不应小于 1.5 m。

（3）电焊操作的安全技术

1）焊机必须经过调整试运转正常后，方可正式使用，必须由专人使用和管理，非专职人员不得擅自操作。

2）操作前应检查焊机接地状态是否正常。雨天在室外操作时应搭设临时防雨设施，保证雨天在室外焊接钢筋或工件的质量和安全。对焊机、点焊机操作现场地面上应铺放木地板。

3）焊接人员必须穿戴好劳动保护用品，对焊机的闪光区域内须设遮挡设备，以防火花灼伤皮肤和弧光伤害眼睛。

4）焊机四周严禁堆放易燃物品，以免引起火灾。焊接现场应有消防设施。

5）焊接操作人员切忌在带电的钢板或工件上工作，以防触电。

6）在下列情况下，必须切断电源：

①改变焊机接头时。

②更换焊件需要改接二次回路时。

③更换熔断装置时。

④焊机发生故障需检修时。

⑤转换工作地点需搬运焊机时。

⑥工作完毕或临时离开工作现场时。

2. 气焊安全技术

（1）气焊有关规定

1）氧气瓶与乙炔瓶所放的位置距离火源不得少于 10 m。

2）乙炔瓶应放在空气流通好的地方，并立放固定使用，严禁卧放或放在高压线下使用。

3）施工现场不得有易燃、易爆物品。

4）气焊装置要经常检查和维修，防止漏气。要经常检查供气设备，严禁使用不符合高压容器使用要求的容器。

5）氧气瓶和乙炔瓶低温冻结时，只能用水温为 40 ℃的温水解冻，不准用火烤。同时应注意不得将氧气瓶和乙炔瓶放在日光直射或高温处工作，环境温度不得超过 35 ℃。

6）使用乙炔瓶时，必须配备专用乙炔减压器和回火装置。

（2）气焊操作安全技术

1）瓶阀的开启要缓慢平稳，以防止气体损坏减压器。

2）点火前，检查焊枪是否有抽吸力。有抽吸力时，才能接通乙炔管点火；如果无抽吸力，说明喷嘴处有故障，必须对焊枪进行检修，直至有抽吸力时才能点火。

3）在点火或工作过程中发生回火时，要立即关闭氧气阀门，随后关闭乙炔阀门。重新点火前，要用氧气将混合管内的残余气体吹净。

4）乙炔使用压力不得超过 15 MPa，输气流速不得超过 1.5 m^3/h，当需要较大气量时，可将多个乙炔瓶并联起来使用。

5）氧气瓶和乙炔瓶都不能用尽，应保留一定的剩余压力以确保安全。氧气瓶的剩余压力应保持在 0.5 MPa 以上，乙炔瓶的剩余压力应保持在 1.0 ~ 15.0 MPa（环境温度为 10 ~ 50 ℃时）。

6）停止工作时，必须检查焊枪的混合管内是否有回火现象，待没有回火现象后，方可收起焊枪。

三、钢筋绑扎与安装的安全技术

1. 绑扎基础钢筋时，应按施工设计规定摆放钢筋支架，架起上部钢筋，不得任意减少支架。操作前应检查基坑土壁和支撑是否牢固。

2. 绑扎立柱、墙体钢筋时，不得站在钢筋骨架上操作和攀登骨架上下。柱筋在 4 m 以内且质量不大时，可在地面或楼面上绑扎，整体竖起；柱筋在 4 m 以上时，应搭设工作台。柱、墙、梁骨架应用临时支撑拉牢，以防倾倒。

3. 在高处绑扎和安装钢筋时，注意不要将钢筋集中堆放在模板或脚手架上，特别是悬臂构件，应检查支撑是否牢固。

4. 应尽量避免在高处修整、扳弯粗钢筋，必须操作时，要佩挂好安全带，选好位置并站稳。

5. 在高处、深坑绑扎钢筋和安装骨架时，必须搭设脚手架和马道，无操作平台时应佩挂好安全带。

6. 绑扎高层建筑的圈梁、挑檐、外墙、边柱钢筋时，应搭设外脚手架或安全网，绑扎时要佩挂好安全带。

7. 安装绑扎钢筋时，钢筋不得碰撞电线。深基础或夜间施工需使用移动式行灯照明时，行灯电压不应超过 36 V。

思考练习题

1. 钢筋质量的主控项目和一般项目有哪些？
2. 热轧钢筋如何做外观检查？
3. 如何检查钢筋加工质量？
4. 对焊接头质量检查时，取样数量如何确定？

5. 钢筋焊接网外观检查应符合什么要求?
6. 电弧焊接头拉伸试验应符合什么要求?
7. 电渣压力焊外观检查时，应如何抽取试件?
8. 钢筋安装位置的允许偏差有何规定? 如何检查?
9. 低温对钢筋加工有什么影响?
10. 钢筋加工有哪些方面的安全要求?
11. 钢筋焊接有哪些方面的安全要求?

第九章 钢筋班组管理

为进一步提高钢筋班组在建筑工程施工过程中的管理水平，确保在各阶段施工过程中的安全生产和文明形象，创建标准化工地，在保证工期和质量的前提下，有必要对参与工程建设的钢筋班组提出管理要求。

第一节 钢筋班组管理的任务与基本内容

一、基本概念

1. 施工管理

要想弄清楚钢筋班组管理的概念，就必须先了解施工管理的概念。施工管理是指依据有关法规、规范等制度要求对施工项目进行的计划、组织、指挥、监督、协调等工作的统称。

2. 钢筋班组管理

钢筋班组管理是指具体针对钢筋工程施工而言，为达到工期最优、成本合理、质量优良、安全生产、文明施工等目的所进行的一系列管理活动的总称。

二、钢筋班组管理的任务

钢筋班组管理的任务就是根据建设方（甲方）和工程承包商对钢筋工程工期、成本、质量、安全等的要求，选择确定科学、经济、合理的施工管理方案，并采取符合实际的管理措施，包括以下方面：

1. 确定合理的施工进度。
2. 确定合理的施工顺序。
3. 控制好人力、材料、施工机械、水、电等项目的成本。
4. 采取有效的劳动组织，保证工程持续施工。
5. 选择技术先进、经济合理的施工工艺和技术措施，保证钢筋工程的施工质量。
6. 确定安全生产、文明施工的管理体系和管理措施。

三、钢筋班组管理的作用

1. 按照施工前设计好的科学程序和计划组织钢筋工程施工，建立正常的生产管理秩序。

2. 确保钢筋班组长和工人对生产活动心中有数，利于及时调整施工中的薄弱环节，优化资源配置，及时处理问题。

3. 协调施工班组中各成员之间的合理分工。

4. 保证按照计划、有步骤地进行施工准备工作。

5. 为人力、物资、资金等资源的组织和准备提供依据。

综上所述，钢筋班组管理的作用是从钢筋工程施工全局出发，按照有关制度、规定，统筹安排施工过程中的各个方面，按预定计划施工，在保证安全、质量的前提下，按照工期要求完工并取得最佳的经济效益。

四、钢筋班组管理的工作内容

钢筋班组管理的工作内容主要分为钢筋班组生产技术管理和钢筋班组质量管理两个方面。

1. 钢筋班组生产技术管理

钢筋班组生产技术管理包括钢筋班组施工进度管理、钢筋班组劳动组织管理、钢筋班组施工技术管理、钢筋班组设备和材料管理、钢筋班组施工安全管理，以及钢筋班组现场文明管理。

2. 钢筋班组质量管理

钢筋班组质量管理包括全面质量管理基础知识、ISO 9000 族标准基础理论、质量保证措施、消除质量通病的措施，以及成品保护管理。

第二节 钢筋班组生产技术管理

一、钢筋班组施工进度管理

钢筋工人要想顺利完成钢筋工程的工作，就必须有一个切实可行的施工进度计划作为指导。

1. 编制钢筋班组施工进度计划的原则与程序

（1）编制原则

1）依据工程实际和要求，在施工进度安排上考虑：先整体后部分，先地下后地上，先准备后施工。

2）依据工程的总进度安排和该钢筋工程的特点，确定合理的施工顺序和工艺方法。

3）采用科学、高效的方法组织施工。

4）以网络图的方式确定各工序间的关系。

5）适当考虑季节施工等因素对进度造成的影响。

（2）编制程序

1）按照该单位工程或分部工程的总进度计划安排钢筋分项工程的开始、结束时间

和施工顺序。

2）计算确定钢筋工程的工程量，考虑施工段的划分，并确定人工、材料、机械、水电等的需用量。

3）根据钢筋分项工程的总计划，制订季、月、旬、日计划。

4）综合考虑对施工进度有影响的因素，如季节特点、阶段验收时间等，编制施工网络计划。

2. 施工进度计划的表示方法

一般用双代号网络图表示施工进度计划。

（1）概念

1）网络图：一种表示整个计划中各道工作的先后次序和所需时间的网状图。

2）工作：用“⟶”表示该工作的过程，它必定占用时间；把不占用时间的工作称为虚工作，用“┈┈▸”表示。

3）节点：即前后工作的交点，用圆圈○表示。

4）编号：按工作开始时间由早至晚按阿拉伯数字编号。

5）线路：指网络图中从起点到终点连接起来的每条路线，其中耗时最长的线路称为关键线路。

（2）作法示例

【例 9–1】 某钢筋班组要完成某工程基础筏板的钢筋绑扎工作。该基础分为 2 个施工段，每个施工段的钢筋加工耗时 2 天、布筋 1 天、绑扎 3 天，试画出网络图。

解 网络图如图 9–1 所示。

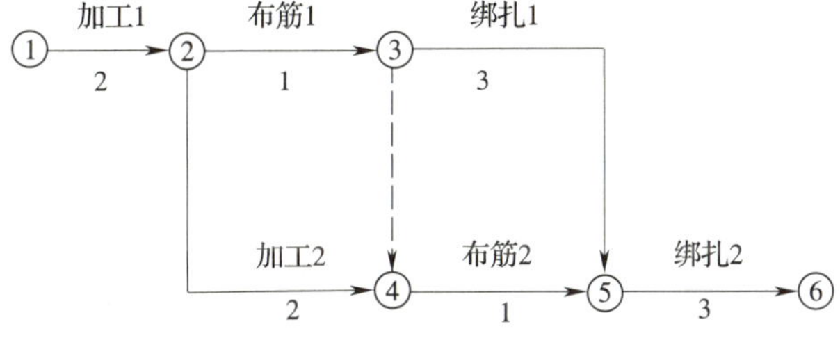

图 9–1 网络图

由图 9–1 可看出：该施工过程共 6 项工作，其中包括一项虚工作③┈┈▸④。该图共有 6 个节点，①为开始结点，⑥为结束结点；该钢筋工程从开始到完成共耗时 10 天。

从图 9–1 还可以看出，无论哪个施工工序都能保持连续施工，施工过程中没有空置时间，从而提高了劳动生产率。

3. 保证进度计划完成的措施

（1）配齐各工序管理人员，投入足够的施工人员；采取措施，充分调动人员的工作积极性。

（2）充分做好开工前准备工作。首先要搞好图样会审工作，及时编制可行的分项施工作业计划；其次要及早做出材料、设备、工具需用量计划。

（3）保证生产施工与材料供应、钢筋工程施工与其他专业工种施工交叉配合同步。

（4）建立健全例会制度，加强与其他工种的协调，解决施工生产中的问题。

（5）利用网络计划及时调整施工计划，加强工期控制措施，尽量缩短施工时间。

二、钢筋班组劳动组织管理

1. 劳动力计划的编制

（1）计算钢筋用量

1）概算。根据现行《建筑施工手册》等经验资料，计算基本构筑物的大概钢筋用量。

【例 9–2】 某六层框架结构车间面积为 7 000 m^2，概算钢筋用量。

解　查现行《建筑施工手册》相近条目，见表 9–1 和表 9–2：

表 9–1　某框架结构综合车间

工程名称：综合车间	建筑面积：6 197.5 m^2	层数：六层

表 9–2　每 100 m^2 建筑用料指标

名称	单位	数量
钢筋	t	3.3

由表 9–2 可查出相关钢筋消耗率为 3.3 t /100 m^2，所以，该例题中钢筋概算用量：

$$7\,000/100 \times 3.3=231\ \text{t}$$

2）精算。计算出各部位混凝土的工程量，然后用工程量套国家现行定额计算出钢筋用量，或者从施工图中精确算出各部位的钢筋用量，最后把各部位的钢筋用量汇总。

（2）计算用工量

1）钢筋工的劳动生产率。劳动生产率即一个工人一个工日所完成的工作量。由于钢筋工人的地域差异、熟练程度不同等原因，其劳动生产率具有不确定性，可以参考有关资料或用经验系数确定。

2）用工量。可以用以下公式计算用工量：

用工量（工日）= 钢筋用量（t）/ 劳动生产率（t/ 工日）

（3）确定劳动力进场计划

根据总的用工量计划，综合考虑工程特点和工作面的大小，确定劳动力进场计划，某工程劳动力进场计划见表 9–3。

表 9-3 某工程劳动力进场计划 单位：人/日

工种	阶段劳动力进场计划		
	基础	一层主体	二至六层主体
钢筋工	80	60	50

2. 劳动力组织管理实施措施

（1）原则

1）施工前要做好准备，做好劳动力的组织落实。

2）制订劳动力组织计划时，要结合工程施工特点、工作面大小、工人素质高低等特点综合考虑。

3）根据工程实际情况，及时调整计划，合理安排劳动力，减少停工、怠工现象。

4）做好夜间、冬季、雨期劳动力组织工作。

（2）夜间施工管理

1）夜间尽量不安排施工，如需夜间施工，应做出妥善安排。

2）夜间施工要做好照明、安全、质检等工作。

3）夜间施工尽量减少噪声。

4）施工技术人员现场值班，处理各种问题。

（3）冬季、雨期施工

1）及时准备劳保用品，如厚手套、雨具等。

2）合理安排作息时间，尽量避开雨、雪、大风等恶劣天气。

3）完善保暖或避雨设施。

三、钢筋班组施工技术管理

1. 实行技术交底制度

（1）技术交底内容一般分为图样交底、施工工艺交底、设计变更交底。

（2）钢筋班组长在接受上级技术人员交底后，将技术交底内容采取口头、文字、示范操作等方式向工人交代。

2. 选择合适的施工工艺、方法

在施工中，经常可以通过多种方法完成一项工作。例如，粗直径钢筋的连接就有电渣压力焊、锥螺纹连接、套筒挤压连接等方式。因此，必须综合考虑工程的施工特点，现有设备、资金、人员素质等因素，确定适合生产需要的施工工艺、方法。

3. 采用“四新”技术

积极采用新技术、新材料、新工艺、新设备等“四新”技术，确保工程质量，降低工程成本。

4. 建立图样会审制度

在施工前，应由钢筋班组长召集有关技术骨干共同进行图样会审，找出图样中的错误，并对施工提出建议。

5. 搞好隐蔽验收工作

钢筋工程隐蔽前（即浇筑混凝土前），应及时进行验收工作，认真填写资料，有关责任人须签字认可。

四、钢筋班组设备和材料管理

1. 设备管理

钢筋工程一般需要用到起重机、钢筋调直机、钢筋弯曲机、钢筋切断机、电焊机、闪光对焊机、套筒挤压机等。

（1）制订机械设备进、出场计划并根据实际情况及时调整。

（2）建立机械设备台账、维修记录等技术档案。

（3）定期对设备进行维护保养，确保设备不“带病工作”。

（4）严格按照机械设备安全使用的规章制度操作，避免发生事故。

2. 材料管理

这里所说的材料主要是指各种类型的钢筋和辅料。

（1）制订钢筋等材料的购置、运输、储存、进场计划并落实执行。

（2）材料进场时，按品种、规格、炉号分批进行外观检查。

（3）材料进场后，应立即按规定取样送检。

（4）经检查、检验不合格的钢筋，坚决不得投入使用。

（5）钢筋应垫高堆放，上部搭设棚子遮雨、避光。

五、钢筋班组施工安全管理

1. 做好安全防护教育工作，进入施工地现场的工人必须戴好安全帽。

2. 特殊工种（如焊工）要持证上岗，按照安全规程操作。

3. 各种机电设备、工具要按规定安装漏电保护器，并有接地、接零措施，否则工人不得使用。

4. 现场临时用电应采用三级配电、二级保护。

5. 各种机电设备应设防雨罩，保证绝缘良好。

6. 宿舍内保持通风顺畅，严禁乱拉、乱接电线。

7. 施工人员不得疲劳上岗，不得带病工作。

六、钢筋班组现场文明管理

1. 现场钢筋堆放地点、加工场所、工人宿舍等位置要按照现场平面图布置。

2. 现场材料按规格、类别、使用部位分别堆放，并设立标识牌。

3. 施工操作地点要保持整洁，工人做到工完料净。

4. 上道工序要为下道工序施工创造条件，及时做好预留、预埋工作。

5. 各种规章制度悬挂于醒目的位置，施工人员佩戴胸卡。

第三节　钢筋班组质量管理

一、全面质量管理基础知识

1. 全面质量管理的概念

全面质量管理（TQC）是指由企业全员参加，以生产经营全过程为对象，以现代管理技术和方法为手段，对质量情况进行调查、分析、判断的质量管理。

对于钢筋班组来说，除了要配合上级部门实施全面质量管理活动，还要在班组内部建立起一套完善的质量管理体系，对钢筋工程的施工全过程进行控制。

2. 全面质量管理的任务

全面质量管理的核心任务是以人为本，提高人的素质、调动人的积极性，通过抓好工作质量促进工程质量和服务质量。它的基本任务如下：

（1）对全体员工进行质量意识教育，开展技术练兵、岗位培训等活动。

（2）对影响工程质量的各种因素、环节进行事前分析，建立完善的质量体系。

（3）贯彻执行国家颁布的有关规定、规范、质量评定标准等。

（4）组织回访与维修，调整体系、制度，改进质量管理方法。

3. 全面质量管理的程序

全面质量管理程序一般分为计划、实施、检查、处理四个阶段，简称 PDCA 循环。

（1）第一阶段（P）：计划阶段。主要是按照甲方（总承包方）的要求并结合自身的技术水平，安排施工计划并编制有关措施。

（2）第二阶段（D）：实施阶段。主要是按照计划组织施工生产，保证施工质量符合国家有关规范和标准。

（3）第三阶段（C）：检查阶段。主要任务是按计划执行情况对已施工的工程进行检查和评定。

（4）第四阶段（A）：处理阶段。主要是按照甲方（总承包方）的意见和检查阶段的评定意见进行总结，将合理部分编制成标准，以备将来再次执行。

二、ISO 9000 族标准基础理论

1. 概念

ISO 9000 族是由 ISO/TC 176 技术委员会制定的所有国际标准的统称。

2. 质量管理原则

（1）以客户为关注焦点

组织依存于其客户（建设方或总承包方），因此，组织应当理解客户当前和未来的需求，满足客户要求并争取超越客户期望。对于钢筋班组来说，就要一切以客户为中心，采取各种技术、组织措施，达到甚至超过客户的要求和期望。

（2）领导作用

领导者将本组织的宗旨、方向和内部环境统一起来，并创造使员工能够充分参与

实现组织目标的环境。对于钢筋工程而言，工长要努力创造一个利于“多快好省”地完成既定目标的环境。

（3）全员参与

各级人员是组织之本，只有他们充分参与，才能为组织带来最大的收益。对于钢筋工程而言，工长要号召和组织钢筋班组内所有人员，积极投入工艺选择、质量提高、成本控制等各项工作中去。

（4）过程方法

将相关的资源和活动作为过程进行管理，可以更高效地得到期望的结果。任何使用资源将输入转化为输出的活动或一组活动均可视为过程。钢筋班组要把班组内全部工作的实施均当作过程来看待，采取合理的措施控制过程管理质量，并按照预定的计划完成。

（5）管理的系统方法

针对设定的目标，识别、理解并管理一个由相互关联的过程所组成的体系，有助于提高组织的有效性和效率。钢筋班组要建立与本班组预定目标相适应的质量保证、技术保证、安全保证、成本控制等体系，并在工作中不断改进。

（6）持续改进

持续改进是组织的一个永恒目标。钢筋班组要以发展变化的观点看待每一项工作，要持续不断地对工作进行改进。

（7）基于事实的决策方法

对数据和信息的逻辑分析或直觉判断是有效决策的基础。钢筋班组要依据已掌握的信息和资料，及时对下一步工作进行决策、安排。

（8）与供方互利的关系

通过互利的供需关系，增强组织和供方创造价值的能力。钢筋班组要与材料供货方、各相关工种等方面建立良好的合作、互利、发展关系。

三、质量保证措施

1. 钢筋进场必须具有出厂合格证明，并应及时对钢筋进行复验，不合格的严禁用于工程。

2. 钢筋表面应清洁。钢筋表面存在油渍、漆污，或除锈后表面有麻坑、斑点伤蚀表面时，应降级使用或剔除不用。

3. 钢筋加工的尺寸、规格、数量必须满足设计要求，其允许偏差见表 9–4。

表 9–4　钢筋加工的允许偏差　单位：mm

项目	允许偏差
受力钢筋顺长度方向全长的净尺寸	± 10
弯起钢筋的弯折位置	± 20
箍筋内净尺寸	± 5

4. 钢筋焊接应由经专业培训合格的熟练工人持证上岗操作，且必须严格按规范要求操作。焊接接头应经试验合格后方可大规模施焊。

5. 钢筋接头的位置设置应符合施工规范要求，宜设置在受力较小处。

6. 钢筋代换必须经设计人员同意，不得私自代换。

7. 可利用砂浆垫块等控制钢筋保护层厚度。

8. 钢筋接头位置和搭接长度必须符合设计要求和施工规范的有关规定。

9. 梁柱交接处的混凝土核心区为抗震的关键部分，必须按照设计要求设置加密箍筋，不得漏设。

四、消除质量通病的措施

1. 钢筋材质不符合要求

钢筋进场时应具有出厂质量证明书及检测报告，按品种、规格、炉号分批检查，还要进行外观检查验收，包括锈蚀情况，有无缩颈断裂、起皮、油污、损伤等。外观检查或检测不合格的钢筋不得下料施工。按国家标准《钢筋混凝土用钢　第 2 部分：热轧带肋钢筋》（GB 1499.2—2024）的规定及时取样送检，抽取试件作力学性能试验，如果是进口钢材，还需作化学分析。

2. 钢筋制作和接头处理不当

（1）钢筋调直：小于 ϕ12 mm 的盘圆钢筋使用冷拉调直，HPB300 钢筋冷拉率不宜大于 4%，HRB400 钢筋冷拉率不宜大于 1%；大于 ϕ12 mm 的钢筋应采用机械切断、弯曲。

（2）HPB300 钢筋末端应做 180° 弯钩，其弯弧内径不应小于钢筋直径的 2.5 倍，弯钩的弯后平直部分长度不应小于钢筋直径的 3 倍。

当设计要求钢筋末端需做 135° 弯钩时，HRB400 钢筋的弯弧内径不应小于钢筋直径的 4 倍，弯钩的弯后平直部分长度应符合设计要求。

钢筋做不大于 90° 的弯折时，弯折处的弯弧内径不应小于钢筋直径的 5 倍。

（3）钢筋接头严格按照设计施工图和施工规范要求进行施工，水平钢筋接头连接形式以闪光对焊为主。直径不小于 ϕ16 mm 的竖向钢筋连接，宜采用电渣压力焊。设置在同一构件内的钢筋接头应相互错开，在长度为 35 d 且不小于 500 mm 的截面内，焊接接头在受拉区不超过 50%。

（4）受力钢筋的绑扎接头位置要错开，搭接长度 1.3 倍范围内绑扎钢筋面积占受力筋总截面积的百分率：对梁、板、墙类构件应不大于 25%；对柱类构件应不大于 50%。

3. 框架结构纵向受力筋，抽样检测不合格

对有抗震设防要求的框架钢筋，检验所得强度实测值应符合下列要求：

（1）抗拉强度实测值与屈服强度实测值之比不小于 1.25。

（2）屈服强度实测值与屈服强度标准值之比不小于 1.30。

4. 钢筋保护层垫块不合格

（1）为确保保护层厚度，钢筋骨架要垫水泥砂浆垫块时，砂浆垫块厚度依据设计

要求的保护层厚度确定。

（2）骨架内钢筋与钢筋之间间距为 25 mm 时，用 ⌀25 mm 钢筋控制，其长度同骨架宽。所有垫块与 ⌀25 mm 钢筋头间距宜为 1 m，不得超过 2 m。

（3）对于双向双层板钢筋，为确保筋体位置准确，要垫以铁马凳，间距 1 m；基础底板铁马凳采用 ⌀22 mm 钢筋制作，其他位置的铁马凳采用 ⌀16 mm 钢筋制作。

五、成品保护管理

1. 现场成立成品保护小组，制定合理有效的成品保护制度。
2. 遇到钢筋施工与其他工种施工交叉冲突时，不得擅自拆改，须经有关部门协调后再行解决。
3. 钢筋绑扎完，不得任意踩踏，要派专人看护。
4. 在平台板上铺设必要的施工架板，供施工人员行走。
5. 要做好成品钢筋构架的防雨。
6. 成品钢筋构件吊装时，应适当对钢筋龙骨进行加固处理，并采用两点吊装。

技能训练 19　标识牌制作

一、训练目的

掌握标识牌的制作方法，方便施工人员和监理人员在工地上快速了解钢筋材料的性能、规格、批次等重要信息。

二、训练准备

1. 材料准备

白色塑料板、铁丝等。

2. 工具准备

黑色水笔、钢卷尺、铅笔、剪刀、打孔器等。

3. 训练场地

实训车间内或施工现场。

三、训练内容

1. 制作标识牌

（1）按照图纸尺寸要求，把白色塑料板剪成长方形或正方形，大小合适。

（2）使用铅笔在白色塑料板上标记好各种信息，包括钢筋直径、长度、数量、批次等。

（3）使用黑色水笔将标记的信息准确清晰地写在白色塑料板上。

（4）使用打孔器在标识牌上打孔。

（5）使用铁丝将标识牌固定在钢筋上。

2. 使用标识牌

（1）在钢筋下料的同时，为同类型钢筋挂上标识牌。标识牌应位置明显，字迹准确清晰、易于识别。

（2）标识牌上标记的钢筋相关信息应与施工图纸保持一致。

四、评分标准

标识牌制作评分标准见表 9–5。

表 9–5　　标识牌制作评分标准

项次	项目	检查方法	评分标准	应得分	实得分
1	制作方法正确	目测	制作不正确，每处扣 5 分，扣完为止	30	
2	安装牢固	目测、手感	安装不牢固，每处扣 5 分，扣完为止	20	
3	内容正确	目测	与文件资料核对，内容错误的，每项扣 5 分，扣完为止	30	
4	安全操作	目测	有事故时此项无分，有事故苗头扣 1 ~ 9 分	10	
5	文明施工	目测	未达到活完料清扣 5 分	5	
6	工作效率	计时	每超时 5 min 扣 1 分，扣完为止	5	
总分				100	

思考练习题

1. 钢筋班组管理的任务是什么？
2. 钢筋班组管理的作用是什么？
3. 钢筋班组管理的工作内容是什么？
4. 施工进度计划的表示方法有哪些？
5. 钢筋班组施工技术管理的方法有哪些？
6. 钢筋班组质量管理的方法有哪些？